자동차차체 복원기술

자동차
판금 | 도장

문병철 · 이주호 · 김혜진 · 김민중 공저

일진사

머리말

　본 교재는 자동차 판금도장기술과 외장관리기술 분야에서 재직하고 있는 기술자 및 자동차관련 교육훈련기관에서 자동차 차체 수리 분야를 공부하는 학생들을 위해 현장실무 위주의 핵심내용을 요약·집필하였다.

　단원구성은 자동차 차체의 구조적 특성과 함께 손상차체의 성형복원기술에 필요한 패널의 수리기법과 손상도막의 보수도장법 및 내외장 복원법에 대하여 다루었으며, 특히, 최근 국내외 자동차관련 산업 분야에서 관심이 집중되고 있는 친환경 차체 수리기술 분야인 접착/리벳식 패널교체공법과 수용성 보수도장 기술에 대해 다루었다.

　앞으로도 국내 차체 수리기술 분야의 기술 발전에 많은 노력을 기울이고 있는 현장실무자들에게 도움이 될 수 있도록 각국의 차체 수리 기술관련 최신 정보와 주요 자료들에 대하여 지속적으로 수정·보완할 예정이다.

　끝으로, 이 책이 자동차정비기능장 국가기술자격시험을 대비하는 수험자들에게 자동차 차체 수리 및 자동차 보수도장 분야에 대한 전문기술을 폭넓게 이해하는 데 도움을 주어 산업현장의 중견관리자로서 현장실무에 적용할 수 있게 되기를 바라는 바이다.

저자 씀

4

Contents

PART-3 자동차 보수도장

Vehicle Body Repair Techniques

PART 1

자동차 차체 구조

Chapter 01

자동차 분류

1. 자동차의 정의

자동차(自動車 : automobile)는 주로 도로 상에서 사람이나 화물을 수송하는 기계로서, 차체에 설치된 기관(engine)의 동력을 이용하여 레일(rail)에 의하지 않고 도로 상을 자유롭게 주행할 수 있는 운반구를 말한다. 자동차가 발명된 초창기에는 증기 자동차를 'automation (자동장치)', 'oleo locomotive(기름 기관차)', 'motor rig(모터 마차)', 'motor fly(모터 파리)', 'electro-bat(전기박쥐)' 등으로 부르다가 1876년 프랑스에서 '저절로 움직이는 것'이라는 뜻을 가진 'automobile(자동차)'로 불리게 되었다. 그 밖에도 자동차는 'motor vehicle, motor car, auto car, car, motor, auto'라고도 부르고 있다.

우리나라 자동차관리법에서는 자동차를 원동기에 의하여 육상을 이동할 목적으로 제작한 용구(피견인 자동차 포함)로 정의하고 있어 이륜차(motorcycle)도 포함한다. 국제표준화기구(ISO)에서는 가선(架線 : overhead power line)을 사용하는 트롤리버스(trolley bus)를 포함하고 있다.

또한 한국산업규격(KS)은 산업용 포크리프트(forklift), 건설용 불도저(bulldozer), 굴착기(excavator), 농업용 트랙터(tractor)까지를 넓게 자동차의 범주로 보고 있다.

1-1 자동차와 환경

지구환경에 대한 자각(自覺)과 노력이 본격화되고 있는 오늘날, 자동차는 인간, 환경, 도로와의 조화를 이루며 발전하는 것이 이상적이다.

따라서 자동차 첨단기술을 환경과 결합시킨 환경친화적 자동차(environmentally friendly vehicle)가 자동차 산업의 화두가 되었다.

자동차산업은 인류생존, 부족한 에너지를 대체할 무공해자동차의 개발, 깨끗한 지구를 만들기 위한 꿈, 그리고 그 희망을 연장하기 위하여 최첨단기술이 요구되고 있으며, 연료전지 자동차(fuel-cell cars), 하이브리드 자동차(hybrid vehicle), 전기 자동차(electric vehicle), 경량화(weight lightening), 재료 재활용(materials recycling), 친환경 소재(environmentally friendly materials), 저공해 기술(zero-emission technology)에 박차를 가하고 있다.

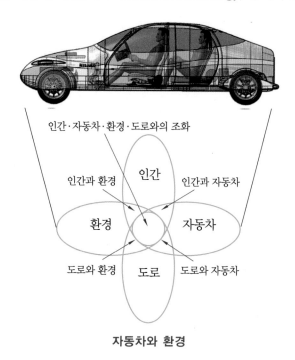

자동차와 환경

1-2 ## 자동차의 구비조건

① 사용목적에 적합할 것(characteristics)

② 배출가스 발생량이 적을 것(environmental pollution)

③ 충돌안전성 및 신뢰성을 가질 것(reliability)

④ 내구성이 우수하고, 수명이 길 것(durability)

⑤ 조종성 및 주행성능이 우수할 것(drivability)

⑥ 연료소비율이 좋을 것(fuel consumption rate)

⑦ 승차감 및 거주성이 좋을 것(comfortable)

⑧ 외관이 아름다울 것(design)

⑨ 수리가 용이하고, 유지비가 적을 것(low expense)

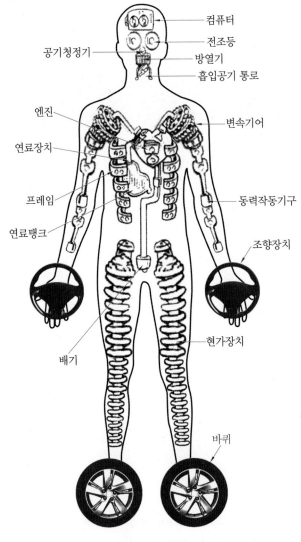

컴퓨터

전조등

공기청정기

방열기

흡입공기 통로

엔진

변속기어

연료장치

프레임

동력작동기구

연료탱크

조향장치

현가장치

배기

바퀴

자동차와 인간

2. 자동차의 분류

　자동차는 일반적으로 자동차 크기, 용도, 차체 형태, 엔진 배기량, 사용연료 등에 의해 분류한다. 그러나 국가나 지역 간의 주관적인 면이 많으며, 자동차의 디자인과 설계가 발전해 오면서 각 유형 간의 구별이 모호해지는 경우도 있다.

　한국은 승용자동차, 승합자동차, 화물자동차, 특수자동차, 이륜자동차로 구별한다. 이 중에서 승용자동차를 '10인 이하를 운송하기에 적합하게 제작된 자동차'로 규정하고, 승용자동차의 세금을 엔진 배기량에 근거를 두어 세분화한다.

각국의 자동차 크기와 용도에 따른 분류 체계 비교(car classification)

한국	미국	영국	유럽
–	micro car	micro car, bubble car	A-segment mini cars
경차	subcompact car	city car	
소형차		super mini	B-segment small cars
준중형차	compact car	small family car	C-segment medium cars
중형차	mid-size car	large family car	D-segment large cars
	entry-level luxury car	compact executive car	
대형차	full-size car	executive car	E-segment executive cars
	mid-size luxury car		
	full-size luxury car	luxury car	F-segment luxury cars
	grand tourer	grand tourer	–
	supercar	super car	
	convertible	convertible	
	roadster	roadster	S-segment sport coupes
	–	mini MPV	M-segment multi purpose cars
	MPV	compact MPV	
	minivan	large MPV	
	cargo van	van	
–	passenger van	mini bus	
	mini SUV	mini 4×4	J-segment sport utility cars (including off-road vehicles)
	compact SUV	compact SUV	
	mid-size SUV	large 4×4	
	full-size SUV		
	mini pickup truck	pick-up	–
	mid-size pickup truck		
	full-size pickup truck		
	heavy duty pickup truck		

① **마이크로 자동차(micro car)** : 자동차와 모터사이클의 중간 형태, 작은 엔진이 장착된 2 인승 유형

② **경차/도시형 자동차(city car, urban car)** : 고속도로 외에 주로 도시 출퇴근용으로 사용되는 1000cc 미만 자동차

③ **소형차(super mini car)** : 보통 3~4개의 도어, 5명의 성인이 탑승하기에는 약간 작은 실내 공간, 1000~1400cc 자동차

④ **준중형차(compact car, small family car)** : 전장 4.25m 정도, 5명 탑승 가능, 배기량 1600cc 미만 자동차

⑤ **중형차(large family car)** : 준중형차보다 크고 5명의 성인이 탑승 가능, 1600~2000cc 자동차

⑥ **대형차(executive car, luxury car)** : 4개 도어, 넓은 실내 공간, 강력한 엔진출력, 2000cc 이상 자동차

⑦ **스포츠카(sports car)** : 고성능, 운전 조작성 우수, 대부분 경주용 자동차

⑧ **GT 카(grand tourer car)** : 스포츠카보다 크고, 더 강력한 엔진을 가진 자동차

⑨ **슈퍼 카(super car)** : 대부분 수제작(手製作), 스포츠카보다 출력이 높고 강력한 주행 성능을 가짐

3. 차체 형태별 분류

① **1 박스 형식(1 box style)** : 운전석이 엔진과 앞바퀴의 위치보다 앞쪽에 위치하는 구조인 밴(van)의 대표적인 형태이며, 차체의 전체 길이에 대비한 공간 활용성이 높다. 전방 충돌 안전성 면에서 불리한 형태이다.

② **1.3 박스 또는 1.5 박스 형식(1.3 또는 1.5 box style)** : 앞바퀴를 운전석보다 앞쪽으로 옮기고(1.3 box), 경우에 따라서는 엔진까지 운전석의 앞으로 배치하는 형태(1.5 box)이지만, 최근에는 다양한 형식의 실내 공간의 공유형태로 인해 1.3이나 1.5 박스를 구분하기가 어려운 형태도 많다.

③ **2 박스 형식(2 box style)** : 차량 경량화에 따른 소형화 추세에 따라 소형 승용차를 해치백(hatch-back) 형태의 2 박스이면서 FF 방식으로 만드는 것이 주류를 이루고 있다. 최근 대부분의 SUV(sports utility vehicle)는 소형 승용차가 아닌 경우에도 2 박스 구조로 개발되고 있다.

④ **3 박스 형식(3 box style)** : 일반적인 세단(sedan)이며, 차체는 크게 엔진 룸(engine room), 승객 룸(passenger cabin), 트렁크 룸(trunk room) 등 3개의 독립된 공간으로 구성된다.

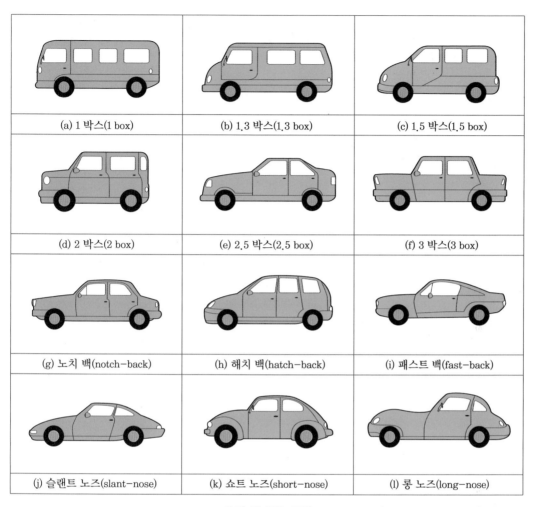

(a) 1 박스(1 box)	(b) 1.3 박스(1.3 box)	(c) 1.5 박스(1.5 box)
(d) 2 박스(2 box)	(e) 2.5 박스(2.5 box)	(f) 3 박스(3 box)
(g) 노치 백(notch-back)	(h) 해치 백(hatch-back)	(i) 패스트 백(fast-back)
(j) 슬랜트 노즈(slant-nose)	(k) 쇼트 노즈(short-nose)	(l) 롱 노즈(long-nose)

차체 형태별 명칭

⑤ **노치 백 형식(notch-back style)** : 노치 백은 '층이 진'(계단이 진)이라는 뜻이며, 자동
차를 외부에서 봤을 때 승객 룸과 트렁크 룸이 계단 형태를 갖고 있는 것을 말한다.

승용차의 일반적인 형태로서, 차체 뒤쪽의 유리창이 트렁크 쪽에서 꺾이면서 계단형 모
양을 이루고, 차체를 옆에서 보았을 때 엔진 룸, 승객 룸, 트렁크 룸의 구분이 뚜렷하므
로 3 박스라고도 부른다.

⑥ **해치 백 형식(hatch-back style)** : 해치란 위로 끌어 올리는 문을 말한다. 즉, 후부의 트
렁크 룸이 승객 룸과 일체로 되어, 엔진 룸과 승객 룸+트렁크 룸과 같이 2개의 방으로
구성되어 있는 형태를 말한다. 해치 백 형식은 승용차의 다용도성 목적이며, 밴과 왜건
(wagon)을 닮았고 보통 때에는 승용차처럼 칸을 막고 트렁크로 사용한다. 토요타사(社)
가 등록한 명칭인 리프트 백(lift-back), 스윙 백(swing-back), 오픈 백(open-back)이
라고도 부른다.

⑦ **패스트 백 형식(fast-back style)** : 패스트 백은 트렁크 부분이 지붕의 경사처럼 비스듬한 형태를 말한다. 스포티한 스타일 때문에 쿠페(coupe) 등이 이러한 형태를 사용한다.

플레인 백(plain-back)이란 스포츠카 또는 미드십 엔진의 슈퍼카에서 흔히 볼 수 있는 형태로서, 패스트 백에 비해 뒷부분의 경사면 부분이 큰 형태이며, 최근의 패스트 백 형태는 플레인 백의 영향을 받아 두 가지를 거의 구별할 수 없는 형식이 많다.

유럽차와 국내차 승용차 분류 기준 비교

분류명	유럽 기준	국내 기준	
A-세그먼트	길이 3.50m 이하	경차	• 배기량 1000cc 미만 • 길이 3.6m, 너비 1.6m, 높이 2.0m 이하
B-세그먼트	길이 3.85m 이하	소형차	• 배기량 1300cc~1600cc 사이 • 길이 4.7m, 너비 1.7m, 높이 2.0m 이하
C-세그먼트	길이 4.30m 이하	준중형	• 배기량 1600cc 미만 • 길이 4.7m, 높이 2.0m 이하
D-세그먼트	길이 4.70m 이하	중형차	• 배기량 1600cc~2000cc 미만 • 길이, 너비, 높이 중 어느 하나라도 소형을 초과하는 것
F-세그먼트	길이 4.70m 초과	대형차	• 배기량 2000cc 이상 • 길이, 너비, 높이 모두가 소형을 초과하는 것

4. 승용차의 분류

4-1 승용차의 분류

① **세단(sedan)** : 주로 3 박스 형식, 4~6명 정도의 승객 수송
② **리무진(limousine)** : 운전석과 뒷좌석 사이를 유리로 칸막이한 VIP용 호화 차량
③ **스테이션 왜건(station wagon)** : 사람과 화물을 싣는 다용도의 차체를 가진 자동차
④ **컨버터블(convertible)** : 승용차에서 소프트 톱(soft top)의 지붕을 개폐할 수 있는 4인승 자동차
⑤ **쿠페(coupe)** : 패스트 백 형태로서, 2 도어 2인승의 세단형 승용차
⑥ **스포츠카(sports car)** : 속도 위주로 만들어진 경주용 승용차
⑦ **로드스터(roadster)** : 스포츠카와 비슷하지만 지붕이 없는 2인승 자동차
⑧ **밴(van)** : 주로 짐을 싣는 기능을 목적으로 만든 자동차
⑨ **지프(jeep)** : 산악지대나 험한 길을 달릴 수 있는 4륜 구동 자동차

4-2 승용차 차체 외형길이

일반적으로 승용차 차체의 외형구조(styling)는 후드(hood), 객실(cabin), 트렁크 리드(trunk lid, deck lid) 등 각각의 길이를 3등분하여 구조적으로 일정한 비율로 설계된다.

과거 전통적인 세단의 차체 외형은 후드와 트렁크 리드 길이의 비율이 29% : 14.5%가 많았으나, 이후 세단 스타일의 디자인 경향이 갈수록 쿠페 스타일의 유선형 흐름을 강조하는 추세가 됨에 따라 26% : 13% (2 : 1) 비율로 발전되었다.

이후 후드와 트렁크 리드의 길이는 계속 짧아져서 24% : 12%로 설계된 상태로 구성되었지만 2 : 1의 비율을 그대로 유지하고 있는 세단이 주류를 이루고 있었다.

그러나 최신 차종들은 다시 후드가 길어진 차체 디자인으로 설계되는 추세에 있다. 이것은 후드와 트렁크 리드의 길이 비율이 통상적인 2 : 1이라는 비율이 아니라 후드는 길어지면서 트렁크 리드의 길이는 더 짧아지는 형태이다. 앞부분에서 시원스럽게 뻗은 후드는 강력한 고성능의 의미를 표현하고 있으며, 객실의 비율은 종래대로 유지하기 때문에 거주성을 충분히 확보하고 있다. 또한, 후면부의 짧아진 트렁크 리드 부분은 날렵한 형상을 추구하고 있는 디자인으로 설계되었다.

즉, 일부 최신 승용차종의 객실과 트렁크 리드 길이 비율이 1.6 : 1의 디자인을 추구함으로써 자동차에 경쾌한 운전(driving)과 날렵한 이미지를 부여하려는 의미가 차체 길이의 배분 비율로 나타나고 있다.

이러한 자동차 차체의 길이 배분은 인간이 발견한 비율 가운데 가장 자연스럽고 미적인 감각을 느끼게 함으로써 자동차의 고성능과 역동성, 스포티함이 잘 조화되어진 것이라고 하여 일명 차체의 황금분할비율(golden ratio)이라 부른다.

자동차 차체의 길이 배분 예

4-3 스테이션 왜건형의 세분류

스테이션 왜건형의 세분류

명칭	세부 형태
RV	• recreation vehicle (예 : 스타렉스, 카니발) • 통합적으로 모든 레저용 다인승 차량으로서 승용차보다는 지상고가 높고 하물을 많이 적재할 수 있는 구조, 실내 공간 활용도를 증대시킨 차량이지만 최근에는 출퇴근과 업무에 모두 사용할 수 있는 다목적 차량
SUV	• sports utility vehicle (예 : 싼타페, 투싼, 티구안, 체로키 등) • 스포츠 활동에 적합한 다목적 차량, RV와 MPV를 포함, 지상고(地上高)가 높고 오프로드(off-road) 등의 비포장도로의 주행이나 레저용으로 적합한 4륜 구동 자동차(4WD)
MPV	• multi-purpose vehicle (예 : 로디우스, 그랜드 카니발, 올란도 등) • 통상적으로 적재공간이 넓은 미니밴을 의미, 승용차를 기본으로 하는 10인승 이하의 승객이나 화물운송에 사용하는 승합차, RV와 비슷하지만 MPV는 다양한 용도에 쓰이는 개념이 강화된 다목적 차량이며, 레저용과 함께 출퇴근용이나 승합차용으로도 사용
CUV	• crossover utility vehicle (예 : 쏘울, QM5, 닷지 칼리버 등) • 고정된 관념을 갖지 않고 여러 영역을 넘나드는 차량, SUV와 승용차 또는 SUV와 화물차 등의 장점을 혼합하여 만든 다목적 퓨전 차량
SUT	• sports utility truck (예 : 무쏘 스포츠, 닷지 다코다 등) • SUV와 트럭 형태가 결합된 차량, SUV의 조건을 갖춘 화물차
PUV	• premium unique vehicle (예 : 벨로스터 등) • sport coupe 형태의 차량, 뒷부분이 낮은 쿠페 형태와 함께 트렁크와 객실 구분이 없는 해치 백이 혼합된 형태
ALV	• active life vehicle (예 : 올란도 등) • 활동적인 삶을 위한 차량, SUV와 세단의 안정적인 승차감을 갖는 신개념 모델, 패밀리 밴의 넓은 공간과 같이 실용성을 지닌 차량
SAV	• sports activity vehicle (예 : BMW 뉴X3 등) • SUV의 특징에 스포츠카의 힘을 겸비했다는 의미, BMW X시리즈 차량을 모두 SAV라고 함
LUV	• luxury utility vehicle (예 : 베라쿠르즈, 아우디 Q7, 레인지로버 등) • 호화 SUV는 배기량 3,000cc급 이상의 대형 엔진모델로서 일반적으로 고급형 SUV 차량
MLV	• multi leisure vehicle (예 : 코란도 투리스모 등) • SUV의 스타일링과 세단의 안락함 및 MPV의 활용성을 겸비한 신개념의 다목적 10인승 이상의 다인승용 레저 차량

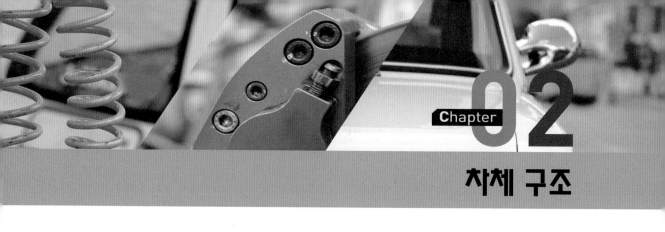

Chapter 02

차체 구조

1. 자동차의 구성

자동차는 차체(車體 : automotive body, auto body, vehicle body)와 섀시(車臺 : automotive chassis)로 구성되어 있다.

자동차 차체는 외형(exterior)에 해당하는 부분으로서, 객실(客室 : passenger cabin space), 하물실(荷物室 : luggage space), 엔진실(engine space) 등으로 구성된다. 자동차 섀시는 주행에 필요한 기관(engine), 동력전달장치(power train system), 휠과 타이어 (wheel & tire), 제동장치(braking system), 조향장치(steering system), 현가장치 (suspension system) 등으로 구성된다.

자동차의 차체와 섀시

2. 프레임 차체

프레임 차체(vehicle with frame)는 독립된 프레임(차체 뼈대)에 자동차 주행에 필요한 엔진(engine), 동력전달장치(power train system), 스프링(spring), 구동축(axle), 바퀴(wheel) 등을 조립하여 섀시를 만들고, 그 위에 별도의 다른 차체를 조립하는 구조(body on frame)이다.

트럭(truck)은 대부분 프레임 구조로 된 차체이며, 프레임의 상부에 운전자가 탑승할 수 있는 캐브(cab)와 적하조건과 용도에 적합한 하대(荷臺 : cargo)를 부착하여 하물적재에 견딜 수 있도록 강인한 차체 구조를 하고 있다.

하대는 플로어(floor), 사이드 게이트(side gate), 리어 게이트(rear gate) 및 프런트 가드(front guard) 등으로 구성되어 있다.

플로어는 2개의 사이드 멤버와 다수의 크로스 멤버를 부착하고, 그 위에 상판을 얹은 것이다. 사이드 게이트와 리어 게이트는 탑재한 하물이 떨어지지 않도록 지탱하는 문짝으로, 힌지로서 플로어에 부착되어 있다. 프런트 가드는 하물이 앞으로 이동하더라도 이 부분에서 하물을 받쳐주어서 운전대를 보호하기 위해 플로어에 부착되어 있다.

프레임 차체

2-1   프레임 차체의 장점

① 험로 주행 시 노면에서 전달되는 진동과 소음(하부 충격)은 고무 마운트를 거쳐 프레임이 연결되어 1차적으로 흡수하므로 정숙한 실내유지와 우수한 승차감을 구현할 수 있다.
② 차량 충돌 시 충돌에너지 흡수 최적화로 차체의 변형을 최소화하여 안전하게 승객을 보호한다.
③ 단체구조 차체에 비해 차체강성이 뛰어나므로 주행 시 차량변형을 방지하여 안정적인 주행이 가능하다.

④ 프레임과 차체가 독립되어 있어 하나의 프레임에 여러 형태의 차체 제작이 용이하다.
⑤ 프레임 본체에 강성이 크므로 특장차 또는 FRP(fiberglass reinforced plastics : 유리섬유보강플라스틱) 재료의 차체 및 알루미늄 차체 등을 탑재하는 개조차를 만들기 쉬우며 차체 디자인 변경도 비교적 용이하다.
⑥ 섀시 부품의 조립은 차체 조립과는 별도로 작업할 수 있으므로 탈부착이 용이하다.

2-2 프레임 차체의 단점

① 제작원가가 비싸다.
② 모노코크 차량에 비해 차체가 무거워서 연비가 나쁘며 주행 시 가속성이 저하할 수 있다.
③ 프레임과 차체 사이의 결합부위에서 잡음이 발생할 수 있다.
④ 충돌 사고 시 차체가 잘 찌그러지지 않아 충격을 쉽게 흡수하지 못하므로 경우에 따라 오히려 운전자의 안전을 더욱 위협할 수 있다.
⑤ 차체 바닥면이 높아지므로 차량 전체 높이(全高)가 증가한다.
⑥ 대규모 형태의 프레임 제조설비가 필요하다.

2-3 프레임 종류

(1) 페리미터 프레임(주변 틀형 프레임 : perimeter frame)

자동차의 실내 바닥 주위를 사이드 멤버로 둘러싸는 구조로서 중간 부분에는 좌우로 관통하는 크로스 멤버가 없으므로 바닥면을 낮게 할 수 있다.

사이드 멤버가 앞차축의 뒤쪽과 뒷차축의 앞쪽에서 크랭크 형상으로 굽어 있기 때문에 전면 및 후면 충돌 시에 이 부분에서 에너지를 흡수시켜 자동차 실내 부분의 변형이 적어지도록 설계할 수 있다. 이 프레임은 차축 간의 굽힘 강성과 비틀림 강성이 낮으므로 차체와 일체가 되어 강성을 증가시키는 구조로 설계할 필요가 있으며, 다른 프레임에 비교하여 경량이고, 제조 공정수도 적다.

(2) H형 프레임(사다리형 프레임 : ladder frame)

각형 단면의 사이드 멤버에 크로스 멤버를 리벳과 볼트로 결합하거나 용접 등으로 결합하여 사다리형으로 만든 것이다.

프레임의 사이드 멤버가 실내 바닥 밑에 오기 때문에 바닥면이 높아지므로 차축 간의 바닥면을 낮추기 위해 프레임에서 앞뒤차축 설치 부분을 위 방향으로 굽혀서 킥 업(kick up) 부위를 형성시키고 있다.

이 프레임은 제작이 용이하고, 프레임에 가해지는 하중에 대한 허용응력이 크므로 일반적으로 큰 하중과 높은 강성이 필요한 대형 트럭이나 버스에 사용한다.

(3) X형 프레임

2개의 사이드 멤버를 X형으로 만들거나, 크로스 멤버를 X형으로 하여 만든 프레임에 비틀림을 흡수하도록 한 것이다.

H형 프레임과 비교해서 비틀림 강성이 높고 주요 멤버가 플로어 터널부에 배치되어 있으므로 차체 바닥을 낮게 할 수 있다. 그러나 정면 충돌 시에 충돌에너지 흡수력이 적고 추진축 배치 및 섀시 각 부품이나 차체 조립에 어려운 점이 있다.

(4) 백 본 프레임(backbone frame)

중앙에 등뼈처럼 굵은 중공(中空 : hollow)형태의 단면 프레임에 의해 굽힘과 비틀림을 받는 구조이며, 강성이 높은 것이 특징이다. 일반적으로 등뼈에는 파이프 등을 사용하고 서스펜션을 부착하기 위해 전후부에 브래킷을 설치한다.

이 프레임은 차체 바닥 중앙부에 큰 터널이 있어서 그 속으로 추진축이나 배기관을 통과시켜 바닥면과 함께 차체 높이 및 차체 중심을 낮출 수 있다.

(5) 플랫폼 프레임(platform frame)

단체구조 차체와 프레임 차체 방식의 중간적인 형태를 갖춘 차체로서, 차체 바닥면과 프레임을 일체화한 구조이다. 프레임 위에 차체를 조립하여 큰 상자형 구조를 구성하므로 전체적으로 강성이 높은 차체이며, 플로어가 평탄하기 때문에 바닥의 공기의 흐름이 양호하고, 노면과의 간섭도 적다.

(6) 스페이스 프레임(공간 프레임 : space frame)

강관을 용접하여 초기의 항공기 같은 골격을 구성한 프레임으로서, 공간 프레임으로도 불리고 있다. 경량으로 강성은 높지만 대량 생산에 맞지 않기 때문에 일부 고급 소량 생산의 스포츠카에 사용되고 있다.

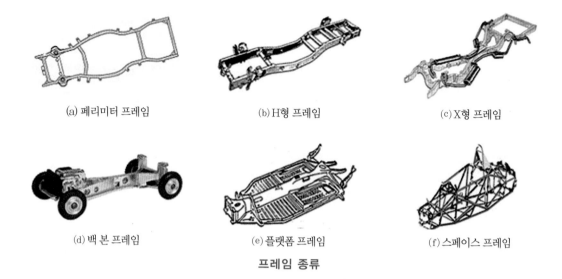

(a) 페리미터 프레임   (b) H형 프레임   (c) X형 프레임

(d) 백 본 프레임   (e) 플랫폼 프레임   (f) 스페이스 프레임

프레임 종류

2-4 H형 프레임 특성

현재 프레임 차체에서 거의 대부분 사용하고 있는 H형 프레임은 구조적으로 볼 때, 프레임의 앞뒤 또는 좌우방향의 비틀림이나 휘어짐을 방지하기 위하여 자동차 진행방향에 대하여 직각으로 설치되어 있는 것을 크로스 멤버(cross member), 전후방향으로 설치되어 있는 것을 사이드 멤버(side member)라고 부른다.

크로스 멤버는 횡재(橫材) 형태의 프레임으로, 종재(縱材) 형태의 사이드 멤버에 직각으로 조립되어 있는 부재이며, 언더 보디에 사용되는 골격으로서 프레임의 강도나 강성을 높이는 역할을 한다.

스트레이트 사이드 멤버 (직선 사이드 멤버)	
1단 떨어진 사이드 멤버 (한쪽 하향으로 구부러진 사이드 멤버)	
2단 떨어진 사이드 멤버 (양쪽 좌 · 우로 구부러진 사이드 멤버)	
킥 업 사이드 멤버	

사이드 멤버의 종류

크로스 멤버를 설치하는 목적은 다음과 같다.
① 험로 주행 시 발생하는 프레임 전체의 비틀림과 엔진, 연료 탱크, 현가장치 등의 설치에 따른 사이드 멤버의 국부적인 비틀림을 방지한다.
② 자동차가 선회할 때나 장애물에 바퀴가 접촉될 때 발생하는 평행사변형적인 변형을 방지한다.
③ 자동차의 각종 시스템 설치 시 기준점이 된다.

킥 업(kick up)은 승용차나 버스 등에서 차량의 중심(重心)을 낮추기 위해 차축이 설치되는 부분의 사이드 멤버를 위쪽으로 굽힌 것이다(차고 낮춤 효과). 또한, 충돌 사고 시 강한 충격을 받을 경우 사이드 멤버 자체가 꺾임작용을 하여 객실에 가해지는 충격력을 적게 할 수 있도록 굴곡을 두기도 한다.

킥 업

2-5 프레임 설계 특성

프레임은 주행 중 하물의 하중을 지탱함과 동시에 주행과 관련된 모든 시스템 등을 지지하는 섀시의 골격부분이며, 다음과 같은 응력이 작용한다.
① 수직 하중에 의한 굽힘 응력(그림 ⓐ)
② 세로 중심축 회전에 의한 비틀림 응력(그림 ⓑ)
③ 가로 방향의 굽힘 응력(그림 ⓒ)
④ 국부적인 비틀림 응력(그림 ⓓ)
즉, 프레임 설계 시 이러한 각종 하중들을 고려하여 다음과 같이 적절한 강도와 강성을 갖도록 설계하는 것이 중요하다.

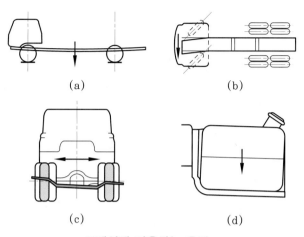

(a)   (b)

(c)   (d)

프레임에 작용하는 응력

① 각 부재는 프레스에 의해 성형되므로 무리하지 않은 형태로 설계한다.

② 각 부재는 강도나 강성을 고려하여 가능한 직선 형태로 설계한다.

③ 부재는 가능한 두께가 얇은 강판을 사용하고, 부재의 세로 높이를 크게 하여 경량화를 도모한다.

④ 비틀림에 대하여 □ 또는 ○ 형태의 단면부재를 사용하여 강도를 향상시킨다.

⑤ 프레임의 강도보강 보수작업에 의해 부재의 단면이 급격하게 변화하면 응력집중으로 인해 그 부분이 파괴될 수가 있으므로 단면의 급격한 변화가 없도록 한다.

⑥ 큰 하중이 작용하는 하대 부분은 가능한 넓은 면적에서 분포하중이 작용하도록 설계한다.

⑦ 각 부재에 구멍이나 절단된 부분이 가능한 없도록 설계한다.

⑧ 사용하는 부재의 두께는 승용차, 소형트럭 등은 약 2.0~3.0mm 정도, 중형트럭은 약 3.0~4.0mm 정도, 대형트럭은 약 6.0~8.0mm 정도를 사용한다.

⑨ 부재의 절곡부분은 응력집중을 최소화하기 위해 부분의 곡면(R)을 가능한 크게 한다.

⑩ 앞 크로스 멤버의 설치간격은 휠의 조향각도, 진동 및 운동 상태를 고려하여 가능한 넓은 공간 확보와 함께 하중을 고려하여 설계한다.

2-6 버스 차체

버스 차체는 섀시 프레임에 일체로 결합된 구조체로 구성되어 있으며, 소수의 승객운송을 주목적으로 하는 승용차나, 많은 양의 하물운송을 목적으로 하는 트럭과 달리 다수의 승객운송을 주목적으로 개발되었다.

특히, 소형 마이크로 승합차는 대부분 모노코크 보디로 제작되지만, 대형 버스는 스켈레톤 보디(skeleton body : 骨組式 車體)가 사용된다.

스켈레톤 보디는 모노코크 보디와 달리 단면이 각(角)으로 된 가는 강관(鋼管)을 용접하여 새장 같은 구조물을 만들기 때문에, 흡사 해골처럼 보이므로 이렇게 이름 붙여졌다.

차체 외벽은 창이 크고 바깥 판(板)에 응력이 걸리지 않기 때문에 한 장의 철판으로 옆면을 붙일 수 있어서 깔끔한 형상을 갖출 수 있다.

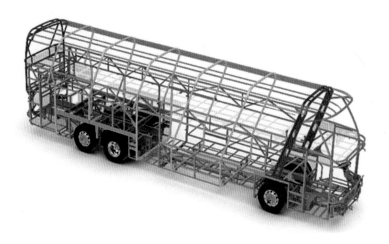

스켈레톤 보디

3. 단체구조 차체

3-1 라멘 구조(Rahmen structure)

달걀은 충격을 받으면 노른자를 안전하게 보호하기 위해 표피에서 충격을 분산시키는 작용을 한다. 자동차의 단체구조 차체는 상자(box) 모양의 구조물을 갖추고 있어서 자동차가 충격을 받으면 객실의 승객을 보호하기 위해 외부에서 충격을 흡수하고, 충격력을 표면(外皮)을 통해 분산시킨 후 다시 원래 형태로 복원시키는 탄성체(elastic body) 형태로 제작되어 있다.

즉, 3개의 상자를 상호 용접한 형태로 제작하여 공간을 통해서 충격을 흡수하기 때문에 객실 부분의 안전성을 고려하여 강성이 크게 되도록 설계·제작한다. 이 형태를 라멘 구조라고 부른다.

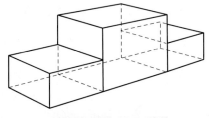

자동차 라멘 구조 차체

3-2   모노코크 보디(monocoque body)

단체구조(또는 일체구조)란 응력외피구조(應力外皮構造)를 의미한다. 이것은 계란 모양을 한 껍질구조를 가리키며, 멤버(部材 : member) 등의 보강재를 필요로 하지 않는 순수한 응력 외피구조를 의미한다.

모노코크 보디란 비행기가 모든 하중을 외피(shell)로 견딜 수 있는 단일 외피형 구조인 것처럼 외판만으로 외압을 견디는 자동차이며, 어원은 프랑스어의 'single'(mono) and 'shell'(coque)이다.

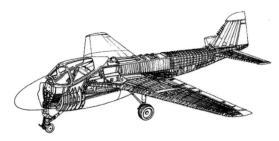

모노코크 보디

자동차의 단체구조 차체는 '모노코크 보디(monocoque body), 프레임리스 보디(frameless body), 단일 구조물(unit construction body), 일체형 보디(unitized body), 자립형 보디(self supporting body)'라고도 부르며, 프레임 없이 섀시와 차체를 일체로 한 구조로서 외피와 몸통만으로 강도를 가지게 한 자동차이다. 대개 차량중량 1500kgf 이하 또는 축거 3000mm 이하의 자동차에서 사용하고 있다.

단체 구조형 자동차 차체는 승객의 탑승을 위한 도어 부위, 시야 확보를 위한 윈도 부위, 엔진 룸, 트렁크 룸 부위 등을 위한 큰 개구부(開口部)로 구성된다.

특히, 엔진이나 섀시 부품들을 부착하기 위해 구조상 필요한 강도 부위에 보강재(reinforcement) 등을 상호 결합한 형태로 설계되어 있다.

(a) 세단형

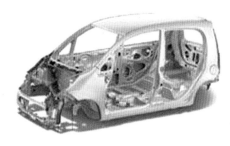

(b) RV형

세미모노코크 보디

자동차의 모노코크 보디 보다는 차량의 일부에 가해진 하중이나 충격을 보디 전체에 분산시키기 위해 외부충돌 시 객실부의 안전성을 확보하기 위한 충격 흡수 부위(손상이 되기 쉬운 부위)를 설치한 구조로 되어 있다.

따라서 자동차 모노코크 보디 보다는 외피, 몸통 및 사이드 멤버로 구성된 구조이므로 순수한 의미로서의 응력 외피형(外皮形) 구조라 칭할 수 없기 때문에 세미모노코크 보디(semi-monocoque body) 또는 단일구조물(unit construction)이라 부른다.

3-3 단체구조 차체의 장단점

(1) 장점

① 차체의 중량이 가볍고, 강성이 높음
  ㈎ 여러 개의 패널들이 볼트나 용접으로 일체화되어 차체 경량화 및 강성 증대
  ㈏ 프레임 차량에 비해 중량이 가벼워 연비효율 향상, 넓은 실내 공간 확보
② 생산성의 증대
  ㈎ 박판(薄板) 사용으로 자동화 용접 가능
  ㈏ 제조공정의 간소화 및 자동화로 인한 생산성 증대
  ㈐ 제조원가 저렴(부품 수 감소, 중량 절감)
③ 낮은 차고(車高)로 설계 가능(낮은 무게중심 유지) : 주행안전성 증대
④ 충돌 시 충격 에너지 흡수 효율 증대 : 탄성체로서 설계되어 충돌 시 외력에 의한 국부적인 변형이 크므로(충격 흡수력 향상) 이로 인한 승객 안전성 증대

(2) 단점

① 소음, 진동의 객실과의 차단성 곤란 : 엔진, 섀시 등이 직접 차체에 부착되는 구조
② 일체형이므로 손상된 차체 복원이 곤란
③ 프레임 차량에 비해 차체 강성 취약 : 프레임 차량에 비해 충돌 시 내충격력이 약해 승객의 안전성 저하
④ 디자인 변경 시에 초기비용 과다 소요 : 프레임과 차체가 일체식이기 때문에 다른 형태의 차체 제작 시 별도의 다른 형태의 차체를 설계해야 된다. 이를 보완하기 위해 페이스리프트(face lift : 외관만 약간 수정하는 것)를 많이 한다.
⑤ 차체가 받는 힘을 고르게 분산하여 고른 강성을 유지하기 위한 설계기술이 필요
⑥ 프레임 차량에 비해 차량의 노후화가 빠르게 진행 : 장력이 약한 철판으로 차체를 만든 차량은 시간이 지남에 따라서 차체가 휘거나 비틀어질 수도 있다.

3-4 모노코크 보디 구조

최근 단체 구조형 승용차 차체는 자동차 충돌 시 앞·뒤쪽의 크러시 존(crumple zone, crush zone)에서의 충격 흡수작용으로 승객의 생존 공간을 용이하게 확보해 주기 때문에 충돌 안전성이 프레임 차량과 거의 동일해 지는 추세에 있다. 이 중에서 범퍼를 제외한 차체를 구성하고 있는 구조로서 주로 용접(welding on panel)과 볼트(bolt on panel)로 조립되어 있는 형태를 화이트 보디(white body)라 부른다.

모노코크 보디는 보디 셸, 개폐기능 부품, 내장 부품, 외장 부품 및 차체장비 등으로 구성된다. 차체에서 도어, 후드, 트렁크 리드 등의 개폐기능 부품을 제외한 부분을 보디 셸(body shell)이라고 부른다.

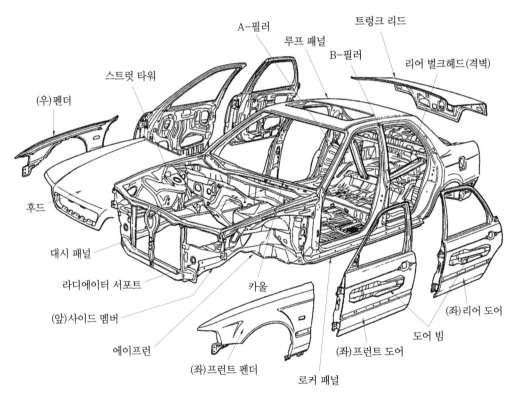

모노코크 보디의 볼트 온 패널

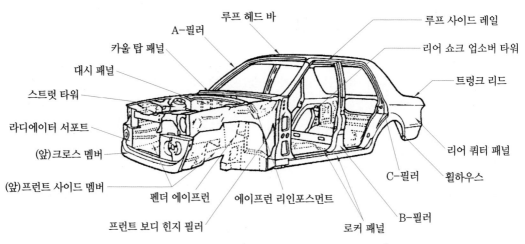

루프 헤드 바

A-필러

카울 탑 패널

대시 패널

스트럿 타워

라디에이터 서포트

(앞)크로스 멤버

(앞)프런트 사이드 멤버

펜더 에이프런

에이프런 리인포스먼트

프런트 보디 힌지 필러

루프 사이드 레일

리어 쇼크 업소버 타워

트렁크 리드

리어 쿼터 패널

휠하우스

C-필러

B-필러

로커 패널

모노코크 보디의 웰딩 온 패널

4. 승용차 차체 구성

승용차 차체의 주요 구성 부분은 크게 프런트 보디(front body), 리어 보디(rear body), 사이드 보디(side body), 언더 보디(under body)로 분류된다.

자동차 내외부의 패널 및 각종 부품의 명칭은 차종마다 동일 형태라 할지라도 나라별, 제작사별로 호칭을 서로 다르게 부르는 것도 많다.

4-1 프런트 보디(front body)

프런트 보디는 보디 셸에서 앞부분에 해당하며, 주로 강성이 크게 요구되는 쪽이기 때문에 엔진 룸의 형성, 프런트 휠의 흙받이, 라디에이터 및 보조기기 부품 등으로 구성된다. 또한 엔진과 전륜의 현가장치, 스티어링 기어 박스가 직접 부착되어 있고, 외부 힘에 대해서는 강도 및 실내 진동에 대한 강성의 일부분을 부담하고 있다.

또한 충돌 시에는 충격 에너지를 흡수함과 동시에 스티어링 휠의 후방 이동이나 엔진이 승객 룸 내부로 침범하는 것을 최소한으로 저지하는 구조로 설계된다.

전면부는 사이드 멤버(side member), 펜더 에이프런 패널(fender apron panel), 카울 패널(cowl panel), 대시 패널(dash panel) 등을 스폿용접한 구조이며, 차체에 장착되는 부품 중 가장 무거운 엔진(engine)이나 주행에 필요한 동력전달(powertrain system), 현가장치(suspension system), 조향장치(steering system) 등을 설치할 수 있도록 충분한 차체 정밀도와 강성 및 강도가 확보되어야 한다.

사이드 멤버는 단면 형태를 크게 또는 강판을 두껍게 하거나 보강재를 추가해서 강도를 확보한다. 패널은 프런트 사이드 멤버(front side member), 이너 리인포스먼트(보강재 : inner reinforcement), 프런트 사이드 이너 멤버(front side inner member), 프런트 사이드 이너 익스텐션(front side inner extension), 펜더 에이프런 서포트 익스텐션(fender apron support extension) 등으로 구성되어 있다.

펜더 에이프런 패널은 휠 하우스(wheel house)의 역할을 수행하면서 서스펜션의 스트럿(strut)을 지지한다. 이를 위해 스트럿의 설치 부분을 두꺼운 패널로 보강하고, 사이드 멤버나 대시 패널에 결합시켜 서스펜션으로부터 받은 힘을 분산한다. 패널은 쇼크 업소버 하우징(shock absorber housing), 펜더 에이프런 리인포스먼트(fender apron reinforcement), 정션 박스 마운팅(junction box mounting), 에어 클리너 마운팅 브래킷(air cleaner mounting bracket) 등으로 구성되어 있다

대시 패널(dash panel)은 엔진 룸(engine room)과 승객 룸(passenger room)과의 칸막이 역할을 하며, 엔진이나 서스펜션 등 중량물을 지탱하는 중요한 부품으로 사이드 멤버, 펜더 에이프런 외에 카울 패널, 프런트 필러(front pillar), 플로어 패널 등이 결합되어 강도를 확보한다.

카울(cowl)은 프런트 윈도의 하부를 형성하면서 좌우의 프런트 필러(pillar)와 결합하고 있는 패널이다. 또한 스티어링 칼럼(steering column)의 부착 부위이면서 차체의 비틀림 강성, 충돌안전성 및 고속 주행 시의 스티어링 공진(共振 : resonance)에도 영향을 미치는 중요한 부분이다. 일반적으로는 이너 패널과 아우터 패널로 구성되어 있고, 벤틸레이터(ventilator)의 외기도입구(外氣導入口)를 이 부분에 설치하고 있다.

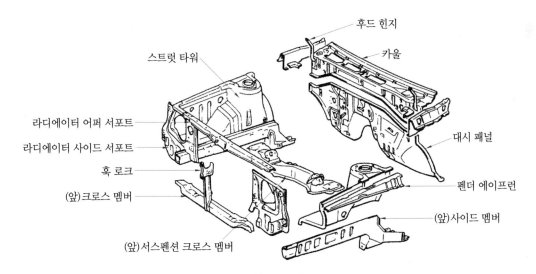

프런트 보디

4-2   리어 보디(rear body)

리어 보디는 보디 셸 중에서 승객 룸보다 뒤쪽 부분으로서, 일반적으로 트렁크 룸으로 되어 있으며 사이드 보디 및 언더 보디의 일부를 포함한 부분으로 구성되어 있다. 리어 보디는 승객 룸과 트렁크 룸(trunk room)이 구분되어진 세단과 구분이 없는 밴, 왜건, 해치백으로 나눌 수 있다.

세단의 경우 쿼터 패널과 트렁크 룸을 구성하는 리어 패키지 패널(rear package panel)로 구성되어 있는데, 리어 패키지 패널에 속하는 백 패널(back panel)은 루프(roof), 사이드 보디(side body), 플로어(floor)와 결합되어 보디의 비틀림을 방지하는 중요한 역할을 한다.

또한 왜건이나 해치백은 백 도어(back door)가 달린 큰 개구부가 있는 구조로 되어 있으므로 리어 필러 이너(rear pillar inner)의 대형화, 크로스 멤버(cross member)의 추가, 백 필러(back pillar), 루프 레일(roof rail) 단면부의 대형화 및 두꺼운 패널 등의 추가로 강성을 높인다.

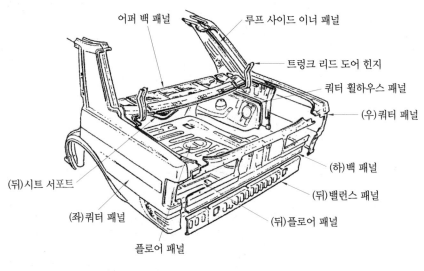

리어 보디

4-3   사이드 보디(side body)

사이드 보디는 거의 대부분 개구부(開口部)로 구성이 되어 프런트 보디 루프 패널(front body roof panel) 등과 결합해 차체의 측면을 형성한다. 구성은 프런트, 센터, 리어 등의 각 필러(front pillar, center pillar, rear pillar : A pillar, B pillar, C pillar)와 휠 하우스를 포함한 쿼터 패널(quarter panel)로 되어 있다.

이들 부품의 위쪽에는 사이드 루프 레일(side roof rail) 및 루프 패널(roof panel), 아래쪽에는 사이드 실(side sill) 및 플로어 패널(floor panel)이 결합되어 있기 때문에 주행 중 언더 보디(under body)에서 받은 하중을 차체의 상부로 분산함과 동시에 전후좌우 방향의 비틀림이나 구부러짐을 방지하는 역할을 한다.

사이드 보디는 보디 셸에 있어서 승객 룸의 측면부를 형성하는 구조부분이므로 전복 시 차체 변형을 억제하고, 내구 강도를 확보하는 역할을 한다. 프런트 필러 상부는 앞 유리 면적을 크게 하여 시야를 향상시키고 전복 시 변형을 최소로 하기 위해 여러 가지의 단면이 연구되고 있다. 또한 프런트 필러 하부 및 센터 필러는 도어를 지지하기 때문에 도어가 밑으로 처지지 않도록 힌지(hinge) 부착부의 강성을 높게 하고 있다.

쿼터 패널(quarter panel)은 차 뒷바퀴 부근의 차체를 구성하는 패널이며 일반적으로 폭이 넓어지는 부분으로서, 주행 중에 외표면의 부압이 높아지므로 이 부분에 환기구를 설치하는 예가 많다. 또한 도어의 지지(支持), 객실 내외의 밀폐(密閉), 충·추돌 시 탑승객의 안전성 확보를 위한 공간 확보 등이 요구되는 중요 부분이므로 이를 위해 각 부품에 아우터 패널(outer panel)과 이너 패널(inner panel)을 결합한 구조로서 강성을 높이고 충분한 강도를 확보하고 있다.

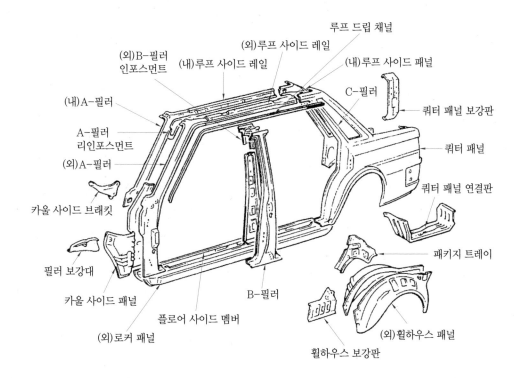

사이드 보디

4-4   언더 보디(under body)

언더 보디는 프레임 형식 자동차의 프레임에 상당하는 부분으로 프런트 사이드 멤버(front side member), 리어 사이드 멤버(rear side member), 크로스 멤버(cross member), 플로어 패널(floor panel)로 구성되어 있으며, 엔진 및 서스펜션, 구동장치를 연결하는 역할을 한다.

각종 멤버에서 받는 외력은 언더 보디에서 사이드 보디로, 필러 부위에서 받는 외력은 루프 등에 응력이 분산되므로 이러한 단체구조용 차체에서 강도유지를 위해 대단히 중요한 부분이다. 따라서 사용되는 패널의 두께는 외판에 비해 두꺼운(1.4mm 전후) 고장력 강판을 사용하는 경우가 많으며, 각 멤버의 크기, 서스펜션의 형식 등에 따라 약간 달리하고 있다.

언더 보디는 보디 셸 중에서 승객 룸, 트렁크 룸 등의 바닥부분이므로 프레임 부착 구조의 경우에는 강성, 강도를 주로 프레임이 지탱하고 있기 때문에 승객 룸, 트렁크 룸 바닥면의 형성 및 스페어 타이어, 연료탱크의 격납이 언더 보디의 주된 기능이다.

언더 보디는 현가장치, 동력전달장치 등의 구동장치가 직접 장착되어 있고, 이것에 의해 외부의 힘을 받고 있으므로 직접 외부의 힘을 받는 부재는 각 요소에 보강을 한 구조로 되어 있다.

승객 룸 플로어는 시트 및 시트벨트 부착 부위의 강도 확보를 위해 멤버 및 보강재를 추가하고, 진동방지 대책으로 바닥면의 형상을 개선하거나, 비드(bead)를 주거나, 멤버를 추가하기도 한다. 트렁크 룸 바닥면에 대해서는 스페어 타이어, 연료 탱크를 격납하면서 동시에 추돌 시의 에너지 흡수, 연료 누설 방지를 위한 안전 대책이 모색되고 있다.

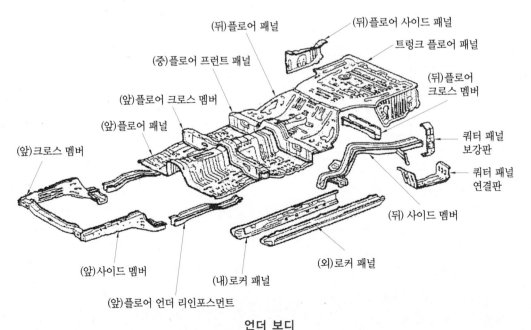

언더 보디

5. 차체 관련 제원

    자동차의 외양, 크기, 무게, 성능, 구성품의 사양(仕樣 : specifications), 형식 등과 같은 제원(諸元 : data, dimension)은 자동차 설계 시 제작표준이 되며, 용어의 정의나 측정방법 등은 자동차 및 자동차 부품의 성능과 기준에 관한 규칙과 한국산업규격(KS)에 규정되어 있다.

    각종 제원 값은 치수, 질량, 하중 및 성능과 관련하여 표기하고 있으며, 치수 측정은 공차상태(empty carriage)의 자동차를 수평면(horizontal level)에 두고 직진상태에서 측정하고 성능은 최대적재상태에서 측정한다.

5-1 치수 관련(dimensions)

① **길이, 너비, 높이(全長/全幅/全高 : overall length/width/height)** : 차체 외형의 최대 크기 (전폭에서 아웃 사이드 미러는 측정 제외)
② **축간거리(軸距 : wheel base)** : 앞뒤 차축의 중심에서 중심까지의 거리
③ **차륜거리(輪距 : track, tread)** : 좌우 타이어 바닥 노면과 접촉면의 중심 사이의 거리
④ **최저지상고(最低地上高 : ground clearance)** : 접지면과 자동차 중앙 부분의 최하부와의 거리
⑤ **실내치수(interior dimensions of body)**
  ㈎ 길이 : 계기판으로부터 최후단 좌석의 뒤끝까지 거리
  ㈏ 폭 : 객실 중앙부의 최대 거리
  ㈐ 높이 : 차량중심 바닥면부터 천장까지의 거리
⑥ **오버행(front, rear overhang)** : 자동차 바퀴의 중심을 지나는 수직면에서 자동차의 맨 앞 또는 맨 뒤까지(범퍼, 견인고리, 윈치 등을 포함)의 수평거리

5-2 질량, 하중(mass, weight) 관련

① **차량중량(CVW : complete vehicle curb weight)** : 자동차에 사람이나 짐을 싣지 않고 연료, 냉각수, 윤활유 등을 만재(滿載 : full load)한 후 운행에 필요한 기본 장비(예비타이어, 예비부품, 공구 등은 제외)를 갖춘 상태에서 측정한 차량의 중량
② **최대적재량(maximum payload)** : 적재를 허용하는 최대하중
③ **차량총중량(GVW : gross vehicle weight)** : 승차정원과 최대적재량 적재 시 그 자동차의 전체 중량

④ **승차정원(riding capacity)** : 자동차 안전기준에 의해 승차할 수 있는 최대 인원수(운전자 포함, 승차정원 1명은 65kgf로 계산)

5-3 성능 관련(performance)

자동차 주행성능은 자동차 주행속도에 대한 구동력, 주행저항 및 각 변속 단수에서의 엔진 회전수를 나타내는 선도(performance diagram of vehicles)로서 차체의 형상, 크기, 무게에 직접적인 영향을 받는다.

① **회전력(turning moment, torsion moment, torque : kgf · m, N · m)** : 어떤 물체를 어떤 점 주위에 회전시키는 효과를 나타내는 양

$$\text{엔진 회전력}(t) = p \times r$$

여기서, p : 실린더 내 전압력(kgf), r : 크랭크 암의 회전반경(m)

② **바퀴 회전력(回轉力 : drive torque : kgf · m)** : 바퀴에 전달되는 회전력 또는 바퀴중심을 돌리는 힘

③ **바퀴 구동력(驅動力 : drive force : kgf)**

　(가) 바퀴 견인력(牽引力 : tractive force)으로서, 바퀴 외주(外周)와 노면 사이에서 작용하는 힘 또는 자동차를 미는 힘(당기는 힘)

　(나) 결정인자 : 엔진 토크, 총 감속비, 구동바퀴 크기, 동력전달 기계효율

④ **주행속도(vehicle speed)** : 1시간당 주행한 거리(km/h)

⑤ **마력하중비(馬力荷重比 : power weight ratio)**

　(가) 1마력당 차량 중량을 표시하는데, 이 값이 작을수록 고성능 자동차를 의미한다.

　(나) 시가지 주행, 고속도로에서의 유입(流入)에 필요한 가속 성능 확보에 영향을 준다.

　(다) 정지로부터 100km/h에 달하는 데 필요한 가속 시간(13초 전후 필요) 또는 정지로부터 400m 주행에 필요한 시간(20초 이하 확보 필요)에 영향을 준다.

　(라) 일반적인 승용차는 6~8kgf/ps 전후이다.

　(마) 6 이하 : 고출력(over power), 15 이상 : 출력 부족(under power)

$$\text{마력하중} = \frac{\text{차량중량}(VW)}{\text{엔진최대출력}(ps)} \, [\text{kgf/ps}]$$

6. 자동차 차체 개발

6-1 **자동차에 요구되는 성능**

① **동력 성능** : 최고속도, 가속 성능, 등판 성능, 연료 소비율 등
② **제동 성능** : 제동정지거리, 제동 시의 자세 변화 등
③ **조종안정성** : 조종성(操縱性), 안전성, 운동성, 선회 성능 등
④ **승차감** : 진동, 소음, 거주성(居住性) 등

6-2 **자동차 차체 강성(剛性)**

자동차 차체 구비조건은 다음과 같다.
① 무게의 경량화
② 고진동(高振動)에 대한 강성
③ 주행진동에 대한 강도
④ 충돌 순간의 안전성

각종 구조물에서의 강도(強度 : strength)는 물체의 강한 정도로서 재료에 부하가 가해질 때 재료가 파괴되기까지의 변형저항이며(재료의 거동이 변하는 한계상태), 강성(剛性 : hardness, rigidity, stiffness)은 단위 변형을 일으키는 힘으로써 재료에 변형을 가할 때 재료가 그 변형에 저항하는 정도를 나타낸 것이다(단위 변화량에 대한 외력의 값으로 표시).

따라서 자동차는 차체에 충격력이 가해졌을 때 구조적으로 부서지는 것에 대비(강도설계 측면)하고, 휘어지는 것에도 대비(강성설계 측면)할 수 있는 안전설계가 중요하다.

일반적으로 강성이 강도보다 크게 설계하는데, 이는 동일한 형태의 파이프 구조물이라도 높이가 2배 높아지면 파이프의 강도는 8배가 되어야만 동일한 강성을 유지할 수 있기 때문이다.

소재의 강성은 소재의 굵기와 비례하고, 소재의 굵기는 무게와 관련된다. 결국 소재의 강성은 무게와 관련되므로 부피가 커질수록 무게는 3제곱으로 늘어야만 비슷한 강성을 유지할 수 있다. 일례로 배기량 5000cc 정도의 대형 차체를 가진 승용차가 1000cc 정도의 경차와 비슷한 강성을 유지하려면 무게가 3톤 정도 필요하다(실제는 2톤 정도).

따라서 대형차와 소형차의 충·추돌 시 안전성은 서로 크러시 존(crush zone, crumple zone : 찌그러지는 영역)의 크기가 다르기 때문에 같은 충격을 받는다고 해도 승객을 보호할 수 있는 여유 공간이 큰 차체가 작은 차체보다 월등히 우수하다.

  그러므로 대부분 승용차 차체의 전면부(前面部)는 충격을 유용하게 흡수할 수 있도록 용접
이음으로 보강한 구조를 사용하고 있다. 또한 차실바닥을 주름 형태로 설계하거나 아래 부분
의 단면적을 크게 한 센터 필러 사용, 도어 임팩트 바(door impact bar) 보강 등과 같은 방법
을 채택하고 있다.

6-3 자동차 차체 개발 방향

(1) 충돌 안전 대책

  ① **사고방지 대책**
  ㈎ 운전자의 시야 확보
  ㈏ 프런트 윈드 실드(front windshield)의 확대
  ㈐ 프런트 필러(front pillar)의 세형화(細形化)
  ㈑ 프런트 보디(front body)의 경사화(傾斜化 : slant)

  ② **충돌사고 시 대책**
  ㈎ 객실 내 승객 보호
  ㈏ 안전벨트(seat belt) 착용, 헤드레스트(head rest) 장착, 에어백(air bag) 장착
  ㈐ 충격 흡수 구조 차체(trunk 구조, spare tire 배치방법)

  ③ **충돌 후 안전 대책**
  ㈎ 화재에 대비한 연료탱크 캡 연료누설 방지 조치
  ㈏ 연료 탱크 안전 위치 선정, 불연성 내장재료 채택

(2) 연료 절감 대책

  ① 차체 경량화(구조 변경) : 소형화 및 FF(전륜 구동)화
  ② 재료전환 : 합성수지, 고장력 강판, 알루미늄 소재 사용

(3) 차체 수명 연장 대책

  ① **내식성 표면처리강판** : 전기아연도금강판(EGI : electrolytic galvanized iron) 사용
  ② **전착도장(電着塗裝 : electro deposition coating)**
  ㈎ 자동차 생산라인에서의 방청도장 공정
  ㈏ 복잡한 형상에도 균일한 도장 가능(도료손실이 적다)

자동차의 각종 성능 개선 효과

개발 항목		개선 효과(대략치)
중량 경감		경량재료 채택(~1%), 경량구조 설계(~1%), FF화(~3%)
엔진출력 증대	가솔린	4밸브화(~1%), 가변밸브 타이밍(~2%), 전자제어 연료분사(~2%), 고압축비(~1%), 연소실 개선(~1%), 직접분사식(~5%), DOHC(~1%), 마찰저감(~1%), 엔진 rpm 저하(~1%)
	디젤	4밸브화(~1%), 고압분사(~1%), 커먼 레일(common rail)(~3%), 전자제어 연료분사(~2%), 과급기(~2%), 인터쿨러(~1%), 연소실개선(~1%), 직접분사화(~5%), DOHC(~1%), 마찰 저감(~1%), 엔진 rpm 저하(~1%)
동력손실 저감		AT lock-up 영역 확대(~2%), 무단변속기(CVT) 채용(~10%), AT전자제어화(~1%), 전동식 파워스티어링(~1%)
주행저항 개선		공기저항 저감(~1%), 저(低)구름저항 타이어(~1%)
무게중심 저하		─

7. 차체 공기저항

7-1 자동차 주행저항(running resistance)

주행저항은 자동차가 도로를 주행할 때 진행을 방해하는 힘이다.
① 주행저항 > 구동력 → 감속   ② 주행저항 < 구동력 → 가속

전주행저항(R) = 구름저항 + 공기저항 + 등판저항 + 가속저항

$$= R_r + R_a + R_g + R_i$$

$$\therefore R = \mu_r \cdot W + \mu_a(C_d) \cdot A \cdot V_a^2 + W\sin\theta + \frac{W + \Delta W}{g} \cdot \alpha \, [\text{kgf}]$$

여기서, R_r : 구름저항(rolling resistance), R_a : 공기저항(air resistance),
R_g : 등판(구배)저항(gradient resistance), R_i : 가속저항(accelerating resistance)
μ_r : 구름저항계수, W : 차량중량, $\mu_a(C_d)$: 공기저항계수, A : 차체 전면 투영면적
V_a : 차속, θ : 도로의 경사각, ΔW : 회전부분 상당중량(트럭 $0.1W$, 승용 $0.08W$)
α : 자동차 가속도(m/s^2), g : 중력가속도(9.81m/s^2)

내부저항(internal resistance)이란 주행을 방해하는 저항의 일부로서 동력전달계통의 각 부 베어링, 기어 등의 마찰과 윤활에 의한 에너지 손실이다.

자동차의 주행저항 중에서 자동차 내부에서 발생하는 내부저항은 동력전달효율, 기계효율 등에서 이미 고려되었으므로 제외해도 된다.

공기저항 이외의 저항은 차량중량(W)에 크게 영향을 받으므로 차량중량 저감기술이 자동차 주행성능을 좌우한다.

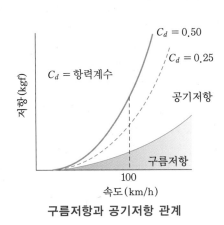

구름저항과 공기저항 관계   공기저항의 종류

7-2 공기저항의 종류

(1) 형상저항(形狀抵抗 : form resistance)

자동차 차체의 전후 부분에서 공기압력차에 의해 발생(압력저항)한다. 유체 속에서 물체가 움직일 경우, 형상변화가 심한 물체의 표면 부분에서 발생되는 소용돌이에 의하여 생기는 저항이다.

(2) 유도저항(誘導抵抗 : induced drag)

비행기 날개처럼 차체의 상하부 압력차에 의해 발생하며, 양력 발생(揚力 : dynamic lift)의 결과로 초래되는 항력(抗力 : drag force)이다.

(3) 마찰저항(摩擦抵抗 : friction drag)

공기의 점성(粘性 : viscosity)에 의해 차체 표면과 공기 사이에서 발생한다. 유체 내부에서 운동하는 물체가 유체로부터 운동 방향과 반대 방향으로 받는 힘 중에서 접선응력(전단응력 : tangential stress)의 합력(合力 : combined strength)이다.

(4) 표면저항(表面摩擦抵抗 : skin friction resistance)

차체 외부 돌출물에 따라 발생하며(안테나, 사이드 미러 등), 차체 표면마찰 때문에 생기는 선체저항(船體抵抗 : hull resistance)이다.

(5) 내부저항(內部抵抗 : internal resistance)

엔진 냉각 및 차 실내 환기를 위해 공기가 흐를 때 발생한다.

7-3 공기저항의 특성

① 주행속도 20km/h 이하에서는 무시할 수 있다.
② 60~70km/h 이상에서는 구름저항과 공기저항 값이 같아진다.
③ 엔진출력의 60~80%가 공기저항을 극복하는 데 사용된다(연비 급속히 증가).

7-4 공기저항 계수

차체 실내높이가 높으면 자동차 전면 투영면적이 커지므로 공기저항도 증가된다.

공기저항계수 값

차체 형태	공기저항계수(μ_a)	항력계수(C_d)
유선형 스포츠카 등	0.0015~0.0020	0.31~0.41
유선형 승용차, 세단 등	0.0020~0.0025	0.41~0.52
사각형 자동차, 지프 등	0.0035~0.0040	0.73~0.83
트럭, 버스 등	0.0045~0.0050	0.93~1.00

🔒 1. μ_a : 노상시험에서 자동차 속도만으로 구한 공기저항 값(차체 형상에 따라 다르다.)
2. C_d : 풍동시험에 의해 얻은 공기저항 값 ($C_d = 212\,\mu_a$)

$$R_a = \mu_a \cdot A \cdot V_a^{2}[\text{kgf}] = C_d \frac{1}{2} \rho \cdot A \cdot V_a^{2}[\text{kgf}]$$

$$\rho = \frac{\gamma}{g},\ \gamma = 1.293\text{kgf/m}^3(표준상태 : 760\text{mmHg},\ 15℃)$$

여기서, μ_a : 공기저항계수 $\left[\dfrac{\text{kgf/m}^2}{(\text{km/h})^2}\right]$, A : 자동차 전면 투영면적(m^2)

V_a : 자동차의 공기에 대한 상대속도(km/h)

ρ : 공기 밀도$\left(밀도 ≒ 비중,\ 비중 = \dfrac{물체\ 단위중량}{순수\ 물\ 4℃\ 단위중량} = \dfrac{물체의\ 밀도}{물의\ 밀도}\right)$

7-5 **공기력(空氣力)**

(1) 항력(抗力 : drag force)

자동차 주행 시 직진 방향의 반대쪽에 발생하는 풍압(風壓)으로, 공기저항을 증가시켜 연비를 악화시킨다.

① 공기저항 : 마찰저항 + 압력저항

② 마찰저항 : 공기의 점성으로서 차체 표면에 발생

③ 압력저항 : 정압력(正壓力) + 부압력(負壓力)

④ 정압력(positive pressure) : 차체 앞부분에서 공기흐름을 방해하는 힘으로, 이를 최소화하기 위해 차체를 유선형으로 설계해야 함(승용차의 경우 전체 공기저항의 60%)

⑤ 부압력(negative pressure) : 차를 뒤쪽으로 잡아당기는 힘으로, 차체 뒷부분의 진공현상(剝離現狀 : separation)

⑧ 항력값(공기력값)

　(개) C_d : 항력계수

　(내) 차량의 주행저항력과 공기의 운동에너지 사이의 비례계수이다.

　(대) 고속 유동에서는 일반적으로 차량의 형상에만 의존하는 상수이다.

　(래) 바람이 없을 때 직진 시 횡력, 요잉 모멘트는 0이 된다.

　(매) 차량 디자인과 밀접한 관계가 있다.

　(배) 연비에 큰 영향을 준다.

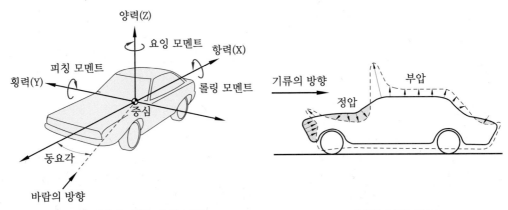

공기력에 의한 차체 진동   **기류의 압력 분포**

차체 형태별 공기저항 계수

형 태	항력계수	횡력계수	양력계수	피칭 모멘트	요잉 모멘트
	0.52	8	0.01	1	3
	0.39	9	0.22	5	2
	0.48	5	0.21	4	5
	0.52	2	0.29	8	7
	0.42	7	0.32	7	4
	0.45	4	0.06	3	6
	0.54	6	0.07	2	1
	0.58	1	0.01	9	9
	0.50	3	0.10	6	7

(2) 양력(揚力 : lift force)

고속주행 시 차체 상하 부분을 지나는 공기속도의 차이로 인해 발생하는 현상으로서, 지면
으로부터 차체가 위로 뜨는 작용이며, 접지력 약화의 원인이 된다. 양력과 횡력 발생에 대비
하여 타이어와 서스펜션을 충분히 보강해야 한다. 양력을 감소시키려면 리어 스포일러(rear
spoiler, duck tail)를 설치한다.

① 양력이 차량 앞쪽에 작용할 때
   ㈎ 피칭 모멘트가 커진다(Y축을 중심으로 한 회전운동).
   ㈏ 앞 타이어의 접지력(接地力)이 작아진다.
   ㈐ 언더 스티어(under steer) 경향이 커진다.
② 양력이 차량 뒤쪽에 작용할 때
   ㈎ 방향 조종성이 나쁘다.
   ㈏ 오버 스티어(over steer) 경향이 커진다.

양력 발생이 크면 타이어 접지력 감소로 조종안정성이 저하된다. 특히, 횡풍(橫風 : cross
wind) 발생 시 크게 변화되며 차체 형상에 따라 다르나 노치 백 형식이 가장 크다.

프런트 스포일러(front spoiler)의 형상을 설계할 때 범퍼(bumper) 아래쪽으로 흐르는 공

기의 흐름을 억제하는 형상으로 설계하면 (−) 양력(down force : 아래로 누르는 힘)이 발생
하므로 언더 플로어(under floor)의 압력이 저하되어 양력은 감소된다.

레이싱 카(racing car)는 조종안정성 향상을 위해 양력을 낮게 하는 큰 스포일러(spoiler)
와 윙(wing)을 사용하여 타이어 접지력을 향상시킨다.

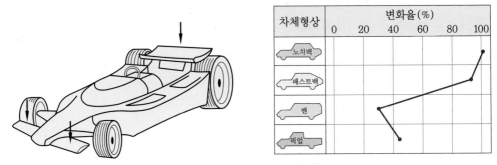

차체형상	변화율(%)					
	0	20	40	60	80	100
노치백						
패스트백						
밴						
픽업						

차체 형상과 양력 변화

(3) 횡력(橫力 : side force)

자동차 주행 중에 옆 방향에서 공기력이 작용할 때(측면 바람) 직진운전을 방해하는 힘(側
方力)이 발생하는데, 이를 횡력이라 한다

자동차가 주행할 경우에 횡력이 발생되면 차체 크기가 작고 유선형일수록 횡력계수가 작아
지므로 동요각(動搖角 : yaw angle)이 크지 않게 되어 요잉 모멘트에 의한 차체의 진동발생
도 감소하게 된다.

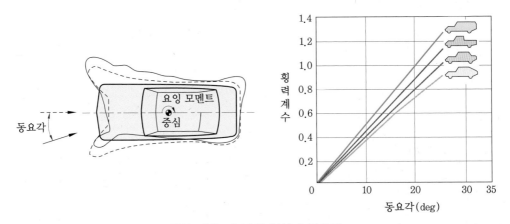

횡력 작용 시 차체 형상과 동요각

7-6 차체 형상이 공기저항에 미치는 영향

(1) 차체 앞부분 형상에 따른 영향

① **프런트 스포일러(front spoiler) 형태**

　㈎ 공기저항을 저감시킬 수 있으나, 양력 감소의 목적이 더 크게 사용된다.

　㈏ 양력과 반대되는 현상인 차체를 아래로 누르는 (−) 양력이 발생된다.

　㈐ (−) 양력이 너무 크면 공기저항이 증가한다.

② **라디에이터 그릴(radiator grill) 크기**

　㈎ 그릴의 모양은 작을수록 공기저항이 적어진다.

　㈏ 냉각성능과 관련되므로 너무 작지 않게 설계한다.

③ **후드(hood) 위의 돌출물** : 돌출물을 최소화하고, 유선형화를 추구한다.

④ **헤드 램프(head lamp) 형태**

　㈎ 공기저항을 5~7% 증가시킨다.

　㈏ 최고속도를 3~5km/h 저하시킨다.

⑤ **펜더 미러(fender mirror) 형태** : 공기저항을 2~3% 증가시킨다.

⑥ **도어 미러(door mirror) 형태**: 공기저항을 1~2% 증가시킨다.

⑦ **코너부 처리(펜더 앞부분)**

　㈎ 공기저항 저감을 위해 차체 앞부분을 곡면화한다.

　㈏ 펜더와 라디에디터 그릴을 곡면화한다.

　㈐ 후드와 라디에디터 그릴을 곡면화한다.

(2) 차체 뒷부분 형상에 따른 영향

① **리어 윈드 경사각** : 패스트 팩 형식은 30° 부근에서 최대 공기저항이 발생하므로 경사각을 적게 설계한다.

② **리어 스포일러 형태**

　㈎ 후부(後部)의 압력을 감소시키는 효과(와류 발생 감소)가 있어서 공기저항이 감소된다.

　㈏ 큰 스포일러를 설치하면 뒷부분에서 불안정한 와류인 난기류(亂氣流) 증가로 인해 공기저항이 증대된다.

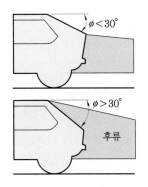
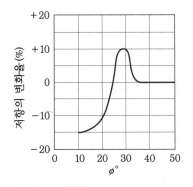

리어 윈드 경사각과 공기저항 변화

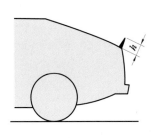
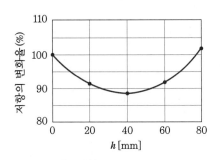

리어 스포일러 높이와 공기저항 변화

(3) 트럭 루프 형태와 하대높이에 따른 영향

① 운전석 지붕에 카울링(cowling)을 설치하면 공기저항이 감소된다.

② 카울링은 공기저항을 20~30% 저감하고, 연비를 3~4% 정도 향상시킬 수 있다.

③ 트럭의 하대 높이가 높을수록 공기저항이 크게 발생되므로 운전석 지붕과 하대 높이의 차이가 큰 트럭에서는 반드시 카울링을 설치하여 공기저항을 감소시켜야 한다.

트럭 하대 높이와 공기저항 변화

7-7 공기저항(공기력) 저감 방안

① 가능한 작은 차체로 디자인한다.
② 공기저항계수가 작게 되도록 설계한다.
  ㈎ 차체 앞부분의 면적을 작게 한다.
  ㈏ 차체 앞부분을 곡면화되도록 설계한다.
  ㈐ 차체 외부에 요철(凹凸)이 없게 한다.
  ㈑ 윈드실드(wind shield) 경사도를 크게 하고, 곡면화 설계한다.
  ㈒ 라디에디터(radiator) 공기 취입구(吹入口)를 작게 한다.
  ㈓ 프런트 범퍼에 에어 댐(air dam)을 설치한다.
  ㈔ 언더 보디(under body)에 요철 부분을 적게 한다.
  ㈕ 최저 지상고(또는 무게중심)를 가능한 낮아지게 설계한다.
  ㈖ 타이어 외부 덮개를 설치한다.

8. 자동차 충돌시험

8-1 충돌시험 목적

자동차 충돌시험은 다음과 같은 목적으로 실시한다.
① 주행 중에 발생할 수 있는 자동차의 충돌사고에 대한 안전성을 평가한다.
② 차량 충돌 특성 및 인체 상해치를 분석한다.
③ 승객보호장치를 개발하고 자동차 부품의 동적(動的) 특성을 평가한다.

자동차가 실제로 충돌하는 현상은 차체의 엔진 룸 부분만이 유효하게 무너지는 1차 충돌과 차체가 찌그러진 후에 스티어링 휠이 탑승자의 신체내장과 충돌하는 2차 충돌로 나누어진다.
1차 충돌에서는 차체가 찌그러질 때의 에너지 흡수특성을 향상시키는 기술이, 2차 충돌에서는 탑승자의 충돌거동을 시트 벨트나 에어 백(air bag)으로 조정하는 기술이 개발되고 있으며, 이것을 수동안전기술(passive safety system)이라고 부른다. 자동차가 충돌한 후에 적용하는 기술인 수동안전기술에는 이 밖에도 긴급도어락 해제, 클럼블 존, 전복방지시스템(RSC) 등이 있다.

(1) 차체 강도시험 종류(body strength test)

① 천장 강도시험(roof crush test)

② 사이드 도어 강도시험(side door crush test)

③ 범퍼 충격시험(bumper impact test)

(2) 차체 내부 충격시험 종류(interior impact test)

① 핸들 충격시험(steering wheel impact test)

② 룸 미러 충격시험(room mirror impact test)

③ 계기판 충격시험(instrument panel impact test)

④ 자동차 시트 강도시험(seat strength test)

⑤ 머리지지대 시험(head restraint test)

8-2 충돌시험 결과 차체 설계 적용 사항

① **충돌 전 안전성** : 사고 발생 가능성을 최소화할 수 있는 주행환경의 전반적 고려

② **충돌 시 안전성** : 사고 시 차량과 인체와의 충돌에 의한 상해 위험의 최소화

③ **충돌 후 안전성** : 사고 발생 후에 승객에 발생할 수 있는 추가 상해의 최소화

④ **파손 수리성** : 사고 차량 수리비의 최소화

8-3 실차 충돌시험 종류

① **준법규시험** : 잡지, 기관, 단체 등에서 차량의 안전도를 평가하여 소비자에게 공개함으로써 차량 선택의 기준으로 사용되게 하는 시험

② **법규시험** : 각국 법규에서 규정하는 차량안전도 평가시험

③ **개발시험** : 에어백 감지 장치(air bag SDM algorithm) 개발을 위한 시험

8-4 자동차 안전시험의 종류(8개 항목)

자동차 안전시험 8개 항목과 38개 세부 항목

충돌시험	충격시험	광학시험	제원측정
일반시험	환경시험	엔진시험	전파 장해시험

① 충돌 시 승객보호시험
② 충돌 시 조향핸들 후방이동시험
③ 충돌 시 연료누출 방지시험
④ 충돌 시 앞면유리 고정성 시험
⑤ 충돌 시 앞면유리 침입성 시험
⑥ 좌석 및 그 잠금장치시험
⑦ 머리지지대 강도시험
⑧ 문 열림 방지장치 강도시험
⑨ 계기 패널 충격흡수시험
⑩ 좌석등받이 충격흡수시험
⑪ 팔걸이 충격흡수시험
⑫ 햇빛가리개 충격흡수시험
⑬ 범퍼 충격흡수시험
⑭ 실내 후사경 충격흡수시험
⑮ 조향장치 충격흡수시험
⑯ 옆문 강도시험
⑰ 천장 강도시험
⑱ 좌석안전띠 부착장치 강도시험
⑲ 견인장치 강도시험
⑳ 후부안전판 강도시험
㉑ 등화장치 광도시험
㉒ 운전자의 시계범위시험
㉓ 원동기 출력시험
㉔ 시계확보 장치시험
㉕ 가속제어장치 복귀능력시험
㉖ 연료소비율시험
㉗ 급제동시험
㉘ 주 제동능력시험
㉙ 주차 제동능력시험
㉚ 제동액누설 경고장치시험
㉛ 제동공기용량시험
㉜ 경고 시 제동능력시험
㉝ 제동 작동지연시험
㉞ 속도계시험
㉟ 차실내장재 연소성시험
㊱ 내부 격실문 열림 방지장치시험
㊲ 어린이보호용 좌석부착장치 강도시험
㊳ 전자파장해 방지장치시험

8-5 충돌시험 종류

① 정면 충돌시험(full ramp test)
② 부분 정면 충돌시험(40% off-set test)
③ 측면 충돌시험(side impact test) : 기둥 측면 충돌시험
④ 후면 추돌시험(rear impact test) : 좌석 안정성 시험
⑤ 주행 전복시험(dynamic, static rollover test)

(a) 정면 충돌(시험 속도 56km/h)

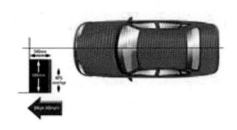

(b) 부분정면 충돌(시험 속도 64km/h, 40% off-set)

(c) 측면 충돌(시험 속도 55km/h)

(d) 후면 추돌　　　　　　　　　　　(e) 전복시험

각종 충돌시험

8-6 복합 상해율(Pcomb) 등급

① 5등급

　(가) 45% < Pcomb = 46% 이상

　(나) 1개(☆) : 가장 심각한 상해위험도

② 4등급

　(가) 35% < Pcomb ≤ 45% = 36%~45%

　(나) 2개(☆☆)

③ 3등급

　(가) 20% < Pcomb ≤ 35% = 21%~35%

　(나) 3개(☆☆☆)

④ 2등급

　(가) 10% < Pcomb ≤ 20% = 11%~20%

　(나) 4개(☆☆☆☆)

⑤ 1등급

　(가) Pcomb ≤ 10% = 10% 이하

　(나) 5개(☆☆☆☆☆) : 가장 안전한 수준

8-7 더미(dummy)

충돌시험 시 운전자나 승객의 상해치를 측정하기 위한 인체모형이다. 더미의 개발 과정에는 인체의 뼈와 피부에 관한 생명 공학적인 정보와 중량, 키, 관절의 움직임 등에 관한 정보가 입력되며, 사고에 대한 분석이나 시체실험에서 얻은 정보도 반영된다.

(1) 더미 종류

① 정면 충돌시험용 성인 더미
② 측면 충돌시험용 더미
③ 아동 더미(임신 7개월 태아, 12개월 유아, 3세 및 6세 어린이)

(2) 더미 구조

더미는 충돌시험 종류에 따라 1회의 시험에서 15~100개의 정보를 얻을 수 있으며, 시험 후 손상된 부분을 교정해서 다시 사용하기도 한다.

더미 내부에는 가속도계(G-meter), 로드 셀(load cell), 변위계(displacement meter) 등 충돌 시의 충돌 에너지 크기와 더미의 거동을 측정하기 위한 센서들을 머리(머리 무게 중심점), 목, 가슴, 복부, 골반, 정강이 등에 설치한다.

9. 차체 손상 분석

9-1 자동차 파손원인

운행 중인 자동차 차체에는 전단(shear), 비틀림(twist), 압축(compress) 등의 응력(stress)이 작용한다.

자동차 차체의 손상 분석은 파손 부위 및 범위를 정확히 진단 확인해야 수리비 견적과 작업계획의 수립이 가능하며, 정밀한 손상 분석은 시각(視覺), 촉각(觸覺), 계측(計測) 및 분해(分解) 등의 검사방법으로 확인한다.

자동차 파손원인은 다음과 같다.
① 차량 제조 과정에서 가공, 조립 또는 재료 등의 결함
② 보수 및 정비 결함
③ 사용으로 인한 자연 마모

④ 자동차 교통사고

⑤ 화재, 침수, 태풍 등 자연재해

9-2 자동차 파손의 종류

① **직접충돌 파손(直接衝突破損 : direct crash injury)** : 외력을 직접적으로 받은 부위 파손

② **간접충돌 파손(間接衝突破損 : indirect crash injury)** : 직접 파손 부위를 지나 다른 부위에 완충적으로 가해져 발생한 파손

③ **충돌파급 파손(衝突波及破損 : impact spread injury)** : 충격력의 전파 경로상에 발생한 파손

④ **유발 파손(誘發破損 : induction injury)** : 타부재(他部材)의 당김, 또는 누름 등의 영향으로 발생되는 파손

⑤ **관성 파손(慣性破損 : inertial injury)** : 엔진(engine), 변속기(T/M), 액셀(axle) 등이 관성운동에 의해 차량실내와 차체 측에 재충돌하여 발생하는 파손

9-3 차체 변형 형태(언더 보디 변형 형태, 프레임 변형 형태)

자동차 차체의 변형은 대개 복합적으로 발생되므로 충돌사고로 인한 차체 변형이 발생될 경우 각 패널과 패널 간의 틈새(gap)만 조정할 것이 아니라 근본적으로 정밀한 계측에 의한 차체골격을 매뉴얼에 따라 수정해야 한다.

차체 변형 형태의 종류

종류	현상
사이드 웨이 (side way)	• 좌우변형(sway) • 후드(hood)나 트렁크 리드(trunk lid)의 패널 좌우 틈새가 서로 다름
새그 (sag)	• 휨, 상하 구부러짐 변형 • 차체 전·후 부분의 충·추돌 시 카울과 대시패널 주위에 주로 발생 • 펜더의 상하 간격이 서로 틀림
매시 (mash)	• 붕괴(collapse), 압축, 찌그러짐 변형 • 전면 충·추돌 시 엔진 룸이나 트렁크 룸에서 발생
트위스트 (twist)	• 꼬임, 비틀림 변형 • 언더 플로어의 데이텀 라인 높이에 차이 발생 • 좌·우측 선회 시 롤링 발생
다이아몬드 (diamond)	• 마름모꼴 변형 • 옵셋 정면 충돌 시 프레임이 평행사변형으로 변형 • 트램 게이지로 측정 가능

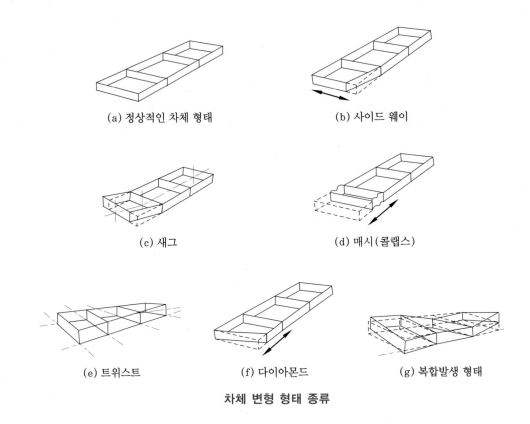

(a) 정상적인 차체 형태

(b) 사이드 웨이

(c) 새그

(d) 매시(콜랩스)

(e) 트위스트

(f) 다이아몬드

(g) 복합발생 형태

차체 변형 형태 종류

9-4 파손 진단 요점

차체수리를 위해 자동차 충돌로 인한 파손 형태를 분석하려면 기술적인 면에서 사고 차체의 크기, 형태, 충돌위치 및 사고 당시의 주행속도 등을 알아야 한다.

충돌 요소별 손상 진단

충돌 요소	손상 진단
충돌 상대물	직접 손상 부위의 손상 형태 흔적 등을 분석
충돌 속도	직접 손상 부위의 변형량을 파악하여 충돌 시 차량속도 추측
충돌 위치	손상 상태에 따른 충돌 작용점과 방향(각도) 관찰
충돌 시 관성	차량속도, 승차인원, 적재물, 구동방식 등의 조건에 따라 분석
다중 충돌	충돌 수와 충돌 순서 등의 상관 관계 분석

9-5 충돌 에너지 분산 경로

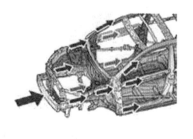 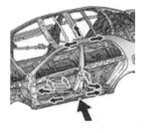 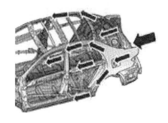

(a) 전면부   (b) 측면부   (c) 후면부

차체 충돌 시 충격력 분산 경로

9-6 차체 충격 흡수 부위(crush point, weak point)

자동차가 주행 중 충돌이 발생하면 전면부에 발생되는 충돌에너지는 사이드 멤버(side member)에서 약 70%, 스트럿 타워(strut tower)에서 약 25%, 펜더 에이프런(fender apron)에서 5% 정도를 부담한다.

이에 따라서 단체구조 차체는 충격력이 가해질 때 임의 부분에서 응력을 집중시켜 손상되기(찌그러지기) 쉽도록 설계하여 충격을 완화할 수 있게 제작되었으며, 이것을 크러시 포인트라 한다.

응력 집중 부분은 충돌 시 차체에서 가장 먼저 찌그러지면서 점차 충격력을 감소시켜 충격을 흡수할 수 있도록 하기 위해 구조적으로 차체 제작 시 약한 부위를 만들어 주거나 또는 두께를 변화시키거나 구멍을 만들어 준다.

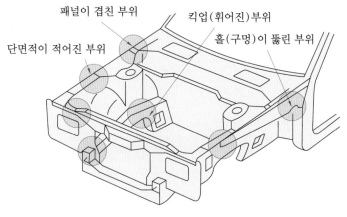

패널이 겹친 부위
킥업(휘어진) 부위
단면적이 적어진 부위
홀(구멍)이 뚫린 부위

차체 충격 흡수 부위(응력 집중 부분)

즉, 자동차 차체 각부에서 응력이 집중되는 부분은

① 구멍(hole)이 있는 부분

② 단면적이 변화되는 부분(두께 변화 부분)

③ 곡면(모서리)이 있는 부분(킥업 부분, 코너 부분, 노치 부분)

④ 패널과 패널이 합쳐진 부분

⑤ 특정 부위의 주름 형성 부분 등이다.

패널과 패널이 합쳐진 부분에서는 충돌 시에 충격 에너지가 가해졌다가 되돌아가는 작용을 하기 때문에 합쳐진 부분의 앞쪽이 찌그러진다.

차체 충돌 시 차체가 찌그러질 수 있도록 하는 허용 가능한 여유거리를 크러시 존(crush zone, crumple zone)이라 부르며, 보통 전면 충돌 시 50~80cm 정도이고, 측면은 20~30cm 정도로 본다.

9-7 차체 충돌 시 차체의 변형 발생 여부 검사 및 판단 방법

① 차체 상하 변형은 상부 패널의 틈새를 확인한다.

② 프런트 필러와 도어 상단부 틈새 발생 여부를 확인한다.

③ 센터 필러와 로커 패널의 정렬 상태를 확인한다.

④ 프런트 도어 하단부에서 상향 및 바깥쪽을 점검한다.

⑤ 축 방향의 변형은 차체 중앙부에서 먼저 실시한다.

⑥ 도어와 펜더의 틈새 및 단차(인접 패널 간의 높낮이의 차)를 점검한다.

⑦ 도어와 쿼터 패널의 틈새 및 단차를 점검한다.

Chapter 03

차체 소재

1. 금속재료의 특성

1-1 금속의 성질

금속(金屬 : metal)은 지구상에 존재하는 100여 종의 원소 중에서 고체가 되었을 때 금속 광택이 나고 전기 및 열을 잘 전달하며, 판처럼 얇게 펼 수 있고 가는 실로도 뽑을 수 있는 성질을 가진 홑원소 물질(—元素物質 : simple substance)을 말한다.

금속은 일반적으로 아래와 같은 특성을 지닌다.

① 고체 상태에서 결정구조(結晶構造 : crystal structure)를 형성한다.
② 열전도도 및 전기전도도가 큰 양도체(良導體 : conductor)이다.
③ 연성(延性 : ductility) 및 전성(展性 : malleability)이 크다(가공 용이).
④ 금속광택을 갖는다(각각의 고유한 색깔이 있음).
⑤ 상온에서 고체이다(단, 녹는점(-38.9℃)이 낮은 수은(Hg)은 액체상태).
⑥ 대부분 비중이 크고 경도가 높다.
⑦ 녹는점(용융점)이 대개 일정하다.

금속의 성질을 갖지 않는 금속 원소 및 합금을 제외한 모든 화합물을 비금속(非金屬 : nonmetal)이라 하며, 금속과 비금속의 성질을 아울러 가지고 있는 것을 반금속(半金屬, 準金屬 : metalloid, semimetal)이라 한다.

(1) 메탈로이드(metalloid)

주기율표에서 붕소(B/Boron)와 아스타틴(At/Astatine)을 연결하는 사선상 부근에 위치하는 원소(element)를 말하며, 통상적으로 반금속이라 불린다. 붕소, 비소(As/Arsenic), 규소(Si/Silicon), 게르마늄(Ge/Germanium), 셀렌(Se/Selen), 텔루르(Te/Tellur) 등으로서, 금속과 비금속의 중간적인 성질을 가지며, 상온에서는 고체이지만 전도성은 없다.

(2) 세미메탈(semimetal)

금속과 같은 자유전자(free electron)를 갖지만, 그 밀도가 금속보다도 훨씬 작은 원소를 말한다. 준결정성(準結晶性) 탄소(submorphous carbon : 흑연), 비소(As/Arsenic), 안티몬 (Sb/Antimony), 비스무트(Bi/Bismuth) 등이며, 저온에서는 특이한 전자기적 성질을 띤다.

대표적인 금속 및 비금속의 전기저항과 열전도도

원소	Ag	Sn	Pb	Al	Si	W	Zn	C	Ni	Fe
전기저항($\Omega \cdot cm \times 10^{-6}$)	1.59	11	21	2.65	10	5.65	5.92	1375	6.84	9.71
열전도도(W/m · K)	1.00	0.15	0.08	0.53	0.20	0.40	0.27	0.06	0.22	0.18

금속의 종류는 매우 많아 현재 자연에 존재하는 92번까지의 원소 중에서 금속원소는 68종, 비금속원소는 17종, 반금속원소는 7종이다. 이들 금속원소에 있어 중요한 성질인 금속의 용융온도(熔融溫度)를 비교해 보면 최고는 텅스텐(W)이 3410℃이고, 최저는 상온에서 액체인 수은(Hg)이 -38.4℃로 넓은 분포를 보이고 있다.

또한 중요한 금속들의 비중(比重)을 비교해 보면 최소는 리튬(Li)이 0.53으로 물보다 가벼우며, 최대는 이리듐(Ir)으로 22.5를 나타낸다.

따라서 금속을 크게 구분할 때 편의상 비중이 5 이하인 것을 경금속(輕金屬 : Al, Mg, Ti 등)이라 하고, 비중이 5 이상인 것을 중금속(重金屬 : Fe, Pb, Hg, Cr 등)이라 한다.

(3) 비중(比重 : specific gravity)

어느 물질의 단위체적당 질량과 그 물질과 같은 부피를 가진 표준물질의 질량과의 비를 비중이라 한다. 즉, 어떤 물질의 단위중량과 순수한 4℃ 물의 단위중량비를 말하며, 순수한 4℃의 물일 때 비중은 1.00이다. 즉, 물을 기준으로 하여 다른 물질과 무게를 비교한 것이 비중이다(수은의 비중은 13.6이다). 비중은 비교 수치이므로 단위가 없다.

(4) 비열(比熱 : specific heat)

어느 물질 1g(또는 1kg)인 물체의 온도를 1℃ 높이는 데 필요한 열량이다. 일반적으로 온도에 따라 변화하나 기체에서는 부피와 압력에 따라 변화하기도 한다.

즉, 비열$=\dfrac{열량}{질량 \times 온도\ 변화}$ 이며, 이때 물의 비열은 1cal/g · ℃로 본다. 또한, 비열이 크면 온도 변화가 작고 비열이 작으면 온도 변화가 크다. 따라서 물은 비열이 크므로 내연기관의 냉각수로 사용된다.

(5) 열전도율(熱傳道率 : thermal conductivity)

물체 속에서 열이 전달되는 정도를 나타낸 수치로 온도나 압력에 따라 다르다. 전달되는 열량은 물체의 단위 면적을 통하여 단위 시간에 흐르는 열량을 단위 길이당 온도의 차이로 나눈 값이다.(kcal/m · h · ℃)

열전도율은 순도가 높은 금속일수록 좋고, 불순물이 함유되어 있으면 나쁘다. 또한 열전도는 열의 전달 정도를 나타내는 물질에 관한 상수(K)로서, K값이 큰 금속은 좋은 열 전도체이고, K값이 작으면 좋은 절연체이다.

주요 각종 금속의 물리적 특성

물질	비중	녹는 온도 (℃)	비열 (cal/g · ℃)	열전도율 (kcal/m · h · ℃)
알루미늄	2.70	659	0.214	196
철	7.87	1,530	0.108	62
스테인리스	7.94	1,400	0.110	14
황동	8.70	910	0.092	95
니켈	8.90	1,452	0.101	77
구리	8.96	1,083	0.092	320
청동	9.00	970	0.082	60
은	10.50	962	0.056	360
납	11.37	327	0.030	30
텅스텐	19.30	3,500	0.032	170
금	19.32	1,063	0.031	254
백금	21.45	1,750	0.032	60

1-2 **금속의 종류**

(1) 철금속(ferrous metals) : 강도가 크고 가공이 용이하나 녹이 잘 발생한다.

① **순철(純鐵 : pure iron)**

㈎ 불순물이 거의 없는 철이다.

㈏ 연성과 전성이 크고, 강도가 약하다.

② **탄소강(carbon steel)**

㈎ 강철(steel)이라고도 한다.

㈏ 탄소 함유량이 많을수록 단단하다.

㈐ 가공성이 좋고 경도와 강도가 우수하나 녹이 잘 발생한다.

㈑ 저탄소강(0.02∼0.30%) : 강도가 약해 무르고 잘 늘어난다(철사, 철판).

㈒ 중탄소강(0.30∼0.60%) : 일반 기계 부품에 사용한다(볼트, 너트).

㈓ 고탄소강(0.60∼2.06%) : 강도가 크고 단단하며, 잘 늘어나지 않는다(공구).

③ **주철(鑄鐵 : cast iron)**

㈎ 탄소 함유량이 합금강보다 많다(2.0% 이상).

㈏ 녹이 잘 발생하지 않는다.

㈐ 낮은 온도에서 녹아 주조하기 쉽다.

㈑ 복잡한 모양의 물건을 쉽게 만들 수 있다.

㈒ 단단하여 깨지는 성질이 있다.

㈓ 연성과 전성이 작다.

④ **합금강(alloy steel)**

㈎ 철+다른 원소

㈏ 녹이 발생하지 않는다.

㈐ 스테인리스강 : 철+니켈+크롬

㈑ 강도와 경도가 아주 크다(공구강).

(2) 비철금속(nonferrous metals) : 철 이외의 모든 금속을 말한다.

① **구리**

㈎ 열과 전기를 잘 전달한다(열전달 재료).

㈏ 연성과 전성이 크다.

㈐ 녹이 잘 발생하지 않는다.

㈑ 강도가 약하여 튼튼한 물건을 만들 때는 합금해야 한다.

② **구리합금**

    ㈎ 마모에 강하고, 주조성이 좋다.

    ㈏ 청동(bronze) = 구리+주석(종, 동상, 동전 등에 사용)

    ㈐ 황동(brass : 신주) = 구리+아연(장식품, 악기, 트로피, 메달 등에 사용)

③ **알루미늄**

    ㈎ 비중이 철의 $\frac{1}{3}$로 가볍다.

    ㈏ 열과 전기를 잘 전달한다.

    ㈐ 녹이 잘 발생하지 않는다.

    ㈑ 전성과 연성이 크고 강도가 약하다.

    ㈒ 바닷물, 산, 알칼리에 약하다.

④ **알루미늄 합금**

    ㈎ 가볍고 기계적 성질이 좋다.

    ㈏ 용도 : 자동차나 비행기 부품, 통신기기 등

1-3 금속의 합금(alloy)과 첨가제(additives)

(1) 합금의 정의

어느 금속에 하나 이상의 다른 금속이나 비금속을 녹여 넣어 만든 것을 합금이라 한다.

(2) 합금의 목적

순수한 금속은 대부분 연하기 때문에 사용 목적에 따라 합금을 한다.

  예 구리 + 아연 = 황동

      구리 + 주석 = 청동

(3) 합금의 일반적인 효과

① 강도와 경도가 커진다.

② 순수한 금속보다 낮은 온도에서 녹는다.

③ 높은 열에 잘 견디고 부식이 억제된다.

④ 색깔이 아름다워진다.

⑤ 전기 저항이 커진다.

⑥ 녹였을 때 유동성이 좋아 주조가 잘 된다.

(4) 합금 철강에서 원소의 영향

① **탄소** : 금속의 강도 및 경도가 증가하고, 단조, 절단, 용접이 어렵다.

② **니켈** : 저온 인성과 내식성이 증가하고, 용접성과 가단성이 개선된다.

③ **크롬** : 내온성, 고온강도, 내마모성이 증가한다.

1-4 응력-변형률 선도(stress-strain curve)

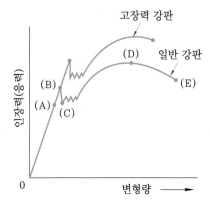

(A) 탄성한계 : 응력에 대하여 탄성이 유지되는 한 계점

(B) 상항복점 : 응력이 감소되면서 변형이 불규칙 적으로 발생하는 점

(C) 하항복점 : 응력과 변형이 증가하는 점

(D) 최대응력점 : 응력이 최대에 달하는 점

(E) 파단점 : 재료가 절단되는 점

응력-변형률 선도

① **강도(强度 : strength)** : 재료를 파단시키려는 하중에 저항하는 재료의 내부응력(인장, 압축, 굽힘 강도)

② **연성(延性 : ductility)** : 금속이 길게 늘어나는 성질(Au > Ag > Al > Fe > Ni > Cu > Sn > Pb)이며, 인성(toughness)은 잡아당기는 힘에 견디는 성질을 말한다.

③ **전성(展性 : malleability)** : 금속에 힘을 가할 때 넓게 펴질 수 있는 성질(Au > Ag > Cu > Al > Sn > Pt > Pb > Fe)

④ **탄성(彈性 : elasticity)** : 외력에 의해 모양과 부피가 변형된 물체가 힘을 제거하였을 때 본래의 상태로 되돌아가려는 성질

⑤ **소성(塑性 : plasticity)** : 고체에 외력을 가해 탄성한계를 초과하여 변형시켰을 때, 외력을 제거해도 본래 자리로 돌아가지 않는 성질(차체의 제작성형에 이용하는 성질)

⑥ **스프링 백(spring back)** : 재료에 소성변형을 준 후에 힘을 제거하면 탄성회복에 의해 어느 정도 원래 형태로 돌아오는 성질이며, 굽힘부의 곡률반경 및 각도의 변화에 영향을 크게 미치므로 제품의 형상에 직접 관계된다. 즉, 스프링 백은 경도가 높을수록 커지며, 재료의 두께가 얇을수록, 굽힘 반지름이 클수록, 굽힘 각도가 작을수록 커진다.

⑦ **가공경화(work hardening)** : 물체에 소성변형을 가했을 때 변형 정도가 늘어남에 따라 변형에 대한 저항이 증대하여 변형을 받지 않은 재료보다 단단해지는 성질이다.

평탄한 강판에 프레스 등을 이용하여 꺾어 접으면 접힌 부분은 가공경화(加工硬化)되어 프레스 라인(press line, bead line)이 발생된다.

차체 패널의 프레스 라인은 디자인상의 강조(accent)가 됨과 동시에 패널의 강도를 높인다. 최초의 변형으로 구부러진 부분의 강판 내부에서 조직구조가 변화하여 탄성이 소멸되어 그만큼 경도(硬度)가 증가된다(강판이 변형되면 반드시 가공경화가 발생).

가공경화는 패널의 수정을 방해하는 작용도 하므로 가해진 힘과 반대 방향으로 힘을 가하여도 패널은 원래의 상태로 되돌아가지 않는다.

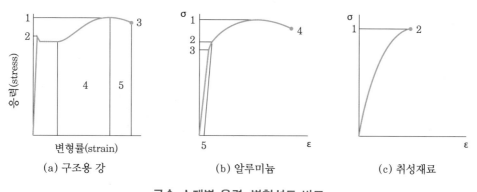

(a) 구조용 강   (b) 알루미늄   (c) 취성재료

금속 소재별 응력-변형선도 비교

가공경화에 의해서 소멸된 탄성을 부활시켜 강판을 원래의 상태로 되돌아가게 수정하려면 풀림(annealing)이나 해머링(hammering) 방법을 사용한다. 풀림이란 가공경화된 부분을 빨갛게 가열한 후 서서히 냉각시키는 작업이다.

현재의 자동차는 열을 가하면 가공경화가 소멸될 뿐만 아니라 본래의 성질까지 변화되는 강판이 사용되고 있기 때문에 함부로 열을 가해서는 안 된다.

특히, 강도를 필요로 하는 멤버류나 필러류(members & pillars) 등의 자동차 구조재로 사용되고 있는 고장력 강판에는 절대로 높은 열을 가해서는 안 된다.

1-5 금속 열처리

철강재료의 재질검사법에는 불꽃 시험방법, 꺾어서 시험하는 방법 및 줄(file)로 밀어서 시험하는 방법이 있으며, 열처리는 금속재료가 각 사용처마다 필요로 하는 기계적 성질을 변화시키기 위해 실시한다.

(1) 뜨임(tempering)

① 600℃ 전후로 가열해서 천천히 냉각한다.

② 강판에 질긴 성질을 부여한다.

(2) 담금질(quenching)

① 800℃ 전후로 가열해서 물, 기름에서 급속히 냉각한다.

② 강판에 단단해지는 성질(경도)을 부여한다.

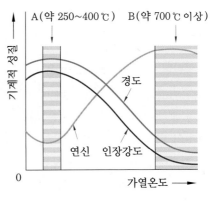

금속의 열영향

(3) 풀림(annealing)

① 일정한 온도로 가열한 후 상온에서 서서히 냉각한다.

② 단단해진 강판을 부드럽게 만든다.

(4) 불림(normalizing)

① 용접에 의해 과열된 강판을 800~900℃ 정도로 가열하여 서서히 냉각한다.

② 강판을 부드럽게 한다.

탄소강의 예열온도

탄소 함량	예열 온도
0.20% 이하	90℃ 이하
0.20~0.30%	90~150℃
0.30~0.45%	150~260℃
0.45~0.80%	260~420℃

철강재 가열 시 색깔

가열 온도	색깔
1300℃	휘백색
1200℃	백색
1100℃	담황색
1000℃	황색
900℃	황적색
800℃	담적색
700℃	적색
600℃	암적색

2. 자동차용 강판

자동차 차체는 구조적으로 승객 보호, 차체 형상과 기능 유지, 주행진동과 소음발생에 대한 강도 및 차체 수명에 대한 내구성을 필요로 한다.

자동차용 강판(steel sheet)은 대부분 0.6~1.2mm의 박판(薄板 : thin plate, sheet)을 사용하며, 경량화(輕量化), 가공성(加工性), 내구성(耐久性), 충돌안전성(衝突安全性) 및 환경친화성(環境親和性)이 요구되는 특성을 만족시키기 위해 다음과 같은 종류의 강판을 채택하고 있다.

2-1 **압연강판(rolled steel plates)**

(1) 압연(壓延 : rolling)

압연이란 연속주조공정에서 생산된 슬래브(slab : 板用 鋼片), 블룸(bloom : 대형 강편), 빌릿(billet : 소형 강편), 빔 블랭크(beam blank) 등의 철강 반제품을 회전하는 롤(roll) 사이에 통과시켜 연속적인 힘을 가함으로써 늘리거나 얇게 만들어가는 과정이며, 가공방법에 따라서 열간압연공정과 냉간압연공정이 있다.

(2) 열간압연강판(HR : hot rolled steel plates)

열간압연(熱間壓延 : hot rolling)이란 철강 반제품을 가열로에서 1100~1300℃로 가열한 후 압연 롤을 통과시켜 원하는 형상의 철강 완제품을 만들어가는 과정을 말한다. 주로 코일 형태로 되어 있으며, 6.0mm 이상의 두꺼운 철판을 후판(厚板 : thick plate)이라 하고, 6.0 mm 이하를 박판(薄板 : sheet)이라고 부르며, SHP(steel hot plate)나 구로(くろ : 검은색을 뜻하는 일본어)라고 부르기도 한다.

제철소에서 쇳물을 가공해 나온 평평한 판재(板材) 모양의 철강 반(半)제품인 슬래브(slab)를 고온으로 가열한 뒤 누르고 늘여서 두께를 얇게 만든 열연강판이다.

(3) 냉간압연강판(CR : cold rolled steel plates)

냉간압연강판은 높은 온도에서 압연하는 열간압연강판과는 달리 상온(0~30℃)에서 압연한 것으로, 열간압연강판(HR)을 상온에서 표면처리하고, 냉간 압연기로 더 얇게 눌러 표면을 미려하게 만든 판재이다. SCP(steel cold plate)나 미각기판(磨き : 면이 곱다는 일본어), 나마(なま : 무르다는 표현의 일본어)라고도 부른다.

자동차용 패널에 사용하는 박판이 대표적인 냉연제품으로, 열연강판을 산으로 세척한 후 상온에서 콜드 스트립 밀(cold strip mill system) 또는 리버스 밀(reverse mill)로 압연하였기 때문에 두께가 고르고 표면이 매끈하며 광택이 나는 강판이다.

냉간압연강판은 표면이 곱고 매끄러우며 스케일이 발생하지 않고 프레스 가공이 용이하다. 또한 길이가 긴 형태로 가공이 가능하고 치수 정밀도가 높다.

그러나 열연강판보다 추가공정을 거치므로 더 비싼 편이고, 표면이 공기와 반응해 녹이 발생할 수 있으므로 녹 방지책으로 방청유(기름)가 칠해져 판매되며, 아연도금강판이나 석도강판(주석도금강판)의 도금강판용 기초소재로 사용된다.

2-2 표면처리강판(表面處理鋼板 : surface treated steel sheet)

금속은 부식에 의하여 단시간에 소모된다. 따라서 부식을 방지하기 위해 방식기술을 발전시키고, 방식뿐만 아니라 금속 자체의 내마모성, 내열성 등 기타 여러 가지 기능을 향상시키는 동시에 금속표면의 색채와 광택을 좋게 할 목적으로 금속의 표면을 다양하게 처리하고 있다. 이것을 금속표면처리(metal finishing)라고 하며, 도금이 금속표면처리의 주종을 이룬다.

금속표면처리법의 종류에는 도금(plating), 화성처리(chemical coatings), 양극산화피막처리(anodic oxidation, anodizing), 도장(painting), 라이닝(lining), 표면경화(case hardening) 등이 있다.

(1) 용융아연도금강판(GI : galvanized steel sheet)

용융아연도금강판은 흔히 '함석'이라고 하며, 냉간압연강판(CR)을 용융도금한 제품이다. 아연(melted Zn)이 들어 있는 탱크에 철판을 넣어 얇은 막을 입힌 철판으로, 철의 부식을 방지하는 데 쓰이며 지붕재료, 건설자재 등으로 사용된다. 성분 및 방식에 따라 용융아연도금강판(순아연 도금)과 합금화 용융아연도금강판(철, 아연, 알루미늄) 등으로 나뉜다.

(2) 합금화용융아연도금강판(GA : Galva-annealed steel sheet)

일명 갈바라고 하며, 아연도금강판에 다른 금속물질을 첨가하여 만들어진 강판으로서, GI의 열악한 용접성을 개선하고, 좋은 도장성을 갖기 위해 개발된 제품이다.

아연 도금층과 소지철(素地鐵) 사이에 합금층을 형성하기 위하여 도금한 후에 특수한 열처리를 거쳐 생산하며, 도장성이나 가공성, 용접성 등을 보완하기 위해 아연 도금층을 재가열하여 도금층을 아연과 철의 화합물로 만들어 주는 강판이다.

(3) 갈바륨(GL : zinc aluminium alloy coated steel sheet)

갈바륨(Galvalume)은 '~에 아연을 도금하다(galvanize)'와 '알루미늄(aluminium)'의 합성어로서 알루미늄과 아연을 혼합하여 도금한 제품이며, 아연도금강판(GI)보다 3~6배 이상으로 내식성이 우수하다.

특히 갈바륨 강판은 절단면에서는 알루미늄도금강판이 갖지 못하는 방식(防蝕) 능력이 뛰어나다. 이는 도금층 속의 아연이 우선적으로 부식되면서 소지철에 대해 희생방식작용(犧牲防蝕 : Galvanic behavior)을 하고 있기 때문이다. 표면의 도금층에서 취급 중에 소지철이 드러나는 경우에도(상처 발생 경우) 알루미늄 도금강판과는 달리 아연성분을 도금층 속에 포함하고 있으므로 희생방식능력이 있다.

갈바륨 강판은 다음과 같은 특징이 있다.

① 장기 내구성이 우수하며, 아연도금강판에 비해 수명이 길다.
② 내열성이 우수하다. 315℃에서 장시간 표면 변색이나 산화 없이 사용이 가능하므로 고온 용도에 적용되는 사례가 많다.
③ 열반사성이 양호하다. 갈바륨 강판의 도금층은 체적비로 환산하면 약 80%가 알루미늄으로 이루어져 있으므로 알루미늄강판과 유사한 열반사율을 나타낸다.
④ 은백색의 미려한 표면외관을 지니고 있다.
⑤ 아연도금강판과 거의 동등한 가공성과 도장성을 지니고 있다.
⑥ 적절한 용접조건하에서 용접이 쉽다.

(4) 전기아연도금강판(EGI : electrolytic galvanized iron)

열처리된 강판을 용융 아연도금욕(plating bath)에 통과시켜 만든 제품으로 우수한 내식성을 발휘한다. 자동차의 차체 제작에 가장 많이 사용되고 있다.

(5) 소부경화강(BH : baked hardening steel)

일반 자동차용 강판은 자동차 부품 성형 공정에서 가공경화로 인한 강도 증가 이외에 후차적인 강도 증가는 이루어지지 않으나, BH강판은 도장 후 열처리공정(baking)에 의해 다시 한 번 항복강도가 증가하는 특성이 있다.

즉, 자동차 차체 공정은 강판 절단(blanking) → 프레스 성형(press forming) → 조립(assembling) → 도장(painting) → 열처리(baking)의 과정을 거치는데, BH강판은 도장 후 열처리 시(160℃에서 20분) 금속 조직 내 고용 탄소량의 확산에 의해 성형가공으로 항복강도가 증가하는 강판이다.

BH강판은 치수의 변화나 형상 변화 없이 가공된 강판에 강도가 향상된다. 자동차 외판의 경우 외부와의 직접적인 접촉으로 표면 손상을 많이 입게 되는데, BH강판의 경우 외부의 힘이 가해질 수 있는 부위에 적용함으로써 덴트(dent) 저항성을 증가시키기 위해 개발되었다.

자동차 차체에서 BH강판은 주로 외부의 응력이 가해지는 패널로서 후드, 도어, 펜더, 트렁크 리드 등에 사용한다.

(6) 윤활강판, 산세강판(PO : pickled-oiled steel sheets)

열연강판을 염산 등으로 표면의 녹을 제거한 후 산화방지를 위해 강판 표면에 오일(oil)을 바른 제품이며 강관, 자동차용, 기계부품, 건축용 등에 쓰인다.

(7) 수지피복 강판(resin coated steels)

자동차 사의 도장 공정 일부를 단축하기 위하여 아연도금강판 표면층에 수지 등을 피복한 강판을 말한다.

3. 차체 패널 소성가공

3-1 프레스 가공(press working)

(1) 플랜징(flanging)

① 평판을 거의 직각으로 구부리는 가공법이다.
② 구부러진 부분은 다른 부분보다 더욱 강도가 높아진다.

(2) 비딩(beading)

성형되어 있는 재료 일부의 강도 보강과 장식의 목적으로 돌기 또는 요철을 추가하는 가공법이다.

(3) 버링(burring)

① 도어 패널 등 물 빼기 구멍 등의 주위에 사용하는 가공법이다.
② 구멍 주위를 길게 빠져 나오는 모양으로 성형하면 이 부분의 강도가 증가한다.

(4) 헤밍(hemming)

도어의 아우터 패널과 이너 패널을 조립하기 위한 가공법이다.

(5) 크라운(crown)

① 크라운은 비드 라인(bead line), 프레스 라인(press line)이라고도 불리고 있다.

② 크라운이란 패널의 곡률(曲率 : curvature)을 의미하는 것으로, 완만한 곡면(또는 급격한 곡면)을 만들어 강판의 전체적인 강성 및 외관 향상을 도모하는 가공법이다.

③ 완만한 곡면은 저 크라운(low crown), 급격한 곡면은 고 크라운(high crown), 완·급이 동시인 것은 콤비네이션 크라운(combination crown), 반대쪽으로 접힌 곡면은 역 크라운(reverse crown)이라 부른다.

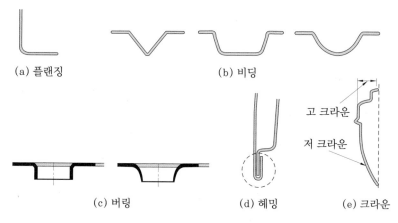

(a) 플랜징　　　　　　　　(b) 비딩

(c) 버링　　　　　　(d) 헤밍　　　　　(e) 크라운

차체 패널의 소성가공법

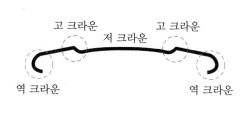

콤비네이션 크라운

3-2　경량화 패널 성형 공법

(1) 하이드로포밍 공법(hydroforming)

하이드로포밍은 액압(液壓)성형공법이라고도 하며, 복잡한 모양의 자동차 부품을 만들 때 사용된다. 우선 강판을 튜브 형태로 만들고 튜브를 프레스 등 형틀에 장착하며, 이후 튜브 안으로 물이나 기타 액체를 강한 압력으로 밀어 넣어 제품 모양을 잡는다. 즉, 기존 개단면(開

端面) 프레스 부품을 용접접합(press + welding)하는 방식에서 폐단면(閉端面) 파이프 내측에 강한 수압을 가하여 금형형상에 완착시켜 제품을 제작하는 공법이다.

하이드로포밍은 부품 가공 시 여러 형태의 부품을 만들어 따로 가공 후 용접하는 작업이 생략되므로 용접에 의한 제품 변형이 감소되고 부품 정밀도가 우수하며, 가공변형에 의한 구조강도가 향상되는 등의 장점이 있다.

따라서 이 기술은 주로 섀시나 엔진 크레이들(cradle)처럼 다수의 프레스 부품을 원피스의 하이드로포밍 부품으로 대체하여 복잡하지만 튼튼한 부품을 만들 때 원가절감 및 경량화가 가능하다(섀시 무게의 약 10% 절감 가능).

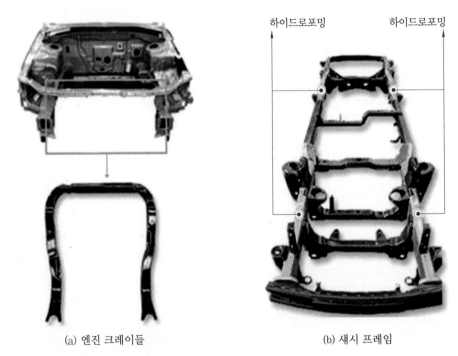

(a) 엔진 크레이들　　　　　(b) 섀시 프레임

각종 하이드로포밍 부품

(2) 핫 스탬핑 공법(hot stamping, hot press forming)

핫 스탬핑 또는 핫 프레스포밍으로 알려진 열간성형 기술은 강판을 900℃ 이상 고온에서 성형한 후 급속 냉각시켜 초고강도 부품을 만드는 기술로, 대장장이가 쇠를 불에 달궈 두드리고 물에 식히는 작업을 반복해 단단함을 높이는 것과 같은 원리다.

즉, 절단(blanking)된 소재를 고온(900~960℃) 가열하여 고온 상태에서 프레스로 성형한 후에 금형 내에서 급랭시켜 원하는 고강도의 부품을 제작하는 공법이다. 이 공법은 부품 강도가 3~5배 이상 향상되고 경량화 향상 및 고강성(高岡性) 유지가 가능한 패널 성형 가공법이다.

또한, 고장력 강판 등과 같은 고강도 소재의 가공을 보다 쉽게 할 수도 있고, 가공 후에 원래상태로 돌아가려는 스프링 백 현상을 극복하는 데도 유리하므로 주로 고강성을 요구하는 범퍼 백 빔(bumper back beam)이나 필러 보강재를 가공하는 데 이 공법이 적용된다.

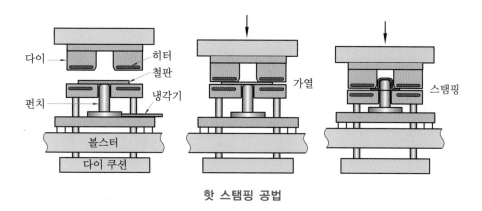

핫 스탬핑 공법

(3) TWB(tailor welded blanks) 공법

TWB는 '맞춤식 재단 용접'이라고도 한다. 두께, 강도, 재질이 서로 다른 강판을 레이저로 용접하여 이것을 통째로 프레스 성형하는 공법으로, 이미 대부분의 유럽 철강사들이 오래전부터 이 설비를 도입해 완성차 업체에 공급해오고 있으며, 10% 이상의 차체 경량화 효과와 충돌 강성을 높이는 장점이 있다.

또한 원재료 사용률도 향상되어 비용 절감에 도움이 되며, 주로 도어 이너 패널, 리어 휠 하우스, 필러의 보강 패널, 승용차 사이드 보디 등을 성형할 때 사용된다.

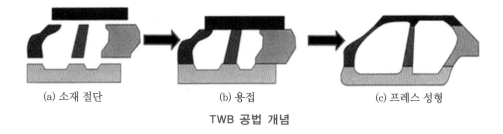

(a) 소재 절단   (b) 용접   (c) 프레스 성형

TWB 공법 개념

4. 고장력 강판

고장력 강판(高張力鋼板 : high tensile strength steel sheet)은 차체 경량화 및 내충격성 향상을 위해 철강 재료에 규소, 니켈, 크롬 등의 원소를 첨가하고, 열간 또는 냉간압연하여 강도와 내충격력 등을 향상시킨 강판으로, 차체중량을 약 30~40% 감소시키는 효과를 나타낸다.

최근 자동차 산업발전과 함께 승객의 완벽한 안전성 확보를 위해 새로운 금속재료를 사용한 초고장력강(UHS steel)이나 보론강(boron steel)을 개발하여 모든 차량에 적용하게 되었으며, 각 차종에 급속히 증가하는 추세에 있다.

일반적으로 금속에 탄소량(C)이 증가하면 재료의 기계적 성질 중 가장 중요한 요소라고 볼 수 있는 항장력(잡아당길 때 물체가 외력에 의해 파괴되는 순간의 파괴강도)은 증대하지만 용접성은 나빠진다.

따라서 고장력 강판은 탄소량을 0.2% 이하로 첨가하여 용접성을 향상시키고 크롬(Cr), 니켈(Ni), 몰리브덴(Mo), 바나듐(V), 붕소(B) 등을 소량 첨가함으로써 항장력을 강화시킨 강판이다.

고장력 강판은 인장 강도 $50kgf/mm^2$ 이상으로 용접성, 절삭성, 인성 등이 우수한 구조용 강으로 만든 판재로서 차량, 선박, 압력 용기, 교량, 산업 기계 등에 이용된다.

특히 보론강(boron steel)은 강인강(强靭鋼)의 일종으로서, 경도를 높이고 내마모성(耐磨耗性)을 향상시키기 위해 비금속 원소인 붕소(硼素 : boron)를 소량으로 첨가한 강이다.

탄소강에 붕소를 0.001~0.008% 첨가하면 금속의 경화를 현저하게 향상시킬 수 있다(harden steel). 그러나 붕소의 첨가량이 지나치게 많아지면 물성이 여리게 되어 재료가 적은 외력에도 영구변형을 일으키지 않고 파괴(연성 저하 또는 취성 증가)되는 취화(脆化 : embrittlement)의 원인이 된다. 보론강은 붕소강이라고도 부른다.

자동차 차체에 고장력 강판을 사용하면 다음과 같은 장단점이 있다.

(1) 장점

① 차량이 경량화된다.
② 충돌 시 강한 내구성이 실현된다.
③ 보강 부품이 감소된다.
④ 외부패널의 강성이 증가한다.
⑤ 변형과 프레임의 굴절 감소로 승차감이 향상된다.

⑥ 차량중량 경감으로 연비가 향상된다.

⑦ CO_2 배출량이 감소한다.

(2) 단점

① 생산이 어렵다.

② 열에 의한 강판특성 변화가 크다.

③ 강판 강도변화에 적용할 수 있는 용접기술의 변화가 필요하다.

④ 충격 시 프레임 교체가 필요하다.

⑤ MIG/MAG 용접 작업이 곤란하다.

4-2 고장력 강판의 종류

인장 강도(引張強度 : tensile strength)란 강판을 끌어당길 때 균열되지 않고 버틸 수 있는 최대하중을 그 물질의 최초 단면적으로 나눈 값으로서, 고장력 강판의 성능을 표시하기도 한다. 이 기준에 따르면 자동차용 고장력 강판은 $1mm^2$의 면적이 35kgf의 힘을 버틸 수 있어야 하고, 초고장력 강판의 경우 $1mm^2$ 당 140kgf 이상의 힘을 견뎌야 한다.

차체 패널에 사용하는 고장력 강판의 종류별 인장 강도(재료를 양쪽에서 잡아당겨(압력) 끊어질 때 까지의 힘(강도), 단위 : MPa)의 크기와 사용 개소는 다음과 같다.

(1) 일반강판(mild steel)

① 인장 강도 : 300~400MPa 이하

② 외부 패널에 주로 사용된다.

③ 냉연강판(cold rolled), 열연강판(hot rolled) 등이 있다.

(2) 고장력 강판(HSS : high strength steel)

① 금속조직에 의한 변태조직강(AHSS : advanced high strength steel)

② 인장 강도 : 500~700MPa

③ 차체구조(structure of the vehicle)에 주로 사용된다.

④ 석출경화강(high strength low alloy), 고용경화강(solid strength), DP강(dual phases steel), TRIP강(transformation−induced plasticity steel) 등이 있다.

(3) 초고장력 강판(UHSS : ultra high strength steel)

① 인장 강도 : 700MPa 이상

② 강도를 요하는 골격부위(reinforcement of the structure)에 주로 사용된다.

③ DP강, TRIP강, TWIP강(twinning−induced plasticity steel)

(4) 보론강(boron steel)

① 인장 강도 : 1500MPa 이상

② A, B, C 필러, 도어 부위(고강도를 요구하는 부위)에 주로 사용된다.

앞으로도 자동차의 경량화와 충돌안전성에 대한 높은 요구는 계속해서 초고장력 강판의 기술향상을 필요로 할 것이다. 알루미늄 합금재료로 가볍고 강도가 커서 비행기용 합금금속으로 사용되는 두랄루민도 '두랄루민 → 초두랄루민 → 초강두랄루민'으로 발전되었듯이 수요자들의 요구와 끊임없는 철강기술의 개발과 노력으로 향후 슈퍼 초고장력 강판(SUHSS : super ultra high strength steel)이 등장할 것으로 예상된다.

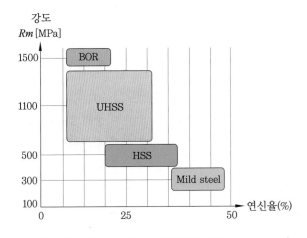

※ Rm : Repetition maximum (운동강도 결정)

고장력강의 강도−연신율 비교

고강도강 재질표기법

일반적으로 한국과 일본 자동차는 허용응력(TS : tensile stress)을 기준으로 하며, 유럽과 미국 자동차는 항복응력(YS : yield stress)을 기준으로 한다.

예 GMW3032M−ST−S−340LA−HD60G/60G−U

여기서, GMW : 생산 회사명
       3032 : 강도 표기 숫자

M : 재료(금속 : metals)

ST : 재료 종류(강 : steel)

S : 재료 형태(판 : sheet)

340 : 최소항복강도(MPa)

LA : 강의 종류(B0, B2, IF, LA, P)

HD 60G/60G : 코팅 표기(용융아연 : 60g/m²)

U : 표면조도(표면품질)(내판용 : unexposed)

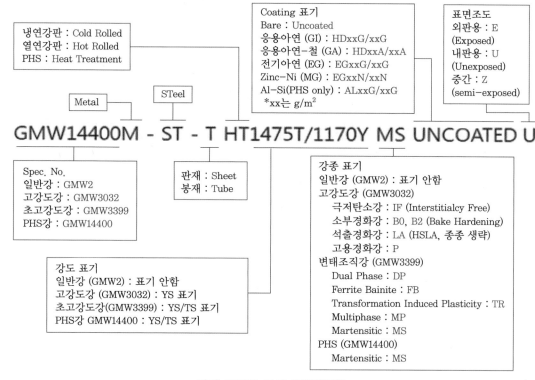

강판 규격의 표기 방법(종합)

4-4 고장력 강판의 용접기술

고장력 강판을 기존의 용접방법으로 용접할 경우 재료에 일정 시간 동안 너무 높은 온도로 열이 가해지면 50% 이상 강성이 저하되는 현상이 발생한다.

이러한 현상은 MIG/MAG 용접과 스폿 용접 모두 발생할 수 있으므로 기존의 용접작업 방법으로는 차체판금작업이 불가능하게 되었다.

따라서 이에 대비할 수 있는 새로운 금속접합법인 브레이징(brazing) 용접, 스폿 용접, 본딩 및 리벳(bonding & riveting) 기술 등이 개발되었다.

고장력 강판의 작업 특성

강판 종류	기존의 판금작업	기존의 용접작업
일반 강판	문제 없음	문제 없음
고장력 강판	가능함	가능함
초고장력 강판	적합한 장비와 작업방법 선정	적합한 장비와 작업방법 선정
보론 강판	적합한 장비와 작업방법 선정	적합한 장비와 작업방법 선정

패널의 각 접합수리 시의 패널에 발생하는 강도 저하 현상은 스폿 용접 작업은 0%, 본딩 및 리벳 작업은 20% 정도, MAG/MIG 용접은 40% 정도가 되는 것으로 추정한다.

최신 자동차들은 차체 패널에 신소재를 적용하는 경우가 많으므로 고장력 강판의 용접 시에는 생산차 제조업체의 지침을 따르는 것이 중요하다.

이러한 지침에 따르지 않는 차체수리는 자동차의 구조적 강도 약화로 인해 충돌사고 대비 안전성이 저하되는 문제가 발생된다.

예를 들면 스폿 용접된 강판을 강제로 분리할 때 전류과잉으로 용접 너깃 주변이 떨어져 나가면서 균열과 함께 패널이 분리되는 경우가 발생하였다면 잘못된 용접이다.

우수한 스폿 용접이 이루어진 상태라면 철판이 찢어지더라도 용접 너깃 부분이 떨어져 나가지(분리되지) 않아야 한다.

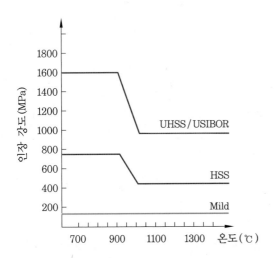

※ USIBOR : 메르세데스 벤츠 사에서 사용하는 보론강의 별명

용접열과 강도 저하의 관계

(a) 양호한 스폿 용접 너깃 부위

(b) 잘못된 스폿 용접 너깃 부위

너깃 부위 상태

5. 자동차용 플라스틱

5-1 플라스틱 특성

플라스틱(plastic)은 합성수지와 같이 사용되며, 플라스틱 재료를 비롯해서 도료, 접착제 등 여러 가지를 총칭하는 용어로, 그리스어인 plastikos(성형할 수 있는)에서 유래한다.

플라스틱은 열이나 압력 또는 열과 압력을 함께 가했을 때 녹아서 유동성을 가지게 되는데 이것은 플라스틱이 고분자 물질을 주원료로 하기 때문이다. 일반적으로 플라스틱이라 하면 합성 고분자 물질을 말하며, 고분자 물질이 플라스틱의 원료로 사용되는 경우에 수지라고 한다. 자동차에는 주로 폴리프로필렌(PP), 폴리카보네이트(PC), 폴리우레탄(PUR), 폴리염화비닐(PVC) 및 ABS가 많이 사용되고 있다.

플라스틱의 고유성질처럼 점토와 비슷하게 힘을 가하면 변형되고, 힘을 제거해도 변형된 상태로 남아 있는 성질, 즉 탄성과 반대되는 성질을 소성(plasticity)이라고 한다.

(1) 플라스틱의 사용 목적

① **설계적인 면**
　㈎ 내부식성(내화학성)　　　㈏ 고강도(비중대비)
　㈐ 전기절연　　　　　　　　㈑ 착색성
　㈒ 투명성　　　　　　　　　㈓ 설계 용이

② **경제적인 면**
　㈎ 대량생산　　　　　　　　㈏ 고품질 제품 생산
　㈐ 치수안정성 부품 생산　　㈑ 다기능 부품 개발
　㈒ 후가공 최소화　　　　　　㈓ 간단한 조립성

화합물을 분자량에 의해 분류하면 분자량이 작은 저분자 화합물과 분자량이 매우 큰 고분자 화합물로 나눌 수 있다. 일반적으로 유기 화합물의 분자량은 100~300 사이에 있는데, 대부분 500 이하를 저분자 화합물이라 하며 고분자 화합물은 10000 이상의 것이 보통이다.

(2) 플라스틱의 특성

① 금속에 비하여 가볍다(비중 값 : 금속 - 약 2.7~9.0, 플라스틱 - 약 0.9~1.6).
② 열과 전기를 잘 전달하지 않는다.
③ 물이나 기름·약품에 잘 견딘다.

④ 유리와 같이 빛을 잘 통과시킬 수 있다.

⑤ 가소성이 크므로 여러 가지 모양을 쉽게 만들 수 있다.

⑥ 표면 광택이 좋으며, 색소에 의해 여러 가지 색깔을 낼 수 있다.

⑦ 섬유 또는 얇은 막을 만드는 성질이 있다.

⑧ 강력한 접착성 및 낮은 마멸성을 갖는다.

⑨ 열에 약하여 높은 온도 변화에 사용하기 곤란하다.

⑩ 기후에 민감하여 온도 변화에 따라 변형과 변색, 노화 등이 발생한다.

⑪ 충격에 약하여 깨지기 쉽다.

⑫ 대부분의 플라스틱은 썩지 않아 자연환경을 오염시킬 수 있다.

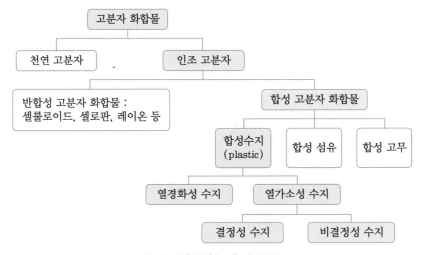

고분자 화합물(수지)의 분류

 5-2 수지(樹脂 : resin)

수지는 고분자량(高分子量)이며, 명확한 융점(融點)을 가지지 않는 천연 또는 합성 고체 또는 반고체상 유기 생성물(有機生成物)의 총칭이다.

자동차의 의장부품에는 외관과 표면 기능을 향상시키고, 설계적·경제적인 면에서 부가가치를 향상시키기 위해 합성수지가 많이 사용되고 있다. 수지에는 천연수지와 합성수지가 있다.

① **천연수지(천연 고분자 화합물)**

천연식물(天然植物) 등에서 석출한 것으로, 종이 펄프, 녹말, 단백질, 핵산, 셀룰로오스, 송진, 천연 고무 등과 같이 자연에서 산출되는 고분자 물질이다.

가열하면 유연해지므로 형틀에 넣어 원하는 모양으로 만들기 쉬우며 힘을 가하면 형태가 변하고, 그렇게 변한 형태 그대로를 유지한다. 즉, 가소성(可塑性)을 가진 물질을 수지(樹脂)라고 한다.

② 합성수지(synthetic resin)

천연의 수지성 물질과 닮은 합성 고분자 물질로서 각종 화합물질로부터 화학반응에 의해 합성된 고분자의 유기화합물로 가소성을 가진 재료의 총칭이며, '플라스틱'이라 부른다. 알키드, 아크릴, 불소, 우레탄, 나일론, 합성 고무, 규소 수지, 이온 교환 수지 등과 같이 인공적으로 합성되는 고분자 물질을 말한다.

플라스틱은 대부분 합성수지로 광택, 경도, 열가소성 등이 천연 수지와 닮았으며, 가공 상태를 크게 나누어 열가소성 수지와 열경화성 수지로 구별된다.

합성수지는 경량으로 질량당 강도가 크고 전기, 열 절연성이 좋으나 내열성이 나쁘고, 열팽창률이 크다. 최근에는 이러한 단점이 적은 고성능 수지가 개발되었다.

합성수지 특성

열가소성 수지		열경화성 수지
결정성 수지	비결정성	
• 규칙적인 분자구조 • 용융점이 있다. • 불투명 • 높은 수축률 • 내화학성이 강하다. • 내피로성/내후성이 강하다.	• 불규칙한 분자구조 • 넓은 범위의 연화온도 • 투명한 수지도 있다. • 수축률이 작다. • 내화학성이 약하다. • 내피로성/내후성이 약하다.	• 강도, 연신도, 탄성이 낮다. • 고하중에서 변형온도가 낮다. • 크립(creep)성이 낮다. • 고유의 난연성(難燃性) • 치수 안정성/저 흡습성 • 압축성형/사출성형 • 착색의 제한성

5-3 열가소성 수지(熱可塑性樹脂 : thermoplastic resin)

열을 가하면 부드러워지며 더욱 가열하면 용해되고(녹고), 차갑게 하면 굳는다(이와 같은 상태의 변화를 몇 번이고 되풀이 할 수 있는 수지).

① 폴리염화비닐 수지(PVC : polyvinyl chloride resin)

폴리에틸렌과 함께 가장 많이 쓰이는 수지 중 하나이며, 가격이 저렴하여 각종 일회용품, 공업제품 등에 사용된다. 염소를 포함하고 있어 불에 탈 때 유독성 가스인 염화수소가 발생하는 단점이 있다.

• 응용 분야 : 파이프, 레코드판, 전선피복, 비닐장판, 식품 포장 등

② 폴리스티렌 수지(polystyrene resin)

무색투명하고 유리와 거의 같다. 인장 강도와 탄성률은 열가소성 수지 중 상위에 속하지만 충격 강도는 작다. 내광성이 부족하여 직사 일광하에서는 점차 황변 또는 노화하지

만, 자외선 흡수제를 첨가한 폴리스티렌은 실용상 충분한 내광성을 갖는다. 성형은 주로 사출성형에 의하며, 성형수축은 작고 성형품의 치수, 안정성, 표면광택 등이 모두 뛰어나다.
- 응용 분야 : 각종 가정 용기, 완구, 사무용품(잡화용) 등

③ 폴리에틸렌 수지(polyethylene resin)

에틸렌을 중합시켜 얻은 유백색 불투명 내지 반투명의 열가소성 플라스틱으로 비중은 1보다 작다. 폴리에틸렌은 내약품성, 전기 절연성, 성형성이 뛰어나고, 가소제를 쓰지 않아도 유연 제품이 얻어지며 상당한 저온에서도 약해지지 않는다. 이 때문에 사출 성형, 압출성형, 흡입성형 등에 의해 만들어진다.
- 응용 분야 : 각종 필름, 병, 포장 재료, 가정 성형품 등

④ 나일론 수지(nylon resin)

폴리아미드는 사슬 속에 아미드 결합을 가지는 합성 고분자 화합물을 말하며, 상품명으로 나일론이라고 한다. 66 나일론은 흰색의 강인한 경탄성체로서 비중 1.14, 용융점 265℃이며, 약 150℃ 정도까지는 기계적 성질이 크게 변하지 않는다.
- 응용 분야 : 타이어코드, 로프, 벨트, 공업용 재료 등

⑤ 아크릴 수지(acrylic resin)

아크릴산 및 그 유도체를 중합시켜 만든 수지의 총칭으로 투명성이 뛰어나고 착색이 자유로우며, 반투명 상태의 색판을 얻을 수 있다.
- 응용 분야 : 채광판, 조명 등

5-4 열경화성 수지(熱硬化性樹脂 : thermoset resin)

열가소성 수지는 상온에서 가소성을 나타내지 않고 적당히 열을 가하면 가소성이 나타나는 수지로서 재생품은 재용융이 가능하고, 성형 후 마무리·후가공이 많지 않으나 제한된 온도에서 사용해야 한다.

반면, 열경화성 수지는 가열하면 화학변화를 일으켜 굳어지는 수지로서, 열을 가하면 굳어지면서 경화되어 딱딱하게 된다. 굳어진 수지를 재가열(일반적으로 80℃ 이하)해도 부드러워지거나 용해되지 않게 된다.

열경화성 수지는 재용융이 불가능하기 때문에 재생품을 활용하지 못한다. 플래시(flash : 사출가공 후 금형의 분할면 사이로 삐져나온 과잉 수지)를 제거해야 하는 등의 후가공이 필요하며, 높은 사용 온도에서도 적용된다.

① 페놀 수지(phenol resin)

플라스틱 중에서 가장 먼저 개발된 것으로 베이클라이트라고도 한다. 페놀과 포름알데

히드를 원료로 만들어지며 값이 싸고 일반적으로 견고하여 잘 부서지지 않는다. 전기 절연성이 우수하다.

• 응용 분야 : 전기 재료, 도료, 접착제 등

② 멜라민 수지(melamine resin)

멜라민과 포름알데히드를 약알칼리성 또는 약산성에서 반응시켜 얻어지는 열경화성 수지로서 산 또는 열에 의해 경화될 수 있으며, 경도·내수성 및 내열성이 뛰어나다.

• 응용 분야 : 성형 재료, 도료, 접착제, 섬유 및 종이 처리제, 식기 등

③ 실리콘 수지(silicone resin : 규소)

유기 실리콘 중간체를 축합 반응시켜 얻는 중합체를 말한다. 일반적으로 실리콘은 유기 규소 화합물의 중합체를 통틀어 말하며, 그 상태에 따라 실리콘유, 실리콘 그리스, 실리콘 수지, 실리콘 고무 등으로 불린다. 실리콘 그리스는 내수성(耐水性 : water resistance), 발수성(撥水性 : water repellence), 소포성(消泡性 : antifoaming activity), 윤활성, 전기 절연성이 크고, 자외선이나 오존에 손상되지 않으며, 접착성이 없는 점성의 내한성(-75℃) 유체이다.

• 응용 분야 : 냉각 및 전기 절연 유체, 광택제, 소포제, 윤활제 등

④ 요소 수지(尿素 : urea resin)

탄산가스나 암모니아에서 얻어지는 요소에 포름알데히드로 초기 축합물을 탈수하여 반응시키고 펄프·착색제 등을 첨가하여 만든다. 착색 효과가 좋고, 알코올에 침해되지 않으나 열탕에 약해 수증기를 쐬면 표면의 광택을 잃는다.

• 응용 분야 : 단추, 화장품용기, 전기제품 등

5-5 엔지니어링 플라스틱(engineering plastic)

공업재료에서 구조재료로 사용되는 강도(強度) 높은 플라스틱이다. 강철보다도 강하고 알루미늄보다도 전성(展性)이 풍부하며, 금은보다도 내약품성(耐藥品性)이 강한 고분자 구조의 고기능 수지이다.

이 플라스틱의 성능과 특징은 그 화학구조에 따라 다른데, 주로 폴리아미드, 폴리아세틸, 폴리카보네이트, PBT(폴리에스테르 수지), 변성PPO(폴리페닐렌 옥사이드 : 노릴)의 5종류로 분리된다.

이들의 공통점은 분자량이 몇 십~몇 백 정도의 저분자 물질인 종래의 플라스틱과는 달리, 몇 십만 ~ 몇 백만이나 되는 고분자 물질이라는 점이다. 따라서 열에 강하고, 강도가 큰 플라스틱이다. 가볍고 녹슬지 않으며, 금속과 같은 기계적 성질을 가지고 있다.

이 플라스틱은 강도와 탄성(彈性)뿐만 아니라 내충격성(耐衝擊性), 내마모성(耐磨耗性), 내

열성(耐熱性), 내한성(耐寒性), 내약품성, 전기절연성(電氣絕緣性) 등이 뛰어나며, 용도도 가정용 일반잡화는 물론 카메라, 시계부품, 항공기 구조재, 일렉트로닉스 등 각 분야에 걸쳐 다양하다.

엔지니어링 플라스틱을 유리섬유 또는 탄소섬유 등과 혼합시켜 더욱 강력한 특성을 발휘하는 복합재료인 섬유강화플라스틱(FRP : fiber reinforced plastics)도 개발되었다.

각종 자동차용 플라스틱 특성

사용 플라스틱명		특징	변형 온도	내용제성			
약어	명칭			가솔린	시너	알코올	솔벤트
ABS	acrylonitrile butadiene styrol	내용제성이 약함	80℃	양호	불량	양호	약간 녹음
FRP	fiber reinforced plastic	유리섬유로 강화시킨 불포화 폴리에스테르	110℃	양호	양호	양호	양호
PA	polyamide	나일론에 다른 성분을 가하여 강화시킨 것(강화나일론)	140℃	약간 녹음	약간 녹음	양호	양호
PC	polycarbonate	내용제성이 약함	120℃	약간 녹음	불량	양호	약간 녹음
PE	polyethylene	내용제성이 뛰어나며, 도료의 부착성은 약함	80℃	양호	양호	양호	양호
PMMA	polymethyl methacrylate	투명성, 내후성이 뛰어나며, 내용제성은 약함	80℃	약간 녹음	불량	양호	양호
PP	polypropylene	내용제성이 약하며, 내열성은 뛰어남	80℃	양호	양호	양호	양호
PPO	polyphenylene oxide	난연성으로 내용제성은 양호	120℃	양호	약간 녹음	양호	양호
PUR	polyurethane	경질, 연질, 발포 타입 등이 있음(열경화성)	80℃	약간 녹음	약간 녹음	양호	양호
PVC	polyvinyl chloride	유연성, 내약품성이 뛰어나고 가열 시 변형에 주의	60℃	약간 녹음	불량	양호	양호
TPO	thermoplastic olefin	폴리프로필렌의 연질 타입, 도료 부착성 불량	60℃	양호	약간 녹음	양호	양호
TPUR	thermo polyurethane	고유연성, 강제 건조 시 온도에 따른 변형 주의(열가소성)	60℃	약간 녹음	불량	양호	양호

5-6   **플라스틱 판별법**

---

(1) ISO 코드로 판단하는 법

합성수지 부품 뒷면에 소재명의 기호가 각인된 것을 확인한다(고무제품 포함).

(2) 수동으로 판단하는 법

① **소각법** : 연소 시의 냄새에 따라 판별한다(화재위험, 신빙성 없음).
② **시행착오법** : 여러 가지 다른 플라스틱 용접봉으로 용접하여 보고 적합한 재질을 확인
한다.

플라스틱 범퍼의 소재 판별법

범퍼 종류	폴리우레탄(PU)	폴리프로필렌(PP)	폴리카보네이트(PC)
경도	고무탄성이 있다.	단단하다.	단단하다.
래커시너 용해도	약간 용해한다.	용해하지 않는다.	쉽게 용해한다.
래커도료 도장 (건조 후 부착성)	부착되어 있다.	쉽게 박리한다.	부착되어 있다. (주름현상 발생 용이)
대전법 (건조걸레로 표면마찰)	거의 정전기가 발생하지 않는다.	강한 정전기가 발생한다.	정전기가 발생한다.
연소법	잘 타고, 검은 연기가 발생한다.	서서히 연소, 연기가 발생하지 않는다.	잘 타고, 검은 연기가 발생한다.
절단법	절단면 내부가 균일한 검은색이다.	절단면 내부에 백색선이 있다.	절단면이 균일한 색이다.
눈(시각)	평평하다.	배 껍질처럼 거칠다.	−
수성 펜	그어진다.	잉크를 튀긴다.	−
바늘	흠이 생긴다.	흠이 생기지 않는다.	−
인두(iron)	거품처럼 녹는다.	변화 없다.	−
박리재(剝離材)	녹는다.	녹지 않는다.	−

플라스틱의 표면을 라이터로 태웠을 때 녹는 것이 열가소성 수지이므로 재생용(recycling)
으로 가능하다.

태워서 연기가 나지 않는 수지는 폴리에틸렌(PE), PP(올레핀계 : 폴리프로필렌),
PMMA(아크릴계 : 폴리메틸메타크릴레이트), POM(폴리아세탈) 등이 있으며, 특히 POM은
타고 있는지 꺼져 있는지 구별되지 않는다. 태워서 연기가 나는 수지는 PS(폴리스티렌),
ABS(폴리스티렌계 : 아크로니트릴(A)+부타디엔(B)+스티렌(S))와 PVC(폴리염화비닐)이며,
특히 PVC는 불이 붙지 않고 염소를 발생시킨다.

| 5-7 | **플라스틱 부품 복원(범퍼 보수)** |

(1) 보수 작업 순서

① 찢어지거나 깨진 길이 200mm 정도까지 보수가 가능하다. 단, 범퍼 한쪽이 끝까지 찢어진 것은 범퍼 폭의 $\frac{1}{2}$ 까지 가능하다.

② 구멍이 난 부분은 지름 30mm 전후 정도까지 보수가 가능하다.

③ 도려낼 수 있는 상처는 길이×깊이＝30mm² 정도이다. 즉, 깊이 3mm의 상처는 길이 10mm까지 보수가 가능하다.

④ 변형된 부분의 복원은 60~80℃로 가볍게 가열하면 회복될 수 있다.

　플라스틱 범퍼를 보수도장할 때에는 손상된 형태에 따라 다르지만 일반적으로 갈라지고 변형된 범퍼에 열을 가하여 대략적인 본래 형태로 복원시킨 후에 접착제를 바를 부위를 탈지하고, 순간 접착제와 경화 촉진제를 바르고 접착시킨다.

　범퍼의 손상부분 뒷면에 그리스 테이프를 붙인 후 유연 접착 퍼티(plastic putty)를 두텁게 바르고 경화시킨 다음 범퍼 표면을 샌딩하여 기준면을 만든다. 기준면을 작업한 표면에 유연 접착 퍼티를 바른 후 경화되면 연마지 #120 정도로 연마하고, 전용 플라스틱 프라이머 (plastic primer)를 바르고 연마지 #320 정도로 마무리 연마한 후 색상 및 투명도장을 한다.

(2) 플라스틱 보수의 유의점

① 상도는 우레탄계 도료를 사용한다.

② 래커계는 유연성이 발생되지 않는다.

③ 거칠게 문지르면 정전기가 발생하여 먼지를 흡입한다.

④ 세척용 용제에 주의한다.

(3) 각종 범퍼 소재별 수리방법

　열가소성 우레탄(TPUR) 소재의 범퍼 변형 수정은 히터 건(heater gun), 열풍기, 원적외선 건조기 등으로 열변형 온도까지 열을 가해 부드럽게 함으로써 가열 수정을 할 수 있다.

　찢어지거나 갈라진 경우에는 플라스틱 전용 순간접착제로 결합시킨 뒤 플라스틱 전용 퍼티를 사용하거나 플라스틱 용접 공구를 사용하여 용접 수정하는 것도 가능하다. 보수도장의 경우 일반 자동차 보수용 도료에 범퍼 재질과 같은 유연성을 갖게 하는 첨가제를 첨가하여 사용한다.

　폴리프로필렌(PP) 범퍼는 우레탄 범퍼처럼 작업하고, 보수도장의 경우 일반 프라이머-서페이서 대신에 플라스틱 전용 프라이머(PP primer)를 사용해야 하며, 기타재료는 일반 보수용 도료로 도장이 가능하다.

주요 플라스틱 소재 보수방법 요약

ISO Code	명칭	보수방법	ISO Code	명칭	보수방법
ABS	acrylonitrile butadiene styrene	HAW/S/FGR/AW	PVC	poly vinyl chloride	PC/AW
PA	polyamide	S/FGR/AW	SAN	styrene-acrylonitrile	HAW/AW
PC	polycarbonate	S/FGR/AW	TPR	thermo plastic rubber	AR/AW
PE	polyethylene	HAW/AW	PUR	polyurethane	AR/AW
PP	polypropylene	HAW/AW	UP	unsaturated polyester	FGR
PS	polystyrene	S	–	–	–

주 AR : 접착제 사용 수리, S : 순간 접착제, FGR : 파이버 글라스 수리
PC : 땜질 콤파운드, HAW : 가열공기 용접, AW : 냉공기 용접

플라스틱 소재 손상 형태별 복원수리공정

번호	공정	변형손상		스크래치 손상		찢어짐/구멍난 손상		분리/파열된 손상	
		소	대	소	대	소	대	소	대
1	가열수정	●	●						●
2	탈지, 세척	●	●	●	●	●	●		●
3	V 커팅						●		●
4	단낮추기								●
5	용접부위 접착보강							●	●
6	표면 용접						●	●	●
7	용접/접착부 연마						●	●	●
8	전용 프라이머 도포	●			●	●	●	●	●
9	전면(접착제)부착	●			●	●	●	●	●
10	전면(접착제)연마	●			●	●	●	●	●
11	전면 이외 연마	●		●	●	●	●	●	●
12	열처리	●		●	●	●	●	●	●
13	마스킹	●		●	●	●	●	●	●
14	전용 플렉스 도포	●		●	●	●	●	●	●
15	플렉스 연마	●		●	●	●	●	●	●
16	세척	●		●	●	●	●	●	●
17	중간연마	●		●	●	●	●	●	●
18	색상도장	●		●	●	●	●	●	●

주 1. ▨ 표시는 플라스틱 종류에 따라 공정이 포함되지 않을 수도 있다.
2. 페놀, 폴리에틸렌(GFRP 포함), 멜라민 등 열경화성 수지의 경우는 접착제를 사용해야 되고 용접은 불가능하다.
3. 우레탄은 용접이 가능하다.

폴리카보네이트(PC) 범퍼는 찢어지거나 갈라진 경우 열가소성수지 접착제와 용접으로도 수리가 가능하다. 보수도장에 대해서는 수지의 성분이 제조회사마다 다르기 때문에 제조부품에 따라 도료를 결정하지 않으면 부작용이 발생되므로 범퍼 뒷면에 보수도료를 시험 도장해 보고 확인하여 사용하는 것이 필요하다.

6. 자동차용 알루미늄

6-1 차체의 경량화

기존의 자동차는 철강 재료가 전체 재료 중에서 약 80% 차지하고 있으므로 차량중량의 경량화를 위해 다음과 같은 노력을 기울이고 있다.

① 각 시스템 및 차체 설계의 합리화(rationalization)

② 크기 및 중량감소(down sizing)

  ㈎ 소형화(小型化 : miniaturization)

  ㈏ 박육화(薄肉化 : thin thickness)

  ㈐ 중공화(中空化 : hollowness)

③ 재료 치환(置換 : replacement)

  ㈎ 고장력 강판(high tensile strength panel)

  ㈏ 알루미늄 재료(aluminum material)

  ㈐ 플라스틱 재료(plastic material)

  ㈑ 마그네슘, 티타늄 재료(magnesium, titaniummaterial)

④ 제작공법 개선 : 레이저를 이용한 맞춤식 재단 용접공법 채택(TWB : tailored welded blanks)

특히, 자동차 차체의 알루미늄화에 따른 장점은 다음과 같다.

① 차량 경량화에 따른 연비율 향상

② 내식성 향상

③ 환경오염 억제

④ 재활용률 향상

알루미늄(aluminum : Al)은 광석 보크사이트(bauxite : 수산화알루미늄 광석)를 수산화나트륨(sodium hydroxide : NaOH)으로 알루미나(aluminum oxide : 알루미늄 산화합물, Al_2O_3)를 만든 다음 전기 분해하여 제조하며, 규소 다음으로 지구상에 많이 존재한다.

 그러나 철(Fe), 구리(Cu), 납(Pb), 수은(Hg) 등과 접촉하면 심하게 부식하므로 알루미늄 패널의 판금 작업 시에는 철, 구리, 납 등의 재질로 된 공기구를 사용하지 말아야 한다. 또한 알루미늄 입자는 산소와 접촉하면 폭발의 위험이 있으므로 알루미늄 패널의 샌딩 작업 시에는 방폭형 알루미늄 전용 흡진기를 사용하여야 한다.

6-2 알루미늄 특성

 알루미늄은 물리적 성질로서 비중이 공업용 금속 중 망간(Mg : 1.7), 베릴륨(Be : 1.8) 다음으로 가벼우며(2.7), 전기전도율은 구리의 60% 정도이다. 화학적 성질로는 물이나 대기 중에서 내식성이 우수하여 보호 피막 형성이 용이하므로 유기산에 강하지만 해수에 부식되기 쉽고 산, 알칼리 등에 약하다. 기계적 성질로는 가공성이 좋고 주조가 용이하며, 다른 금속과 고용(固溶)이 잘 되므로 고강도 합금 소재의 제작이 가능하다. 냉간 가공에 의해 경도, 인장강도가 증가하나 연신율은 감소한다.

 알루미늄 및 알루미늄 합금은 철에 비하여 융점이 상당히 낮은 편으로 순 알루미늄의 경우 660℃, Al–Mg은 570~650℃, Al–Zn–Mg은 475~650℃로 적열온도 이하에서 용융되므로 가열온도의 판단이 어렵다. 따라서 과도하게 가열되면 재료가 열화(劣化 : deterioration)되거나 국부용융이 발생하기 때문에 온도 관리가 중요하다.

철과 알루미늄 재료의 특성 비교

구분	철	알루미늄	비고
비중	7.85	2.7	–
강도	–	강의 $\frac{1}{2} \sim \frac{1}{3}$	• 5000계열 기준이다. • 6000계열은 연강과 비슷하다.
탄성계수	2,100kgf/mm^2	700kgf/mm^2(강의 $\frac{1}{3}$)	
경도(H_v)	110 이상	약 70(강의 60%)	• 패널 표면 스크래치 발생이 용이하다.
스프링 백	유리함	불리함	• 형상 동결성이 불리하다.
연신율	약 40%	25~30%(강의 70%)	• 깊은 소성가공(deep draw)하기가 어렵다. • 5000계열 > 6000계열(20% 높다)
용융온도	1500℃	560~660℃	–
열전도도	40~45(W/m · K)	176(W/m · K)	스폿 용접이 주요 변수이다.
전기전도	5.80℧(Cu)	3.82℧	스폿 용접이 주요 변수이다.
가격	–	강의 4~5배	Al 소재는 가격변동이 크다.

🔒 1. 연신율은 두께가 두꺼워질수록 커진다.

　2. ℧ : 전기저항의 단위(mho = $\frac{1}{ohm}$)

알루미늄 합금은 비열 및 잠열(latent heat : 어떤 물질의 온도 변화 없이 상태 변화에만 사용되는 열량)이 크기 때문에 용융에 필요한 열량이 구리보다도 크다. 또한 열전도율이 철에 비하여 3배 정도 크기 때문에 열의 전도가 쉽다. 이러한 이유로 알루미늄을 용접할 때에는 철보다 많은 열량을 급속히 가열해야 하므로 높은 전류로 빠르게 용접해야 한다.

알루미늄은 열전도도가 우수하여 열이 모재에 넓게 분포하고, 온도 상승에 따라 팽창이 일어나면 열 변형을 쉽게 유발한다. 특히 탄성계수가 작고 고온강도가 낮기 때문에 변형은 더욱 커진다. 따라서 모재 쪽으로의 열 확산을 줄이거나 충분한 열의 구속방안이 필요하다.

알루미늄은 구리에 비하여 약 60% 정도의 적은 전기전도도를 갖지만, 철에 비하여는 4배 정도 큰 전기전도도를 가진다. 따라서 용접 시 대전류가 필요하다(스폿 용접 시 철의 2~4배).

알루미늄의 산화피막은 내식성 측면에서는 유용하지만, 용접 시에는 유해한 경우가 많다. 산화피막 속에 함유된 결정수가 아크 용접 중 분해되어 수소를 방출하므로 기공을 발생시킬 수 있으며, 브레이징 용접 시 산화피막이 삽입재의 습윤현상(wetting : 두 물체가 접촉했을 때 서로 달라붙는 현상)을 방해하고, 산화피막은 부도체이므로 저항 용접 시 전도성을 방해하여 결함을 유발한다. 따라서 기계적 방법이나 화학적인 방법을 동원하여 용접 중 또는 용접 전에 제거되어야 한다.

6-3   알루미늄 합금

알루미늄은 가벼우면서 강도를 지니고 있으며 열도전성이 풍부하고, 다른 금속과 배합한 합금은 가볍고 인성이 풍부한 경도를 가질 수 있다.

알루미늄 합금은 알루미늄에 구리(Cu), 아연(Zn), 마그네슘(Mg)을 첨가하여 강도를 향상시켜 구조용 재료로 이용한다. 합금된 알루미늄은 강의 열처리와 다른 석출 경화에 의하여 기계적 성질을 변화시키며, 주물용 합금과 가공용 합금으로 구분된다.

(1) 두랄루민 합금(duralumin alloy : Al+Cu+Mg, Al+Zn+Mg)

고강도 알루미늄 합금으로서 비중이 2.8이고, 강도가 크며, 부식에 대해 저항력이 크다. 보통 Al+Cu(4.0)+Mg(0.5)+Mn(0.5)로 구성되며, 500~510℃에서 용체화 처리(溶體化處理 : solution treatment) 후에 사용하고, 가볍고 강도가 우수해서 항공기 재료로 사용한다.

초강 두랄루민(ESD)은 Al+Cu(1.6)+Zn(5.6)+Mg(2.5)로 구성되며, 응력 부식을 제거하기 위해 크롬, 망간 등을 첨가한다.

(2) 마그날륨 합금(magnalium alloy : Al+Mg)

내식성 알루미늄 합금으로서 알루미늄에 마그네슘 3~10%를 합금한다. 알루미늄보다 더

가볍고 가공성이 좋으며, 석유 원동기의 실린더 등에 사용된다. 비중이 2.8이며 강도가 크고, 부식에 대한 저항력이 크다.

(3) Y 합금(Y alloy : Al+Cu+Ni+Mg)

구리 3.5~4.5%, 니켈 1.8~2.3%, 마그네슘 1.2~1.8%, 알루미늄 92% 내외로 합금하며, 소량의 철, 몰리브덴, 텅스텐, 크롬 등을 함유할 때는 연성이 증가한다. 금형 주물로 많이 사용하며, 내열성과 기계적 성질이 우수하다.

(4) 실루민 합금(silumin alloy : Al+Si)

알루미늄과 규소의 합금으로서, 규소의 함유량은 10~14% 정도가 대표적이다. 염산에 대해서는 약하나 그 밖의 산에 대해서는 다른 알루미늄 합금에 비해 가볍고 연성(延性), 전성(展性)이 모두 크며, 현저한 내식성을 갖는다. 탄성 한도(彈性限度)가 낮고 피로에 약하다는 결점이 있다.

(5) 알루미늄 아연 합금(Al+Zn alloy)

일반적으로 쓰이는 것은 아연 20% 정도이고, 주조용으로 쓰이는 것은 10% 정도이다. 여기에 소량의 구리를 첨가한 아연 10%, 구리 2%인 것은 사형주조(砂型鑄造 : sand casting)하여 인장 강도 12~16, 신장률 15% 정도이나, 부식에 대해서는 약하고, 온도의 상승과 더불어 급격히 강도가 저하하는 결점이 있다.

(6) 알루미늄 구리계 합금(Al+Cu alloy)

구리(4~6%)를 500℃ 부근까지 가열한 후 담금질한다. 구리를 함유한 합금은 소금물에 대해 내부식성이 크다. 구리가 있음으로 인장 강도는 높아지면서 신장률은 크게 감소한다.

(7) 알루미늄 마그네슘 합금(Al+Mg alloy)

구리를 함유하지 않은 합금으로서 비중이 작고 내식성이 풍부하며, 전기전도도가 비교적 양호하므로 송전선에 자주 쓰인다.

(8) 알루미늄 리튬 합금(Al+Li alloy)

비중이 낮고 피로강도 및 저온 인성이 우수하다. 비행기, 항공우주 구조물에 이용한다. 금속원소 중에서 가장 작은 밀도($0.53g/cm^3$)를 갖는 리튬을 알루미늄에 합금화하면 리튬 1%당 약 3% 정도 가벼워지고, 동시에 탄성률과 강도가 향상되므로 기계적 특성도 강화되며 소성 가공에도 뛰어난 성능을 보이게 된다.

| 6-4 | 알루미늄 합금의 분류 |

알루미늄 합금 분류

분류	계열	성분
비열처리 합금	1000계	Al 순도 99.0%
	3000계	Al–Mn
	4000계	Al–Si
	5000계	Al–Mg
열처리 합금	2000계	Al–Cu–Mg
	6000계	Al–Si–Mg
	7000계	Al–Zn–Mg

① **1000계** : 공업용 순 알루미늄(99.0~99.9%)과 고순도 알루미늄(99.9%)으로 나눌 수 있고, 타 합금제에 비하여 기계적 강도는 나쁘지만, 내식성 및 빛의 반사성, 전기 및 열의 전도성이 좋고, 가공성 및 용접성도 우수하다. 공업용 알루미늄은 가정용 기구나 열교환기의 핀 종류, 건자재로 사용되고, 고순도 알루미늄은 화공용 탱크, 식품용 용기, 반사판으로 주로 사용된다.

② **2000계** : Al–Cu와 Al–Cu–Mg계로 분류할 수 있는데, Al–Cu계는 내식성이 나쁘기 때문에 항공용으로 사용할 때는 내식성을 개선하기 위하여 순 알루미늄을 압연한 클래드(clad)재(자성체의 철판 또는 비자성체의 동판이나 알루미늄판 등 특징을 겸비한 복합판)를 사용한다.

Al–Cu–Mg계 합금은 상온 시효성이 좋으며, 두랄루민(2017)은 강도가 강(철)의 수준이다. 2000계는 용접성 및 브레이징성이 나쁘기 때문에 용접용으로 사용하지 않고 기계부품이나 항공기기, 광학부품용으로 많이 사용한다. 그러나 구리를 다량으로 함유한 2219는 용접이 가능하다.

③ **3000계** : 비열처리계지만 냉간가공에 의한 다양한 성질을 얻을 수 있는 종류이다. 주로 1.0~1.5%의 망간을 합금한 것으로서 대표적인 것으로 망간 1.3%를 함유한 3003을 많이 사용한다. 이것은 성형성과 내식성이 순 알루미늄과 동등하지만 알루미늄보다 강도가 약간 높고 용접성이 양호하다.

④ **4000계** : 규소(Si)가 12% 이상 증가함에 따라 융점이 저하되지만 취화되지 않는 범위내에서 규소를 첨가하게 되면 용융상태에서의 유동성이 좋아지고, 응고 시 균열이 잘 발생되지 않는다. 따라서 Al–Cu와 같이 균열감수성이 높은 합금 용접재의 용가재로 많이

사용한다. 4000계는 주로 용접 재료, 브레이징 재료, 주물재, 빌딩의 외장재 패널에 많이 사용한다.

⑤ **5000계** : 마그네슘(Mg)의 첨가량에 따라 인장 강도가 증가하고, 변형에 대한 저항도 증가하게 되나 가공성이 저하되는 문제가 발생하게 된다. 마그네슘의 양이 5% 이상 함유되면 응력부식이 발생하게 되므로 보통 망간(Mn)이나 크롬(Cr) 등을 첨가하여 방지한다.

5052(Mg 2.5%), 5083(Mg 4.5%) 합금은 200~300MPa의 인장강도를 가지며 용접구조용 재료로 많이 사용한다. 5083 재료는 비열처리 합금으로는 강도가 가장 우수한 것으로 용접성, 내식성, 가공성이 양호하여 차량, 선박 화학 플랜트에 주로 사용하고, 저온액화가스 설비나 가드레일, 육교에 사용되기도 한다.

⑥ **6000계** : 성형가공성과 강도, 내식성이 우수하며, 용접성도 그다지 나쁘지는 않지만 용접부가 용접열에 의하여 연화되는 단점이 있다. 주로 6061과 6063, 6N01이 많이 사용되고 있다.

6061은 차량, 건축 등의 구조용재로 사용되고, 6063은 건축용 섀시 재료, 6N01은 대형 용접용으로 철도차량, 선박용으로 많이 사용된다.

⑦ **기타** : 7000계는 아연(Zn)이 주된 첨가원소이며, Mg은 소량으로 첨가된다. 인장 강도가 300MPa로 용접성이 우수하고, 주로 용접구조재로 사용된다. 상온의 시효성이 우수하여 용접열에 의해 저하된 연화부(軟化部 : 경도저하)가 용접 후의 시간이 경과됨에 따라 원래의 상태로 스스로 복귀한다는 특징이 있다.

7075합금(Al-Zn-Mg-Cu)은 초두랄루민계로 항공기 등에 사용되고, 열처리를 하면 알루미늄 합금 중 최고의 인장 강도(570MPa)를 갖게 되지만 용접 시 균열에 주의해야 한다.

자동차용 주요 알루미늄 합금의 기계적 특성

계열	성분	성형성	용접성	내식성	소부경화성	비고
2000계	Al-Cu-Mg	중	중	하	유	열처리성 재료
5000계	Al-Mg	상	상	상	무	비열처리성 재료
6000계	Al-Si-Mg	중	중	상	유	열처리성 재료

🚗 1. 2000 계열 : 현가장치(suspension) 등 구조용 부품에 주로 이용
　2. 5000, 6000 계열 : 도어, 트렁크, 후드 등과 같은 패널에 주로 이용

6-5   알루미늄 합금의 열처리

알루미늄 합금재의 처리기호

기호		의 미
F		제조상태가 그대로인 것으로 기계적 성질의 제한이 없는 것을 말한다.
O		어닐링하고 재결정한 금속이다.
H		가공경화된 것으로 가공경화의 정도에 따라 H1~H3로 분류한다.
	H1	가공경화만 한 것
	H2	가공경화 후 일부 어닐링을 한 것
	H3	가공경화시킨 다음 안정화 처리를 한 것
W		고용화 열처리를 한 것
T		시효경화시킨 것으로 T1~T10으로 분류하고, 가공온도에서 자연시효와 인공시효, 고용화 처리 상태에서 자연시효와 인공시효시킨 것으로 분류한다.

통상적으로 550℃에서 구리가 5.6% 함유된 상태를 퀜칭에 의해 급랭한 경우 구리가 과포화된 알파의 고용체가 얻어지며 깨끗한 미세조직을 얻을 수 있고, 이를 서랭하게 되면 약간의 편석이 존재하는 미세조직을 얻을 수 있다.

이때 알파 고용체를 상온에서 장시간 방치하면 자연시효라 하고, 130~190℃의 온도로 재가열을 하면 인공시효라 한다.

6-6   알루미늄 패널 접합법

(1) 셀프 피어싱(self-piercing)

① 금형을 이용하여 박판을 리베팅하여 기계적으로 접합시키는 기술로서 접합성이 우수하다.

② 예비구멍을 뚫을 필요가 없이 단순한 공정만으로 완성한다.

셀프 피어싱

(2) 클린칭(clinching 공법 : steel + Al 또는 Al + Al)

① 금형으로 박판을 점 접합(point fastening)하는 방식이다.

② 판을 프레스 펀치로 눌러 접합시키는 공법이다.

③ 작은 펀치 & 다이를 이용하여 원하는 부위의 판재를 국부적으로 변형시켜 접합한다.

④ 이종 금속 간의 접합이 가능하다.

⑤ 두께가 다른 다중 판재에도 적용이 가능하다.

⑥ 가열 또는 통전 방식이 아니므로 주름 등의 변형이 방지된다.

⑦ 유해가스나 연기 등이 발생하지 않는다.

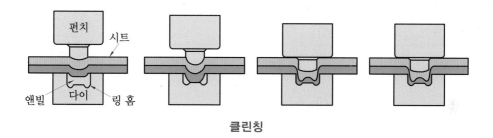

클린칭

(3) 본딩 공법(hybrid bonding & riveting)

본딩(접착) 기술은 물체와 물체를 이을 때 용접이나 나사, 못 대신 특수 접착제 등을 사용하여 결합하는 기술로서 제조공정이 간편하고, 이음매가 없는 매끈한 제품을 만들 수 있어 자동차, 항공우주, 의류 등 전 산업에 걸쳐 확산되는 첨단 기술이다.

본딩 방식은 기존의 차체 용접작업에 대한 단점을 보완한 이종 금속의 접합 작업으로서, 상기 기계적 접합기술과 기존의 스폿 용접기술에 각기 접착제를 추가한 방식으로서 경량화 도모와 함께 차체의 강성을 10% 이상 향상시킬 수 있는 패널 접합 방법이다.

주로 알루미늄 자동차의 접합강도를 보완하기 위해 사용하다가 최근 강재에도 활용하기 시작한 방식이며, 적용 작업 범위는 주로 강도를 요구하는 프레임(멤버류)과 필러(C-pillar) 및 펜더 등이다. 이 방식은 보디 실링 및 스폿 용접의 부식방지 역할도 한다.

기존 용접방식에 비해 본딩 방식은 다음과 같은 장단점이 있다.

① **장점**

㈎ 방청과 부식방지 효과가 우수하다.

㈏ 진동 소음 방지 효과가 매우 우수하다.

㈐ 작업시간 단축이 가능하다.

㈑ 동종 및 이종 재질과의 접합이 용이하다(Al+Al, Al+Fe, Fe+Fe).

㈒ 충격하중 및 피로하중이 크다(3.0cm² 접합 시 약 1.0ton).

② **단점** : 열에 약하며, 작업온도에 민감하다.

본딩 방식은 용접부품보다 충격력을 잘 흡수지만 접착부위의 주변온도가 200℃ 이상이거나 −40℃ 온도에서는 접착력이 감소되는 특성이 있으며, 작업장 온도 40℃ 이상, 15℃ 이하에서는 작업을 금지해야 한다.

접착제(bond) 성분은 에폭시나 폴리우레탄 성질의 제품을 사용하며, 리베팅과 같이 병용하여 작업한다.

리베팅 병용 시 본딩 방식의 강도 비교

작업 방식	강도(kN)
셀프 피어싱 리벳(self piercing rivet)	6~7
셀프 피어싱 리벳 + 본딩(self piercing rivet+bonding)	8~9
블라인드 리벳 + 본딩(blind rivet+bonding)	10~12

6-7 알루미늄 차체 적용 현황

(1) 패널용 알루미늄 합금

① 유럽에서 1970년대부터 개발하였다.
② 유럽과 일본은 개발 개념(design concept)이 달라 개발 과정이 상이하다.
③ 최근 Al-Mg-Si의 6000계 합금으로 통일하는 추세이다.

(2) 외부 패널

① 강도, 성형성, 패널 표면의 품질, 내식성 등이 요구된다.
② 기본적으로 6000계 합금이 적당하다.

(3) 내부 패널

① 성형성, 접합성(용접, 접착)이 요구된다.
② 반드시 6000계열에 한정할 필요는 없다.
③ 성형성을 중시할 때는 5000계 합금을 사용한다.

(4) 패널재의 선택

각 자동차 업체의 설비, 가공기술이나 부품사양 등을 고려하여 결정한다.
① 6000계 패널재가 주류를 이룬다.
② 북미 : 6111 합금(고 Cu계)이 주류를 이루며 향후 6022 합금(저 Cu계)의 증가가 예상된다.
③ 유럽 : 6016 합금(저 Cu계)이 주로 사용된다.
④ 일본 : 6111, 6022 합금을 모두 사용(고저 Cu계)한다.

차체 알루미늄 합금 패널 적용 추이

구분	과거	현재		미래
일본	Al-Mg-Zn계	Al-Mg계 (5000계)		Al-Mg-Si계 ·내스크래치성 ·고강도 박판화 ·고성형성 ·리사이클성 ·저코스트화
		Al-Mg-Si계 (6000계)		
유럽	Al-Cu-Mg계 (2000계)	Al-Mg-Si계 (6000계)		Al-Mg-Si계 (6000계)

6-8 알루미늄 차체 실용화 문제점

(1) 설계 측면

① 철강 차체와 비슷한 안전성, 소음 진동에 대한 저항성, 신뢰성을 얻을 수 있는가?

② 낮은 연신율로 만족할만한 프레스 성형성을 확보할 수 있는가?

③ 열전도도와 전기전도도가 높은 Al으로 철강과 같이 빠른 스폿 용접이 가능한가?

④ 가격이 고가이며, 매우 유동적이라서 생산가격 증대를 어떻게 억제할 것인가?

⑤ Al을 이용한 제조기술의 부족을 해결할 수 있는가?

(2) 차체 보수 측면

① 스폿 용접 곤란

㈎ 강판에 비해 대전류, 단시간 통전이 필요하다. Al 합금은 고유저항이 작고 열전도도가 크므로 강판에 비해 저항발열이 적고 발생된 열의 손실이 커진다.

㈏ 전류 용량 증대에 따른 용접기의 업그레이드가 필요하다. 또는 아르곤 용접기를 사용해야 한다.

㈐ 용접 시 표면처리층의 파괴로 피막손상 방지 및 방청을 위한 사전·사후처리가 필요하다.

② 이종재질(異種材質) 패널과의 결합방법 : Al과 강판을 직접 스폿 용접할 수 없으므로 Al 패널과 힌지 및 브래킷류 등의 강판 결합방법을 개발해야 한다.

③ 낮은 연신율에 따른 타출성형 작업성 저하

④ 이종 재질 패널 사이의 부식방지 대책 : Al과 Al이 서로 접촉하고 있는 경우는 부식이 발생되지 않으나 Al과 강판 사이에 방청 실런트 막(sealant film)이 없이 접촉하고 있다면 금속 자체가 가진 기전력(전위차)의 차이로 인하여 강판 쪽에서 녹이 발생된다.

⑤ 경도가 작으므로 작업 중 표면 상처(scratch) 발생

6-9 알루미늄 소재의 실제 적용에서 해결해야 할 과제

① **재료 개발**

   (개) 고연성(高延性) 재료 개발(5000계열)

   (내) 저온소부도장 고경화성 재료 개발(6000계열)

② **성형가공기술 개발**

   (개) 알루미늄에 적합한 금형설계

   (내) 윤활제 연구

   (대) 최적 성형조건 검토(성형성, 형상성)

③ **표면처리기술 개발**

   (개) 강판과 알루미늄 합금 패널의 동시 화상처리

   (내) 알루미늄 합금 패널의 내식성 향상 대책

④ **접합기술**

   (개) 스폿 용접의 연속 타점성 향상

   (내) 기계적 접합기술

   (대) 강판과 알루미늄 합금 패널의 접합

⑤ **기타** : 양산(量産) 대응기술(운송, 흠집발생 방지), 패널 보수기술 개발

PART 2

자동차 차체 수리

Chapter 01

자동차 용접

1. 용접 개론

용접의 특징

 용접(welding)이란 고체 상태의 두 가지 금속을 열이나 압력 혹은 열과 압력을 동시에 가해서 접합시키는 기술로서 용접 모재를 가열, 용융시켜 고체 상태에서의 원자간 결합력을 약하게 만든 후 이를 다른 모재와 결합, 응고시켜 다시 원자간 결합력을 회복한다.

(1) 용접의 장점

공통 장점	리베팅(rivetting)에 대한 장점	주조(casting)에 대한 장점
· 재료(자재)의 절약 · 공정수 감소 · 제품의 성능 향상 · 제품수명 연장	· 구조가 간단함 · 높은 접합 효율 · 유밀, 수밀, 기밀성 우수 · 재료의 절약 · 공정수 감소 · 두께 무제한 · 제작비 저렴	· 목형 및 주형 불필요 · 높은 강도 · 중량 경감 · 이종재료의 접합 가능 · 공정수 감소 · 보수 용이 · 복잡한 형상 가능

(2) 용접의 단점

① 용접 부위의 품질검사가 어렵다.
② 용접기술의 차이로 강도 차이와 품질 변화가 나타날 수 있다.
③ 잔류응력 발생에 의한 노치(notch)부위 등에서 균열 발생이 용이하다.
④ 용접 시 급열, 급랭에 의한 재료수축이나 형상변형 및 잔류응력이 발생한다.
⑤ 저온취성(低溫脆性 : low temperature brittleness) 파괴의 위험이 존재한다.

1-2 　용접의 종류

(1) 융접(融接 : fusion welding)

융접은 접합하려는 두 금속재료, 즉 모재(母材 : base metal)의 접합부를 가열하여 용융 또는 반용융 상태로 만들어 모재만으로 또는 모재와 용가재(溶加材 : filler metal)를 융합하여 접합하는 방법이다. 융점이 같거나 비슷한 금속재료의 접합에 주로 사용한다.

> 연소 가스 또는 아크 열선 이용 → 용접모재 용융 → 접합

(2) 압접(壓接 : pressure welding)

압접은 이음부를 가열하여 큰 소성변성을 주어 접합하는 방법으로, 접합부분을 적당한 온도로 가열하거나 또는 냉간 상태에서 압력을 주어 접합시키는 방법이다. 냉간압접, 폭발 용접 등이 있다.

> 가열된 접합부 → 기계적 압력 → 접합

(3) 납접(soldering & brazing)

납접(납땜)은 모재를 용융하지 않고 모재보다도 용융점이 낮은 금속(납의 일종)을 용융시켜 접합하는 방법으로, 접합면 사이에 표면장력의 흡인력이 작용되어 접합된다. 사용되는 땜납의 용융점이 450℃ 이하일 경우를 연납땜(soft solder)이라 하고, 450℃ 이상일 경우 경납(hard soldering, brazing)이라 부른다.

> 저융점 합금 이용 → 용접모재 → 접합

자동차 차체 현장 보수작업 시 용접방법의 비율은 스폿 용접 80%, 플러그 용접 15%, 맞대기 용접 5% 정도로 작업하고 있으며, 최근 고장력 강판 패널과 알루미늄 합금 패널의 사용이 증가하는 추세에 따라 접착식 및 리벳 공법도 채택하는 추세에 있다.

주요 용접의 특징

열원	사용하는 명칭	약어	영문	특징
가스 (gas)	가스 용접	OAW	oxy-acetylene gas welding	• 산소+아세틸렌 가스 • 산소+LP가스
아크 (arc)	피복아크 용접/전기 용접	SMAW	shielded metal arc welding	• 피복 용접봉
	티그 용접/아르곤 용접	TIG (GTAW)	gas tungsten arc welding tungsten inert gas welding	• 비소모성 전극 • 아르곤가스
	미그 용접	MIG (GMAW)	gas metal arc welding metal inert gas welding	• 소모전극 • (비)불활성가스 • 아르곤, 헬륨, 아르곤+헬륨
	탄산가스 용접/ CO_2 용접/마그 용접	MAG (CO_2)	metal active gas welding	• 소모전극 • 활성가스 • 탄산가스, 탄산가스+아르곤

2. 산소-아세틸렌 가스 용접

2-1 일반적 특성

가연가스(아세틸렌, 수소, 도시가스, LPG 등)와 산소를 혼합한 혼합가스의 연소열을 이용하여 용접한다. 주로 산소와 아세틸렌 가스를 혼합한 기체를 점화하여 고온의 불꽃을 얻어 금속의 용융 및 절단 가공용으로 사용한다.

가스별 불꽃의 온도는 산소-아세틸렌 용접 3430℃, 산소-프로판 용접 2820℃, 산소-메탄 용접 2700℃, 산소-수소 용접 2900℃이다. 산소-아세틸렌 가스(C_2H_2)가 가장 많이 사용되고, 산소-프로판 가스(C_3H_8)는 절단작업에 널리 사용된다.

산소-아세틸렌 가스 용접의 장단점

장점	단점
• 응용범위가 넓다. • 운반이 편리하다. • 아크에 비해 유해광선 발생이 저하된다. • 가열조절이 비교적 쉽다. • 설비비가 싸고 어느 곳에서나 설비가 쉽다. • 전기가 불필요하다.	• 아크 용접에 비해 불꽃의 온도가 낮다. • 열효율이 낮고, 열 집중성이 떨어진다. • 폭발의 위험성이 많다. • 가열범위가 커서 응력이 크고 가열시간이 오래 걸린다. • 금속의 탄화나 산화 가능성이 많다.

2-2 가스의 특성

(1) 용해 아세틸렌(acetylene)

① 무색, 무취의 기체로 비중은 0.91이다.
② 폭발성 : 780℃ 이상에서는 산소 없이 자연폭발한다.

(2) 프로판(propane, LPG)

산소의 혼합비는 1 : 45로 산소가 많이 소모되며, 경제적이다.

(3) 용해 아세틸렌의 장점

① 운반이 용이하고, 발생기 부속장치가 불필요하다.
② 고압 토치를 사용할 수 있다.
③ 순도가 높고 좋은 용접을 할 수 있다.
④ 아세틸렌의 손실이 대단히 적다.
⑤ 폭발의 위험성이 없다.

(4) 가스의 취급안전

가스 용접은 산소–아세틸렌으로 용접하는 것이 원칙이다. 아세틸렌 가스는 불꽃온도가 높고 집중성이 좋아서 용접에 적합하다. 기체 아세틸렌이 60℃ 정도의 온도에서 자연폭발하는 등의 위험성은 있지만, 이것은 기체 상태로 보관될 때이고 현재는 용해 아세틸렌을 사용하기 때문에 안전성이 보장되어 있다.

LPG는 아세틸렌에 비하여 온도가 낮고 용접부의 건전성(야금학적인)이 아세틸렌에 비하여 떨어지나, 가격 면에서 경제적이기 때문에 용접보다는 산소절단용의 예열불꽃용으로 사용한다. 가스절단(산소절단)을 할 때에 두꺼운 후판에는 LPG를 사용하는 것이 좋고, 얇은 박판의 절단에는 아세틸렌이 용이하다.

LPG를 사용한 가스용접은 대개 절단용 토치를 사용하여 대체작업을 하는 경우가 많다. 가스용접용 토치 대부분은 아세틸렌 가스를 사용하도록 설계되어 있기 때문에 LPG를 사용하면 역화의 위험이 크다. 그러므로 아세틸렌용 가스용접 토치에 LPG를 사용하여 용접하는 것을 절대로 금지한다(가스 기구는 반드시 지정된 가스 이외의 종류를 사용하여서는 안 된다).

아세틸렌의 경우 과거에는 카바이드를 물에 담가서 아세틸렌 가스를 얻는 방식인 침지식(浸漬式 : digestion type)을 사용하여 폭발 위험성이 많았으나, 현재는 용해아세틸렌을 사용하기 때문에 LPG에 비하여 안전성이 저하되지 않으며, 용기가 폭발할 위험도 거의 없다.

  실내 공간에서 작업할 경우, 아세틸렌은 공기보다 가볍기 때문에 아세틸렌을 사용하는 실내의 상부(천장부분)에 가깝게 가스감지기와 환기구가 설치되어 있어야 하며, LPG는 공기보다 무겁기 때문에 바닥부분에 가깝도록 가스감지기와 환기구가 반드시 설치되어야 한다.

2-3 용접 장치

(1) 산소 용기

  ① 본체, 밸브, 캡의 3부분으로 구성되어 있다.
  ② 본체는 이음매 없는 강관 제관법으로 제조한다.
  ③ 150kgf/cm²(35℃)로 충진한다.
  ④ 산소 : 순도 98% 이상이 요구되며, 물(H_2O)의 전기분해로 생산한다.

(2) 아세틸렌 용기

  ① 고압으로 사용되지 않으므로 용접하여 제작하며, 15.5kgf/cm²(15℃)로 충진한다.
  ② 용기내부는 목탄, 규조토 등의 다공물질을 채운 후 아세톤을 흡수시키고, 아세톤에 아세틸렌 가스를 용해시킨 용해아세틸렌을 사용한다.

2-4 용접 토치 종류

  용접 토치 종류는 3가지가 있다.
  ① 저압식(아세틸렌 사용 압력 : 0.2kgf/cm² 이하)
  ② 중압식(아세틸렌 사용 압력 : 0.2~1.3kgf/cm²)
  ③ 고압식(아세틸렌 사용 압력 : 1.3kgf/cm² 이상)

  저압식 용접 토치(low pressure welding torch)의 특성은 다음과 같다.

(1) 독일식

  ① A형 : 불변압식(不變壓式)이다.
  ② 니들 밸브(needle valve)가 없다.
  ③ 용해아세틸렌 압력 0.2kgf/cm² 이하에서 1~5kgf/cm²로 분출되는 산소를 인젝터 속에 흡인시켜 혼합한다.
  ④ 가스의 혼합 비율은 토치 손잡이 부분의 조정레버를 돌려 조절한다.
  ⑤ 팁 번호 : 연강판의 용접 가능한 두께를 표시한다(1번은 1.0mm의 연강판 용접 가능).

독일식 토치의 팁 규격

토치명	규격	팁 번호	용접 가능 두께(mm)
불변압식 (A형) 독일식	A1호	2	1.5~2.0
		3	2.0~4.0
		5	4.0~6.0
		7	6.0~8.0
	A2호	10	8.0~12.0
		13	12.0~15.0

(2) 프랑스식

① B형 : 가변압식(可變壓式)이다.

② 니들 밸브가 있다.

③ 용해아세틸렌의 압력이 $0.2kgf/cm^2$ 이하일 때 사용한다.

④ 인젝터 노즐에서 산소를 분출시키고, 그 주변에서 아세틸렌이 흡입, 공급되어 가스가 혼합되는 방식이다.

⑤ 산소 분출구가 토치에 설치되어 있으므로 소형 및 경량으로 작업하기가 쉽다.

⑥ 팁의 번호 : 팁에서 유출되는 아세틸렌의 유량(L/h)을 표시한다(연강판의 용접 가능한 판 두께는 팁 번호의 $\frac{1}{100}$에 해당, 100번은 1.0mm 연강판 용접 가능).

프랑스식 토치의 가스용접 작업조건(자동차 패널 적용 시)

토치명	규격	팁번호	패널 두께 (mm)	산소 압력 (kgf/cm^2)	아세틸렌 압력 (kgf/cm^2)
가변압식 (B형) 프랑스식	B0호	50	0.5~1.0	1.0	0.1
		70	1.0~1.5		
		100			
		140	1.5~2.0		
		200			
	B1호	250	3.0~5.0	1.0	0.1
		315		1.5	1.5

2-5 연소염(불꽃)의 종류

(1) 표준 불꽃(중성 불꽃)

① 중성염(中性炎 : neutral flame)으로, 백색, 담청색 불꽃이다.

② 가스비율은 산소 : 아세틸렌 = 1 : 1로, 혼합비가 거의 같으며, 완전 연소한다.

③ 최대 발생 열을 얻을 수 있다(2500∼3000℃(이론 화염온도 3127℃)).

④ 일반적인 용접에 많이 쓰인다.

⑤ 연강, 반연강, 주철, 구리, 청동, 알루미늄, 아연, 납, 모넬메탈, 은, 니켈. 스테인리스강, 토빈 청동(tobin bronze) 등의 용접에 적합하다.

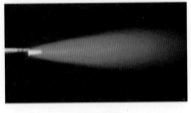

표준 불꽃

(2) 과산화 불꽃(산소 공급 과다 불꽃)

① 산화염(酸化炎 : oxide flame)으로 백색, 자색 불꽃이다.

② 중성의 불꽃 상태에서 산소 밸브를 더 열어 산소의 공급량을 증가하여 과산화 불꽃을 만든다.

③ 내부의 불꽃은 표준 불꽃보다 더 짧아지며, 불꽃색은 암자색(暗紫色 : dark purple)이다.

④ 연소되는 불꽃 형태가 불안해진다.

⑤ 용접 중에 많은 스파크가 발생한다.

⑥ 황동, 청동, 구리합금 용접에 적합하다.

과산화 불꽃

(3) 탄화 불꽃(아세틸렌 가스 과잉 불꽃)

① 황색염, 탄화염(炭化炎 : carbonizing flame)이다.

② 아세틸렌 가스의 불완전 연소 상태이다.

③ 불완전 연소이므로 열량이 낮아 용접에 부적합하다.

④ 산소 밸브를 서서히 열어주면 불꽃은 점차 축소된다.

⑤ 축소된 불꽃 내부의 하얀 불꽃이 점점 밝아지면서 빛이 나면 산소의 공급을 중지하고 그대로 유지한다.

⑥ 스테인리스강, 스텔라이트(stellite), 모넬메탈(monel metal) 등의 용접에 적합하다.

탄화 불꽃

2-6 가스용접 작업 중 발생하는 이상 현상

(1) 역류(逆流 : contrary flow)

용접 토치는 토치의 인젝터 작용으로 산소 기류의 압력에 의해 흡인되는 구조로 되어 있다. 그러나 팁의 끝이 막히게 되면 산소가 아세틸렌 도관을 거쳐 불안정한 안전기까지 통과하여 아세틸렌 발생기로 들어가 폭발을 일으키게 된다. 용해아세틸렌에서는 안전기가 없어도 폭발이 일어나지 않는다.

원인	방지법
• 산소 압력 과다 • 아세틸렌 공급량 부족	• 팁을 깨끗이 청소 • 산소 차단 • 아세틸렌 차단 • 안전기와 발생기 차단

(2) 역화(逆火 : back fire)

토치의 취급이 잘못되었을 때 순간적으로 불꽃이 토치의 팁 끝에서 탁탁하고 소리를 내며 불길이 불안정하게 되는 현상이다.

원인	방지법
• 팁 끝의 과열 • 가스압력 부적당 • 팁의 조임 불량	• 팁을 물에 담가 냉각 • 아세틸렌 차단 • 토치기능 점검

(3) 인화(引火 : flash back)

팁의 끝이 순간적으로 막혀서 가스의 분출이 나빠져 불꽃이 혼합실까지 밀려서 들어오는 현상으로, 불꽃이 불안정한 안전기를 거쳐 발생기 내에서 인화되어 폭발할 수 있다(대형 사고의 위험). 아세틸렌 밸브를 잠그고 혼합실의 불꽃을 끈 후 산소밸브를 닫는다.

원인	방지법
• 가스압력 부적당(가장 큰 영향) • 팁 끝이 막힘	• 팁을 깨끗이 청소 • 가스 유량을 적당하게 조절 • 토치 및 각 기구를 점검 • 먼저 아세틸렌을 차단한 후 산소 차단

2-7 가스용접 작업 시 안전사항

① 가스 용기는 통풍이 잘되는 곳에 둔다.

② 용기가 넘어지지 않도록 설치한다.

③ 화기로부터 5m 이상 거리를 유지하여 용기를 설치한다.

④ 산소 용기의 밸브, 호스 조정기 등에 기름이 묻지 않도록 주의한다.

⑤ 용기의 밸브 및 각 연결부의 누설 여부를 비눗물로 점검한다.

⑥ 점화된 토치를 함부로 돌리지 않는다.

⑦ 토치는 사용 전에 완전한가를 조사하고, 팁을 깨끗이 청소한다.

⑧ 압력 조정기의 압력이 제대로 조절되어 있는지 확인한다.

⑨ 불꽃 점화 시 화상에 주의한다.

⑩ 가스 누설 유무를 반드시 점검한다.

⑪ 가스 용기에 충격을 주지 않도록 한다.

⑫ 작업장에는 항상 포말 소화기를 비치한다.

⑬ 용접 중에 얼굴을 용접부에 너무 가까이하여 화상을 입지 않도록 한다.

⑭ 작업 전에 반드시 보호구와 보안경을 착용한 후 작업에 임하도록 한다.

용접작업 방향에 따른 특성

비교 내용	후진법(우진법)	전진법(좌진법)
열 이용률	좋다	나쁘다
용접 속도	빠르다	느리다
변형	적다	크다
산화성	적다	크다
비드 모양	나쁘다	좋다
용도	후판(두꺼운 판)	박판(얇은 판)

3. 피복아크 용접

용접 원리

    피복아크 용접(SMAW : shielded metal arc welding)은 피복아크 용접봉과 모재 사이에 직류 또는 교류전압을 걸고 피복아크 용접봉 끝을 모재에 접촉하였다 분리하면 강한 빛과 열을 내는 아크(arc)가 발생한다. 이 강한 아크 열(5000℃ 정도)에 의하여 용접봉이 녹아 금속 증기 또는 용적(globule : 작은 방울)으로 되며, 열에 의해 녹은 모재에 용착(deposit)되어 모재의 일부를 융합하여 용접 금속을 만든다.

    전기 흐름은 용접기에서 발생한 전류(직류 또는 교류) → 전극 케이블 → 용접봉 홀더 → 용접봉 아크 → 용접재료 → 접지 케이블 → 용접기 등의 순으로 이동한다.

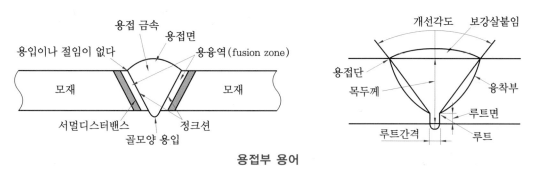

용접부 용어

용접부 용어

① **용입(penetration)** : 골 모양으로 생긴 용접의 깊이(모재가 녹은 깊이)

② **비드(bead)** : 용접봉이 세로 방향으로 길게 녹아 모재 표면에 퇴적된 현상

③ **용가재(filler metal)** : 용착부를 만들기 위하여 녹여서 첨가하는 금속(용접봉은 용가재)

④ **용착부(weld metal zone)** : 용접하는 동안에 용융 응고한 부분

⑤ **용제(welding flux)** : 용접을 할 때 산화물, 기타 해로운 물질을 용융 금속에서 분리하고, 제거하기 위하여 쓰이는 것

⑥ **스패터(spatter)** : 아크 용접에서 용접봉 또는 용융지에서 작은 입자의 용적들이 비산되는 현상으로, 지나치면 용착손실과 용접상태 불량이 나타나며, 청소작업이 필요하다.

⑦ **슬래그(slag)** : 용착부에 나타난 비금속 물질

⑧ **열영향부(HAZ : heat affect zone)** : 용접열에 의해서 금속조직이나 기계적 성질이 변화한 부분

⑨ **루트(root of weld)** : 용접단면에서 볼 때 용착금속의 바닥과 모재가 만나는 부분. 좋은 용접이음을 만들기 위해서는 루트부를 충분히 용융시키는 것이 필요하다.

3-3 직류 아크 용접(direct current arc welding)

① 직류를 얻는 방법에 따라 전동기 직결형, 엔진 구동형, 정류형으로 나뉘며, 박판이나 비철금속(경합금, 스테인리스강) 등의 용접에 사용한다.
② 아크 용접 시 직류전원을 사용하는 직류 용접은 양극과 음극이 고정되므로 극성이 매우 중요하며, 보통 전자의 충격을 받은 양극 쪽이 음극보다 발열이 크다.
③ 전류가 한 방향으로 흐르기 때문에 아크가 안정되어 피복이 없는 용접봉으로도 용접할 수 있으나 아크의 길이가 너무 길어 용입 불량이 되기 쉽다.
④ 극성 선정 : 직류 용접에서 극성은 정극성(DCSP : DC straight polarity)과 역극성 (DCRP : DC reverse polarity)이 있으며, 선정방법은 용접봉 심선의 재질, 피복제의 종류, 용접이음의 형상, 용접자세에 따라 다르다.

용접기 극성

정극성	역극성
·용접봉(−), 모재(+) ·용접봉의 용융 속도가 늦다. ·모재쪽 용입이 깊다.	·용접봉(+), 모재(−) ·용접봉의 용융속도가 빠르다. ·모재 용입이 얕아서 박판 용접에 좋다.

3-4 교류 아크 용접(alternating current arc welding)

교류전원을 사용하는 교류 용접기는 양극, 음극이 교대로 변환하므로 극성과 무관하며, 용접 시 전류방향이 1초간 사용 주파수만큼 변화되어 극성과 주파수가 동일 횟수로 변화한다.

아크 용접 시 아크 유지와 발생에는 전압이 필요하며, 교류 용접에서는 1초 동안 사용 주파수의 2배에 상당하는 만큼 아크 전압이 0이 된다.

비피복 용접봉(bare electrode) 사용 시에는 아크가 소멸하여 안정성이 저하되어 용접이 불가능하게 된다. 피복 용접봉을 사용하면 고온으로 가열된 피복제로부터 이온 발생과 아크 유지를 용이하게 하므로 교류전원에서도 안정되게 아크가 발생한다.

교류 용접기는 직류 용접기에 비하여 안정성이 떨어지나 가격은 $\frac{1}{3} \sim \frac{1}{4}$ 정도이므로 직류 용접기보다 널리 사용되고 있다.

직류와 교류 용접기의 특성 비교

직류 용접기	교류 용접기
• 아크가 교류보다 안정된다. • 무부하 전압이 교류보다 작고 전격의 위험이 교류보다 적다. • 발전형 직류 용접기는 소음이 있고, 회전부에 고장이 많다. • 정류기의 손상 및 고장에 주의해야 한다. • 교류에 비해 가격이 비싸고 유지 보수 점검에 교류보다 시간이 더 걸린다.	• 전류, 전압이 교대로 변환하므로 아크가 불안정하다. • 취급이 쉽고 고장이 적다. • 값이 싸다. • 무부하 전압이 직류보다 크고 전격의 위험이 크다.

3-5 피복아크 용접봉

(1) 용접봉의 종류

① 피복제를 바른 금속 심선을 건조시켜 사용한다.

② 심선의 길이 : 350~900mm, 지름 : 1.0~10mm

③ 용접 재질에 따라 탄소강, 특수강, 경합금, 동합금, 니켈합금 등을 사용한다.

④ 심선재료는 피용접 금속재료와 동일한 재질을 사용한다(연강용, 저합금용, 스테인리스용, 주철용 등).

⑤ 용접 재질, 용접 목적, 용접 자세, 사용전류 극성, 이음형상 등에 의해 용접봉을 선정한다.

(2) 피복제

피복제가 연소한 후 발생하는 물질이 용접부를 어떻게 보호하는가에 따라 가스 실드형(gas shield), 슬래그 실드형(slag shield), 세미 가스 실드형(semi-gas shield)이 있으며 아크 안정제, 가스 발생제, 슬래그 발생제, 탈산제(脫酸劑), 합금 첨가제, 고착제(固着劑 : binder) 등을 혼합한다.

① 대기 중의 산소, 질소 접촉을 방지(용융금속 보호)한다.

② 아크를 안정시킨다.

③ 용융점이 낮은 적당한 점성의 가벼운 슬래그를 형성한다.

④ 용착금속의 탈산, 정련 작용을 한다.

⑤ 용착금속에 적당한 합금원소를 첨가한다.

⑥ 용적을 미세화시키고, 용착효율을 향상시킨다.

⑦ 용착금속의 응고와 냉각속도를 느리게 한다.

⑧ 슬래그 제거가 용이하며, 파형이 미려한 비드(bead)가 형성된다.

⑨ 모재 표면의 산화물을 제거한다.

⑩ 스패터링(spattering)을 적게 한다.

(3) 용접봉 선택

① **용접봉의 선택 기준**

㉮ 용접 구조용에 요구되는 품질

㉯ 이용할 수 있는 용접기

㉰ 용접 장소

㉱ 용접 비용

㉲ 모재의 재질

㉳ 용접이음 형상

㉴ 용접부의 성질 등

② **용착금속의 내균열성** : 용접봉 선택의 주요 인자

(4) 용접봉의 표시

표시	E 43 X X	
E	전극봉 약자	
43	용착금속의 최소 인장 강도(kgf/mm^2)	
X	용접자세 · 0 : 전 자세 · 1 : 전 자세 · 2 : 아래보기 자세와 수평 자세 · 3 : 아래보기 자세 · 4 : 전 자세 혹은 특정 자세 · 아래보기 자세(F : flat position) · 수직 자세(V : vertical position) · 수평 자세(H : horizontal position) · 위보기 자세(OH : overhead position) · 전 자세(AP : all position)	· E4301 : 일미나이트계 · E4303 : 라임 티타니아계 · E4311 : 셀룰로오스계 · E4313 : 고산화 티탄계 · E4316 : 저수소계 · E4324 : 철분 산화티탄계 · E4326 : 철분 저수소계 · E4327 : 철분 산화철계
X	피복제의 종류 및 기타	

> · 기계적 강도 = E4316 > E4301 > E4313
> · 작업 용이성 = E4313 > E4301 > E4316

3-6   용접작업의 특성

(1) 용접봉의 각도

① 용접봉과 모재가 이루는 각을 말한다.

② **진행각** : 용접봉과 용접선이 이루는 각도(용접봉과 수직선 사이 각도)

③ **작업각** : 용접봉과 이음방향에 나란히 세워진 수직평면과의 각도

④ **용접각도**

⑦ 작업 진행 방향으로 약 60°의 각도를 유지한다.

⑧ 두께를 가진 소재를 용접할 경우 두 금속 소재 사이의 용접봉 각도가 같게 되도록 한다.

⑨ 용접봉의 위치는 금속 소재 두께에 따라 변화시켜야 한다. 즉, 금속 소재가 두께가 다를 경우 아크가 양쪽 금속 소재에 적절히 용입되도록 두꺼운 소재쪽으로 기울여 용접한다.

(2) 아크 길이 및 아크 전압

① 양호한 용접은 아크 길이가 짧아야 한다.

② 일반적으로 아크 길이는 3mm 정도이다.

③ 지름이 2.6mm 이하인 용접봉의 경우 심선지름과 거의 같은 것을 사용한다.

④ 아크 전압은 아크 길이에 비례한다.

⑤ 아크 길이가 길면

⑦ 용융금속의 산화 및 질화 용이

⑧ 열집중 부족

⑨ 용입 불량 및 스패터(spatter)가 심함

(3) 용접 전류

① 전류가 강하면 스패터가 심해지며 용융속도가 빨라져 언더컷(undercut)이 발생하기 쉽다.

② 전류가 약하면 용융속도가 늦고, 녹은 스패터가 커져 모재에 이행하여 용입 불량 또는 오버랩(overlap)이 발생하기 쉽다.

(4) 용접 속도

① 모재에 대한 용접선 방향의 아크 속도는 운봉 속도이다.

② 아크 속도, 용접봉의 종류 및 전류값, 이음모양, 모재의 재질, 운봉 방법(weaving)의 유

무에 따라 변화한다.

③ 아크 전류 및 전압이 일정하면 용접 속도는 증가하고, 비드 폭은 감소한다.

④ 용입은 적정 속도에서 증가하며, 적정 속도 이상이 되면 용입이 감소한다.

⑤ 용입 크기는 $\dfrac{I(\text{아크전류})}{V(\text{아크 전압})}$ 에 의해 결정되며 전류가 클 때 용접 속도가 증가한다.

(5) 아크 발생 방법

① **직류전원** : 찍는 방법(tapping method)

② **교류전원** : 긁는 방법(scratch method)

③ **아크 정지** : 용접을 정지하려는 곳에서 아크 길이를 짧게 하여 운봉을 정지시켜서 균열 (crater)을 채운 후 재빨리 용접봉을 이동시켜 아크를 정지한다.

④ 용접봉을 그대로 분리시켜 아크를 정지하면 균열이 메워지지 않아 불순물과 편석이 발생하며 냉각 중 균열이 발생할 우려가 있다.

(6) 운봉법

① **직선 운봉(straight bead)** : 용접부에 결함 발생 우려가 적다.

② **위빙 비드(weaving bead)** : 원형, 타원형, 삼각형, 부채꼴형 등의 위빙 폭이 용접봉 지름의 3배 이하가 되게 작업한다.

(7) 용접작업 자세

용접작업 자세에는 F(아래보기 자세), V(수직 자세), H(수평 자세), OH(위보기 자세), AP(전 자세) 등이 있다.

전기아크 용접 작업조건

모재 두께 (mm)	용접봉 지름 (mm)	전류값 (A)	모재 두께 (mm)	용접봉 지름 (mm)	전류값 (A)
3.2	2.0	40~60	7.0	4.0	130~150
	2.6	50~70		5.0	160~180
4.0	2.6	60~80	9.0	4.0	140~160
	3.0	80~100		5.0	170~190
5.0	3.0	90~110	10.0	4.0	150~170
	4.0	110~130		5.0	180~200
6.0	3.0	100~120	12.0	5.0	200~220
	4.0	120~140		6.0	240~280

용접결함의 종류와 원인

종류	원인	비고
언더컷 (undercut)	(과전류 시) • 전류가 과대하여 아크를 짧게 할 수 없을 때 • 용접봉의 사용방법이 부적절할 때	전류가 과대하여 모재가 파이면서 응력이 집중되는 노치(notch) 효과를 초래한다.
오버랩 (overlap)	(저전류 시) • 아크가 너무 길어서 용착금속의 집중을 저해할 때 • 용접봉의 용융점이 모재의 것보다 너무 낮을 때 • 용접 전류가 다소 부족하여 용적이 클 때 • 용접 속도가 너무 느릴 때	용융금속이 넘쳐서 표면에 융합되지 않은 상태로 덮여 있을 때, 이 부분에 응력이 집중되어 균열의 원인이 된다.
용입 불량 (underfill)	(저전류 시) • 홈 각도가 너무 좁을 때 • 용접 속도가 너무 빠를 때	–
슬래그(slag) 혼입	(저전류 시) • 슬래그 제거가 불완전할 때 • 운봉 속도가 늦을 때	산화물, 용제 및 피복제가 용착금속의 혼입을 방지하기 위해서는 각 용접층에서 와이어 브러시(wire brush) 등으로 슬래그를 충분히 제거하고, 실드 가스(shielding gas)를 충분히 공급해 준다. 적합한 용접봉의 선택이 중요하다.
균열 (crack)	(과전류 시) • 이음강성이 너무 클 때 • 고탄소강 용접 시 • 이음각도가 너무 좁을 때 • 녹이 있을 때	–
기공 (blow hole)	(과전류 시) • 모재에 기름, 녹 등이 부착되어 있을 때 • 아크 길이가 과다하게 길 때 • 용접 속도가 빠를 때	–

4. MIG/MAG(CO₂) 용접

MIG/MAG 용접은 GMAW(gas metal arc welding) 용접법의 일종이다. 이 용접법은 2차 세계대전 중 미국에서 알루미늄 용접을 위해 개발된 용접법으로, 용접 와이어와 모재 사이에서 발생된 아크열로 용융이 발생되며 보호가스로 헬륨이 사용되었다.

이 용접법은 TIG 용접에 비해 두꺼운 소재 용접에 효과적이며, 용접이 쉽고 다양한 금속에 적용이 가능하다. 또한 용접 슬래그 발생이 없어 마무리 작업이 불필요하고, 높은 생산성, 고품질, 전류 공급 절약 등과 같은 장점이 있다. 용접기는 DC 전원을 사용하며, 용접 와이어에 (+)극을 연결한다. 보호가스의 종류에 따라 MIG(metal inert gas), MAG(metal active gas)로 구분된다. 헬륨(He), 아르곤(Ar) 등의 비활성가스를 사용하면 MIG 용접이라고 부르고, 가격이 저렴한 활성가스인 탄산가스 또는 탄산가스+아르곤 혼합가스를 사용하면 MAG 용접(CO_2 용접)이라 부른다.

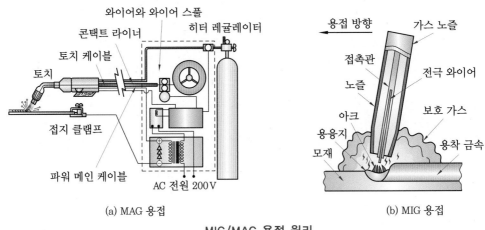

(a) MAG 용접

(b) MIG 용접

MIG/MAG 용접 원리

4-1 **용접 원리**

(1) MIG 용접(inert gas metal arc welding 또는 metal inert gas)

① 보호가스 : 아르곤, 헬륨, 아르곤+헬륨(비활성가스)
② 고장력 강판, 비철금속(알루미늄, 스테인리스 등)에 사용한다.
③ 금속과 기체 사이에 반응이 없다.

(2) MAG 용접(active gas metal arc welding 또는 metal active gas)

① 일명 탄산가스 용접(CO_2 용접)이라고 한다.
② 보호가스 : 탄산, 탄산+아르곤, 탄산+산소, 탄산+수소(활성가스)
③ 금속과 기체 사이에서 활성화된다.
④ 동종 금속에 사용한다.
⑤ 일반 강판 패널에 사용된다.

4-2   MIG/MAG 용접의 장단점

(1) 장점

① 전류밀도가 대단히 높으므로 용입이 깊고, 용접 속도가 매우 빠르다.

② 용착효율이 높다(약 95%).

③ 용착금속의 기계적 성질이 우수하다.

④ 단락이행에 의해 박판(약 0.6mm)까지 용접이 가능하다.

⑤ 전 자세 용접이 가능하다.

⑥ 용접 시간이 빠르므로 작업시간을 줄일 수 있다.

⑦ 용접 후의 처리가 간단하다.

(2) 단점

① 바람의 영향을 크게 받으므로 풍속 2m/s 이상이면 방풍대책이 필요하다.

② 비드 외관이 다른 용접법에 비해 약간 거칠다.

4-3   작동 원리

전류를 증가시키면 와이어와 금속판 사이에서 아크가 발생하며, 이 아크열로 인하여 와이어 용융(용접) 풀이 발생한다(와이어 단락 융착). 금속의 열에너지 전달은 전류 급증으로 인한 전기력으로 아크가 발생된 후 다시 단락하면서, 그 후 접촉과 단락이 반복되는 단계를 순식간에 발생시킨다. 이때, 반복하는 단락의 수를 주파수라 부르며, 용접강도, 와이어 속도 등에 따라 변화될 수 있다.

와이어는 와이어 공급장치에 의해 연속적으로 공급되며, 작업자가 직접 용접한다고 하여 반자동 용접이라 부르기도 한다. 현재까지도 가장 많이 사용되는 용접방법 중의 하나이며, 높은 생산성, 우수한 용접 품질을 얻을 수 있다. 사용하는 보호가스의 역할은 상당히 중요하므로 용접 시 적절한 공급이 이루어져야 한다.

MIG/MAG 용접은 용융된 금속이 모재로 이행(metal transfer)되기 용이하도록 하며, 용융 금속의 산화방지(보호), 안정된 아크 발생 등의 장점이 있다. MIG/MAG 용접의 보호가스는 노즐을 통해 분사되어 아크 주위를 보호함으로써 대기의 침입을 막아 아크 중의 용착 금속이 산화나 질화현상을 일으키지 않고 우수한 용착 금속을 얻을 수 있게 한다.

용접기에 부착된 와이어 공급 롤러에 의해 연속적으로 공급되는 전극 와이어가 콘택트 팁(contact tip)을 통과할 때 용접 전류가 와이어에 의해 전도되어 와이어와 모재 간에 아크를 발생시켜 용융 접합한다. 콘택트 팁과 모재의 거리는 약 10mm가 적당하며, 팁이 모재에 근접할수록 저항이 낮아지므로 강도 높은 용입이 이루어진다.

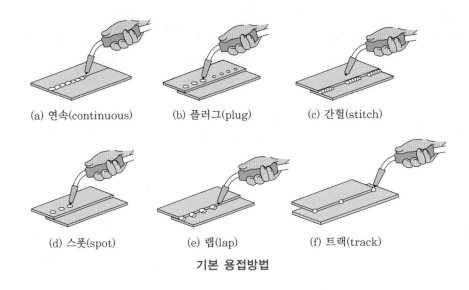

(a) 연속(continuous)　　(b) 플러그(plug)　　(c) 간헐(stitch)

(d) 스폿(spot)　　(e) 랩(lap)　　(f) 트랙(track)

기본 용접방법

4-4　용접 조건

(1) 용접 전류와 와이어 속도

용접 전류는 공급되는 와이어 및 모재를 녹일 수 있는 능력이고, 용입을 결정하는 가장 큰 요인이다. 이 경우의 전류 조정은 와이어 공급속도를 변화시키는 것에 의해 제어된다. 전류를 높게 하면 와이어의 녹아내림이 빠르고, 용착률과 용입이 증가하며, 비드 폭과 높이도 커진다. 따라서 전류와 와이어 속도는 금속의 두께에 따라 변하므로 전류가 높아지면 와이어 속도도 증가해야 한다. 와이어 속도가 늦으면 콘택트 팁이 녹을 수 있으며, 와이어가 속도가 빠르면 와이어가 녹기도 전에 모재에 붙는다.

(2) 아크 전압

아크 전압은 비드 형상을 결정하는 가장 큰 요인이다. 아크 전압이 낮을수록 아크가 집중되기 때문에 용입은 약간 깊어진다. 반대로 아크 전압이 높을수록 아크 길이가 길어지므로 비드 폭은 넓어지고, 높이는 낮아지며, 용입도 약간 낮아진다. 만약 적정한 아크 전압이라면 아크 특유의 연속음을 내면서 용접이 되며, 아크 전압이 낮을 경우에는 소리가 불연속 단절음으로 들린다.

(3) 용접 속도

용접 속도는 용접 전류, 아크 전압과 함께 용입깊이, 비드형상, 용착 금속량 등을 결정한다. 용접 속도가 빠르면 모재의 입열(入熱)이 감소되어 용입이 얕고 비드 폭이 좁아지며 언더컷이 발생하기 쉽다. 용접 속도가 늦으면 아크의 바로 밑으로 용융금속이 흘러 들어가서 아크의 힘을 약화시켜 용입이 얕아지며, 비드 폭이 넓고 평탄한 비드가 형성되며, 오버랩이 발생하기 쉽다.

(4) 연속 용접

연속 용접은 용접패널의 열변형이 적어서 자동차 차체 패널과 같은 얇은 금속판 용접작업에 적합하다. 용접토치는 $10 \sim 15°$로 각도를 기울여 운행하며, 토치 팁을 들었다 놓았다(pushing/pulling)하는 간헐 조작방법으로 비드를 만들어 가면서 연속 용접한다.

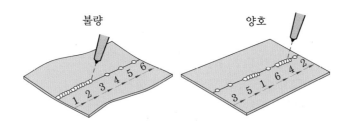

연속 용접 순서

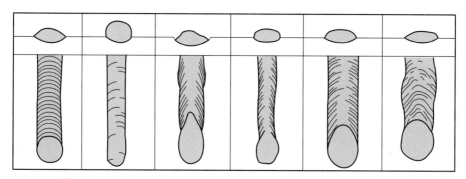

(a) 정상   (b) 전류 과소   (c) 전류 과다   (d) 속도 빠름   (e) 속도 늦음   (f) 아크 거리 과다

연속 용접 시 비드 형태 종류

(5) 플러그(plug) 용접

자동차 차체 패널 교환 작업 시 보디측 구패널에 신패널을 고정 용접하기 위해 신품 패널(바깥쪽 패널)에 전용 드릴(spot weld drill)로 ø8mm 정도 구멍을 뚫고(천공) 구멍 내부에 토치를 수직으로 하여 CO_2 용접을 하는 방법을 사용한다.

플러그 용접 시 패널의 바이스 클립 물림 불량, 이물질 부착, 판금작업 불량 등으로 인해 패널의 접촉이 불량해지면 그림과 같이 패널 사이로 용접 비드가 새어 나오면서 용접 강도가 약해지므로 주의해야 한다.

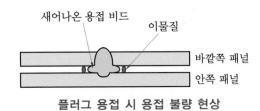

플러그 용접 시 용접 불량 현상

4-5 용접 와이어

(1) 와이어(wire) 공급방식

① **푸시(push) 방식** : 와이어 스풀 앞에 송급장치 설치
② **풀(pull) 방식** : 송급장치를 용접 토치에 직접 설치
③ **푸시-풀(push-pull) 방식** : 와이어 스풀과 토치의 양쪽에 송급장치 설치
④ **더블 푸시(double push) 방식** : 푸시 방식에서 중간에 보조 송급장치 설치

(2) 용접 와이어 규격

단선(solid wire)을 사용하고, 표면은 전기 전도성 및 방청성을 높이기 위하여 구리도금되어 있다. 도금방법은 화학도금 또는 전기도금의 2가지 방법이 있는데, 도금층의 박리 및 접착력 문제로 인하여(공급속도가 빠르므로 박리가 쉽게 일어남) 전기도금을 선호한다.

CO_2 가스 압력과 유량 조정값

규격 표시 예 : YGW11
여기서, Y : 용접 와이어
GW : MAG의 약자(MAG 용접용)
숫자 : 사용되는 보호가스(주요 적용 강종 및 와이어의 화학성분)
11~14 : CO_2, 연강 및 인장강도 490N/mm^{2}급 고장력강에 사용
15~17 : Ar(80%)+CO_2(20%)
21~22 : CO_2, 인장강도 590N/mm^{2}급 고장력강에 사용

(3) 용접 와이어의 주성분

① **규소(Si)** : GMAW용 와이어의 탈산제 역할을 하는 성분으로 가장 많이 사용하고 있으며, 0.4~1.0% 정도 함유하고 있다. Si의 양이 증가하면 용접부의 강도는 증가하지만 인성과 연성은 감소하고 균열(crack)을 유발한다.

② **망간(Mn)** : 일반적으로 강도 증가용으로 사용하고, 일부 탈산제 역할을 한다. 망간(Mn)이 증가하면 강도가 증가하고, 고온균열에 민감해진다. 함유량은 1~2% 정도 함유된다.

③ **알루미늄(Al)** : 알루미늄(Al)과 티탄(Ti), 지르코늄(Zr)은 강력한 탈산제 역할로 고전류 CO_2 용접봉 와이어에 첨가되는데, 첨가량은 2% 이하이다.

④ **탄소(C)** : 구조적, 기계적 성질에 지대한 영향을 미치는 원소다. 일반적으로 0.05~0.12% 정도 함유하고 있으며 그 이상이 되면 기계적 성질이 변하고 용접성이 나빠지게 되어 기공 및 언더컷이 심하게 발생한다.

⑤ **니켈(Ni), 크롬(Cr), 몰리브덴(Mo)** : 스테인리스강의 주요 원소로, 저합금강에서는 내부식성과 기계적 성질을 향상시키기 위하여 첨가된다.

차체 패널(박판)의 CO_2 용접기 세팅 조건

와이어 지름 ($\emptyset$ mm)	패널 두께 (mm)	전류 (A)	전압 (V)	팁과 모재 사이의 거리 (mm)	용접 속도 (cm/min)	가스 유량 (L/min)
0.6	0.6~2	60~70	16~17	10	40~45	10~15
0.8	0.8~4	70~80	18~19	10	40~45	10~15
0.9	1.2	80~90	18~19	10	40~50	10~15
1.0	1.2~2.0	90~120	18~19	10	45~50	10~15
1.2	2~4.0	120~150	18~19	10	45~50	10~15

4-6 보호가스(shield gas)

용접 재질별 보호가스의 종류별

용접 재질	가스명	특성
모든 금속	Ar	–
고니켈강	Ar(10%)+He	–
강철, 탄소강	Ar+O_2(5%)	아크 안정성 양호
	Ar+CO_2	순수 아크일 때보다 용접 속도 증가, 언더컷 감소
	CO_2	가격 저렴, 아크 불안정

스테인리스강	Ar+O₂(1%)	아크 안정성 증가, 비드 형상 우수
	Ar+O₂(2%)	박판 용접에서 1% 보다 용접속도와 아크 안정성 우수
알루미늄강	He, Ar	25mm 이하 강판에서 아크 안정성 우수, 스패터 적음
	Ar(35%)+He	25~75mm의 강판에 주로 사용, 순아크보다 용입 양호
	Ar(25%)+He	75mm 이상의 강판에 주로 사용, 기공(porosity) 감소
동	N₂	매우 강한 아크 발생(일반적으로 사용되지 않음)
	Ar + N₂(30%)	드물게 사용, 강한 아크 발생

5. TIG 용접

5-1 용접 원리

TIG 용접(tungsten inert gas welding)은 비소모성 텅스텐 용접봉과 모재간의 아크열에 의해 모재를 용접하는 방법(tungsten arc welding)으로, 용접부위에 불활성가스를 공급하면서 용접하는 방법이다.

텅스텐은 거의 소모하지 않으므로 비용극식 아크 용접 또는 비소모식 불활성가스 아크 용접법이라고도 하며, 헬륨아크 용접법, 헬리웰드법, 아르곤 아크 용접법 등의 상품명으로도 불린다. 불활성가스에 기타 가스를 혼합하여 사용할 수 있으므로 최근에는 가스 텅스텐 아크 용접(GTAW : gas tungsten arc welding)이라고도 한다.

TIG 용접기는 냉각방법에 따라 공랭식(100A 이하)과 수랭식(100A 이상)으로 분류한다. 가스 컵(가스 노즐)의 크기는 사용하는 텅스텐 전극봉 지름의 4~6배 정도가 적당하며, 컵 사이즈가 작으면 과열되어 잘 깨지고, 너무 크면 실드가스 소모가 많다.

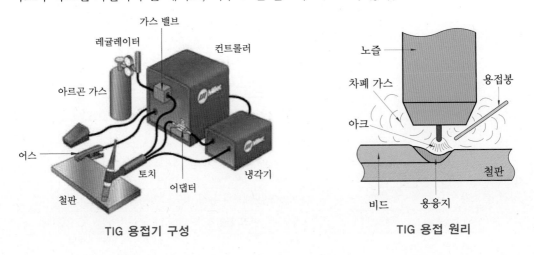

TIG 용접기 구성   TIG 용접 원리

5-2   장단점

(1) 장점

① 용접부의 기계적 성질이 우수하다.

② 내부식성이 우수하다.

③ 플럭스가 불필요하여 비철금속 용접이 용이하다.

④ 보호가스가 투명하여 용접작업자가 용접 상황을 잘 파악할 수 있다.

⑤ 용접 스패터를 최소한으로 하여 전 자세 용접이 가능하다.

⑥ 용접부 변형이 적다.

⑦ 용접 입열(weld heat input)의 조정이 용이하기 때문에 박판 용접에 매우 좋다

(2) 단점

① 소모성 용접봉을 사용하는 용접법보다 용접 속도가 느리다.

② 용접 잘못으로 텅스텐 전극봉이 용접부에 녹아 들어가거나 오염될 경우 용접부가 취화 되기 쉽다.

③ 부적당한 용접 기술로 용가재(溶加材 : filler material)의 끝부분이 공기에 노출되면 용 접금속이 오염된다.

④ 불활성가스와 텅스텐 전극봉은 다른 용접 방법과 비교할 경우 고가이다.

⑤ 피복아크 용접과 같은 다른 용접 방법에 비해 용접기의 가격이 비싸다.

MIG/MAG와 TIG 용접에서의 용융 과정

5-3 텅스텐 전극봉

TIG 텅스텐 전극봉은 비소모성이므로 용가재의 첨가 없이도 아크열에 의해 모재를 녹여 용접할 수 있으며, 거의 모든 금속의 용접에 이용할 수 있다. 그러나 용융점이 낮은 금속인 납, 주석, 주석합금 등의 용접에는 사용하지 않는다.

각 용접에서 정확한 종류와 사이즈의 전극봉을 사용하는 것이 중요하며, 적당한 전극봉으로 용접해야 만족할 만한 결과를 얻는다. 전극봉은 순텅스텐(pure tungsten)이 가격이 저렴해서 많이 사용된다. 전극봉 끝의 경사각에 따라 비드 형상이 달라지는데 그 이유는 전자가 전극봉의 경사진 표면으로부터 수직으로 발산되기 때문이다. 전극봉 각도가 $30°$인 경우와 같이 연필처럼 길게 경사지면 아크가 약하며, 용입이 얕고 비드 폭이 넓어진다. 반대로 끝이 무뎌질수록 아크가 집중되어 용입이 깊어진다.

텅스텐 전극봉의 수명을 단축시키는 요인은 다음과 같다.

① 너무 높은 전류를 사용하면 전극봉 끝이 녹아내린다.

② 용접이 끝난 후 보호가스를 제대로 공급하지 않으면 텅스텐이 산화된다.

③ 용접 중 전극봉과 모재 또는 용가재와 부딪칠 경우 전극봉 끝이 오염된다.

④ 가스 노즐 속으로 공기가 침투하면 전극봉이 산화되어 용융지에 녹아 들어간다.

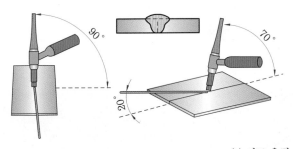
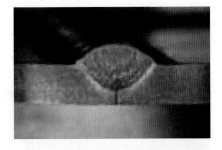

(a) 버트 용접

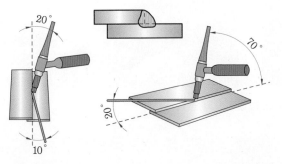
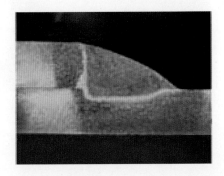

(b) 랩 접합

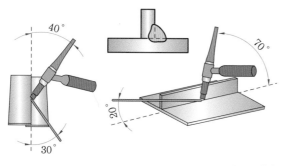

(c) T 접합

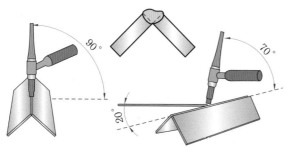

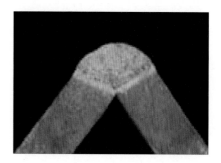

(d) 코너 접합

TIG 용접의 각종 작업 형태

보호가스(shield gas)

　주로 순아르곤 가스를 사용한다. 특히 헬륨(25% 또는 50%)과 아르곤(75% 또는 50%)을 혼합한 가스는 순아르곤일 때보다 용입이 깊고, 아크 안정성은 순아르곤일 때와 거의 같다.

6. 스폿 용접

스폿 용접(spot welding)의 필요성

① 고장력 강판(UHSS, boron steel) 사용 증가
② 차체 방청 및 부식 방지 필요
③ 작업환경 개선 필요
④ 이종(異種)금속 사용의 증가

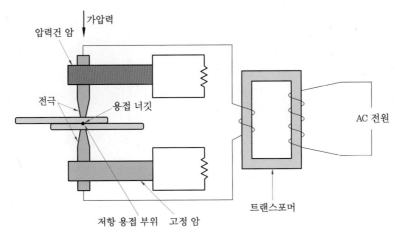

스폿 용접기 구조

스폿 용접 특성

용접품질 영향		용접 3요소	용접 3단계
• 가압력 • 용접 전류 • 통전 시간	• 모재 표면 상태 • 전극 재질과 형상 • 용접 피치	• 가압력 • 용접 전류 • 통전 시간	• 가압 • 통전 • 냉각고착

　스폿 용접은 용접하고자 하는 재료를 서로 접촉시켜 놓고 전류를 통과시켜 저항열로 접합면의 온도가 높아졌을 때 가압하여 용접하는 것으로, 접촉저항 및 금속자체의 비저항에 의해 발생하는 열로 가열되었을 때 압력을 가하여 접합하는 것이다.

　즉, 클램프 및 전극을 사용하여 2개 이상의 강판을 압축하고, 압축된 부위에 전류를 흘려 접합 부위를 용융시켜 용접한다. 그러므로 용접은 서로 다른 물리적 프로세스인 전기(electrical), 열(thermal), 기계(mechanical), 야금(metallurgic)의 조합이다.

스폿 용접 과정

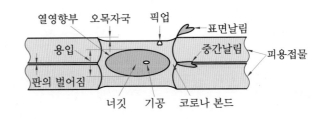

너깃 관련 용어

6-2   스폿 용접 관련 용어

(1) 너깃(nugget)

용접 결과로 접합부에 생기는 용융 응고한 부분, 접합면을 중심으로 바둑돌 모양으로 형성된다.

(2) 코로나 본드(corona bond)

너깃 주위에 존재하는 링(ring)형상의 부분, 실제 용융하지는 않고 열과 압력을 받아서 고상으로 압접된 부분, 접합부의 강도에는 기여하지 않는다.

(3) 오목자국(indentation)

전극 팁이 가압력으로 모재에 파고 들어가서 오목하게 된 부분(오목 깊이)을 말한다.

(4) 용입(penetration)

피용접재가 녹아 들어간 깊이로 너깃의 한쪽 두께와 같다.

(5) 기공(blow hole)

너깃 내부에서 용융 중에 발생한 기포가 응고 시에 이탈하지 못하고 남아 있는 공동으로, 너깃의 중앙부에 발생한다. 과대한 전류나 부족한 가압력으로 인하여 용융금속이 날아간 자리에 형성된다.

(6) 중간날림(expulsion)

용융금속이 코로나 본드를 파괴하고, 외부로 튀어나가면서 날리는 것을 말한다.

(7) 표면날림(surface flash)

전극과 피용접재의 접촉면에서 피용접재나 전극이 용융해서 튀어나가는 것으로, 도전율이 나쁜 전극소재를 사용하거나 냉각부족 또는 전극 팁 지름이 과소한 경우에 발생한다. 전극 팁의 손상에 가장 큰 영향을 미친다.

(8) 오염(pick up)

전극과 피용접재의 접촉부가 과열되어 전극의 일부분이 피용접재에 부착하거나 전극과 피용접재 부분이 오염되는 현상을 말한다.

6-3 스폿 용접의 장단점

(1) 장점

① 차체 패널과 같은 박판 용접에 가장 튼튼하고 신뢰성이 높다.

② 용접 시 변형이 발생되지 않는다.

③ 용접 부위에 균열이나 내부 응력의 발생이 없다.

④ 모재의 기계적인 성질을 일체 변화시키지 않는다.

⑤ 패널이 밀착된 상태이므로 부식 발생이 적다.

⑥ 작업자의 기능에 따라 용접성의 차이가 거의 없다.

(2) 단점

① 용접 결과를 외부에서 판단하기가 어렵다.

② 큰 전류를 필요로 하므로 용접기 본체의 무게가 무겁다.

③ 외부에서 육안 점검으로는 용접성을 판단할 수 없다.

④ 따라서 자동차 차체수리에 사용하는 스폿 용접기는 녹, 스케일, 오염, 전압 강하 등의 외부 요인을 완전히 자동적으로 보완하여 조정하는 매우 신뢰가 높은 것이 요구된다.

6-4 용접 팁

(1) 용접 팁 지름(tip diameter, D)

전극부의 팁 지름은 용접하려는 판의 두께에 따라 정해진다. 일반적으로 팁 지름은 용접하려는 판 두께의 2배에 3.2mm를 더한 것이다.

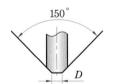

$$D = 2T + 3.2\text{mm}(\frac{1}{8} \ \text{인치})$$

T = 모재의 두께

(2) 용접 팁(electrode) 각도

팁의 각도는 120°가 가장 적당하다. 만약 전극 부위가 더 뾰족할 때는 용접 전류의 흐름이 저하하고, 가압력은 너무 집중되므로 용접 부위에 깊은 자국을 남긴다. 또한 반대로 너무 평평한 지름의 전극 팁에서는 보다 큰 용접 전력을 필요로 한다.

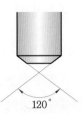

6-5 **좋은 스폿 용접의 작업 조건**

(1) 용접 작업 전 확인 사항

① 팁 전극 상태 확인

② 통전 시간

③ 가압력(clamping force)

④ 용접 강도

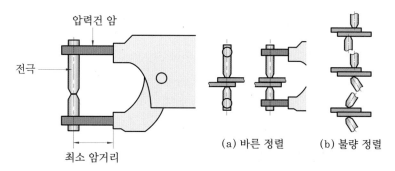

전극의 정렬 상태

(2) 용접 전류

① 용접하는 금속의 종류에 따라 용접 전류의 세기를 조절한다.

② 두께, 패널의 수에 따라 용접 전류의 세기를 조절한다.

③ 너무 높은 용접 전류는 너깃 부위 파열이나 파손을 초래하며, 너무 낮은 용접 전류는 충분한 용접 강도가 나오지 않고 너깃이 작게 형성된다. 그러나 전극의 지름이 크면 용접 전류가 낮아도 동일한 용접 강도를 유지할 수 있다.

전극 지름과 패널 두께 관계

패널 두께(t)	전극 지름(D)
0.6~1.2 mm	$D \geq 4$mm
1.2~2.0 mm	$D \geq 6$mm
2.0~3.0 mm	$D \geq 8$mm

(3) 가압력(clamping force)

뉴턴(N)은 해당 물체의 질량에 표준 중력가속도(9.80665m/s^2)를 곱한 양(표준 중량)으로 표시한다.

> - 1kgf = 9.8N
> - $1N = \dfrac{1}{9.8}$ kgf = 0.102kgf   • 1bar = 1.02kgf/cm²
> - 1MPa = 0.102kgf/mm² = 1.0N/mm² = 10.2kgf/cm²

① 1kgf = 9.8N = 9.8kg · m/s²(1kg의 순수질량의 물체가 중력가속도 9.8m/s²로 낙하하는 무게)

② 1Pa = 1N/m² (압력단위로서 단위제곱미터의 면적에 1N이라는 무게가 가해진다)

③ 1N = 1kg · m/s² ≈ 0.10197kgf

④ 스폿 용접기의 가압력은 차체 패널의 두께나 종류에 따라 다르므로 제작사의 지침서에 의해 정확히 사용해야 한다. 특히 UHSS, 보론강(boron steel) 등의 작업은 5500N이 필요하다.

⑤ 가압력이 너무 낮으면 저항이 높아져서 차체 패널에 구멍이 발생한다.

⑥ 가압력이 과도하게 크면 저항이 낮아지고 접합영역에서 에너지가 너무 높아진다.

(4) 통전 시간(resistance welding time)

스폿 용접은 펄세이션 용접(pulsation welding)을 이용한 것으로서 한 곳의 접합 장소에 압력을 가하면서 2회 이상 동일한 전류를 통하여 행하는 저항 용접이다.

통전 시간은 스폿 용접에서 전극에 용접 전류를 통한 시간이다. 적당한 크기와 형상의 너깃(nugget)을 만들기 위해서 발열과 방열 사이에 적당한 균형이 이루어지도록 통전 시간을 제어해야 한다.

통전 시간(60cycle/s)은 용접 시간(heat time)과 냉각 시간(cool time)이 있으며, 우리나라는 전원의 주파수 60Hz의 사이클 수를 사용하므로 60cycle=1초이고, 30cycle=0.5초가 되며, 자동차 차체는 박판이므로 통전 시간이 짧다(약 0.1초).

스폿 용접 작업조건과 통전 시간(예)

판 두께(t) (mm)	가압력(F) (kN)	용접 전류(I) (A)	통전 시간(T) (cycles)	냉각 시간(T) (cycles)	전극 지름(d) (mm)
0.71 + 0.71	2.12	8750	7	1	6
0.80 + 0.80	2.24	9000	8	2	6
0.90 + 0.90	2.36	9250	9	2	6
1.00 + 1.00	2.50	9500	10	2	6
1.12 + 1.12	2.80	9750	11	2	6
1.25 + 1.25	3.15	10000	13	3	6~7

차체 패널의 두께가 얇을수록, 열전도율이 클수록 통전 시간을 짧게 해야 한다. 그리고 열전도율이 적고 판 두께가 두꺼울 때에는 용접부의 열용량이 크기 때문에 비교적 큰 전류로 짧은 시간에 용접을 하거나, 반대로 비교적 소전류로서 긴 통전 시간에 용접을 해야 양호한 결과를 얻을 수 있다.

6-6   3겹 용접 방법

① 원래 용접 부위에 용접한다.
② 용접되어 있는 두 겹은 한 겹의 패널로 간주한다.
③ 만약 이 방법을 어기면 용접 불량이 될 수 있다.

3겹 용접

6-7   스폿 용접 시 고려사항

스폿 용접 시 용접기에 압축공기 연결을 확인(건의 압착 및 냉각 필요)하고, 전기용량은 380V, 200A 정도가 필요하며, 32A용 차단기를 설치하고, 용접기의 전선 길이는 배선지름을 고려하여 길이를 선정한다. 특히 스폿 용접 작업 전에는 반드시 자동차의 에어백 센서를 제거하고 배터리를 분리해야 한다.

(1) 스폿 용접 초기 세팅 시 반드시 확인해야 할 사항

① **용접하려는 판의 두께** : 전극의 팁은 패널의 두께에 따라 달라진다.
② **용접 부분의 형상** : 전극의 형상은 패널의 형상에 따라 달라진다.
③ **용접 부분의 표면 상태** : 불순물은 제거한다.

스폿 용접은 용접 형태, 용접 장소, 용접 방법, 숙련도, 재질, 용접 요구조건 등 변수가 많다. 따라서 용접 시간을 정하기는 어렵다. 일반적으로 용접 전류, 통전 시간, 가압력, 모재 표면의 상태, 전극의 재질 및 형상, 용접 피치 등 여러 가지가 있으나, 가장 큰 영향을 미치는 것으로는 용접 전류, 통전 시간, 가압력 등이며, 이들을 저항 용접의 3대 요소라 하고 냉각을 고려하여 4대 요소라 하기도 한다. 갈바륨 재질의 패널은 용접 시 그대로 용접하면 불꽃처럼 튀어 나가므로 일반 연강용 재질에 비해 용접성은 매우 불리하여 용접 불량이 있을 수 있다. 정상적인 작업을 위해서는 표면에 도금된 아연을 벗겨낸 후에 용접하거나 모재를 물리는 압력을 강하게 하고, 용접 시간을 짧게 하면 깨끗하지는 않아도 접합은 잘 된다.

연강판 스폿 용접 조건의 예(보통)

판 두께 (mm)	전극		시간 (s)	가압력 (kgf)	전류 (A)	너깃 지름 (mm)
	팁 지름(d) (mm)	최소 몸통 지름(D) (mm)				
0.5	3.5	10	0.4	45	4000	3.6
1.0	5.0	13	0.6	75	5600	5.3
1.6	6.3	13	0.9	115	7000	6.3
2.0	7.0	16	1.1	150	8000	7.1
3.2	9.0	16	1.8	260	10000	

(2) 스폿 용접 지점

스폿 용접에서 타점 거리(너깃 거리)는 상당히 중요하다. 만약 타점 거리가 너무 근접하여 용접하면 용접 불량이 발생되는데, 그 이유는 용접 전류가 용접부를 녹이는 열이 되지 못하고, 옆의 용접된 부위로 흘러 단락 분류하기 때문이다. 용접 지점간의 거리는 패널 두께에 따라 다르나 대개 20~30mm 정도가 적당하다.

(3) 용접 타점 수의 추가 및 타점 순서

① **스폿 용접** : 최초의 용접 개수 × 1.3 또는 더 많게
② **플러그 용접** : 최초의 용접 개수 × 1.3 또는 더 많게

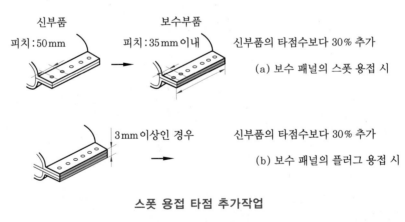

신부품   보수부품
피치 : 50mm   피치 : 35mm 이내   신부품의 타점수보다 30% 추가
(a) 보수 패널의 스폿 용접 시

3mm 이상인 경우   신부품의 타점수보다 30% 추가
(b) 보수 패널의 플러그 용접 시

스폿 용접 타점 추가작업

용접 방향 →
양호
불량

스폿 용접 타점 작업 시 순서

(4) 스폿 용접부의 작업조건

① 패널과 패널 사이에 틈이 없을 것
② 용접할 표면에 이물질이 없을 것
③ 패널 표면에 방청처리를 철저히 할 것

(5) 코너 부위 용접

코너 지름 부위는 응력이 집중되기 쉬워 균열(crack)이 발생할 수 있으므로 용접을 금지해야 한다. 스폿 용접을 피해야 할 위치는 다음과 같다.

① 프런트 필러, 센터 필러 상층부 코어 부위
② 쿼터 패널 전면 상층부 코너 부위
③ 전면, 후면창의 코너 부위

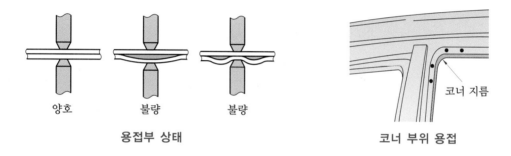

양호   불량   불량

용접부 상태   코너 지름

코너 부위 용접

(6) 패널의 방청처리

스폿 용접할 신품 패널의 프라이머 도막을 벗겨내고(벗기지 않을 때는 그 위에) 용접용 방청제(導電性)를 바른(뿌린) 다음 우레탄 계열의 실러를 바른다.

① **아연(Zn) + 방청안료** : 수명이 길다, 용접성이 나쁘다.
② **알루미늄(Al) + 방청안료** : 수명이 짧다, 용접성이 좋다.

6-8 스폿 용접 강도시험

준비된 테스트용 용접시편을 사용하여 용접기의 각종 조정 값을 패널 두께와 재질에 맞추어 가장 적합한 용접조건으로 조정하고 용접기를 세팅한다.

시험 용접한 후에 강제로 용접 부위를 떼어낸 후 용접품질을 확인한다. 너깃 상태가 불량하면 각 용접 조정 조건을 재세팅하고, 작업하여 최상의 용접이 될 수 있도록 용접품질을 확인한다.

(1) 필 테스트(peel test)

스폿 용접 시험편에 스폿 용접한 부분을 강제로 떼어 냈을 때 남아 있는 너깃의 지름은(nugget diameter)은 용접 강도에 직접 영향을 미치므로 정상적인 크기로 용접되었는가를 확인해야 한다. 스폿 용접 결과 너깃 크기는 일반적으로 다음과 같이 측정한다.

$$\text{평균지름} = \frac{D + d}{2}$$

너깃

D d

d d

D D

시편 떼어내는 방향 시편 떼어내는 방향

(a) 타원형 너깃 (b) 불규칙형 너깃

너깃 크기 측정

○ × ×

필 테스트와 정상적인 너깃의 형태

(2) 치즐 테스트(chisel test)

필 테스트로 판정하기가 불확실할 경우 추가로 사용한다.

그림과 같이 정(chisel)의 테이퍼(taper) 부분을 이용하여 시편 사이로 용접 부분의 너깃부가 떨어질 때까지 타격을 가하면서 이때의 용접부 강도를 검사한다. 필 테스트에서의 너깃 지름 측정과 같은 방법으로 확인한다.

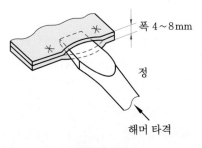

폭 4~8mm

정

해머 타격

치즐 테스트

6-9   스폿 용접 작업안전

스폿 용접기로 용접작업을 하는 과정에서 용접 케이블 주위 3cm, 접지 클램프, 용접 건 주위 25cm 부근 내에 저주파 자기장(low frequency electro magnetic fields)이 0Hz~300GHz 정도 발생한다.

스폿 용접기에서 용접작업 시 발생하는 저주파 자기장은 장기간 연속적으로 인체에 가해지면 세포 증식이 빠른 혈구, 생식기, 임파선 등과 같은 조직에 영향을 끼쳐 해로우며 나른함, 불면증, 두통 등의 증상을 유발한다.

특히 백혈병, 알츠하이머병, 각종 암, 치매 등 많은 질병의 발병률을 높이는 것으로 연구 보고되었으며, 유럽에서는 국제 규격인 유럽 공동체 안전 규격에 의해 공시된 directive 2004/40/EC에 의거하여 저주파 자기장 노출을 제한하고 있다(유럽 표준 EN50445, 50505).

따라서 저주파 자기장을 차단하기 위한 동축케이블(coaxial cable)이나 트랜스포머 건 및 자기장 제거 필터 등을 사용하여 방출되는 자기장 수치를 기준 값보다 낮춘 스폿 용접기를 사용하는 것이 좋다.

6-10   스터드(단면) 용접(stud welding)

자동차 생산 라인에서는 용접 강도가 저하되는 단면 용접 작업을 허용하지 않지만 양면 스폿 용접 건의 사용이 어려운 부위에 사용하는 것이 스터트 용접의 목적이므로, 지그 문제 때문에 스폿 용접을 할 수 없는 버스, 트럭 등과 같이 넓은 부위의 외부 패널(skin panel) 용접에 많이 사용한다.

따라서 패널 두께가 얇은 플로어 패널, 루프 패널, 리어 패널 등의 두께가 0.6~1.5mm의 경우 용접작업이 가능하지만 그 이상의 두꺼운 강판인 프레임 용접에는 사용이 불가능하다.

단면 용접 시 용접부위와 접지(earth) 거리는 최대한 근접시키고, 가능한 가압력을 크게 해서 용접하여야 한다. 작업 패널은 충분한 강성이 필요하므로 지지 패널을 활용하는 것이 효과적이며, 접지용 클램프에서 먼 곳부터 가까운 곳으로 용접해야 한다.

7. 브레이징 용접

7-1 금속의 접합

브레이징(경납땜(brazing), 동 용접)이란 450℃ 이상에서 접합하고자 하는 모재를 용융점 이하에서 모재는 변형되지 않은 상태로 용가재와 열을 가하여 두 모재를 접합하는 기술이다.

즉, 450℃ 이상의 액상선 온도(liquidus temperature)를 가진 용가재를 사용하고, 모재의 고상선 온도(solidus temperature) 이하의 열을 가하여 두 모재를 접합하는 방법을 브레이징이라 한다.

용가재(filler metal)를 가지고 접합하는 방법은 크게 웰딩(welding : 용접), 브레이징(brazing : 경납땜), 솔더링(soldering : 연납땜)으로 나눌 수 있다.

3가지 공법의 차이는 솔더링은 450℃ 이하의 용가재를 가지고 접합하는 방법을 말하며, 웰딩과 브레이징은 450℃ 이상의 온도에서 행해진다는 점이다.

즉, 웰딩은 접합하고자 하는 모재의 용융점(melting point) 이상에서 접합하는 방법이지만, 브레이징은 용융점 이하에서 모재(base metal)는 손상변형되지 않는 상태에서 용가재를 사용하여 열을 가하여 접합하는 방법이다.

용가재를 사용하는 접합의 비교

구분	브레이징(brazing)	솔더링(soldering)	웰딩(welding)
작업 온도	450℃ 이상 모재 용융점 이하	450℃ 이하 모재 용융점 이하	450℃ 이상 모재 용융점 이상
작업 후 모재 형태	상하지 않음	상하지 않음	상할 수 있음
작업 후 변형 정도	거의 없음	거의 없음	심함
작업 후 잔류응력	없음	없음	있음
주요 가열원	가스 저항, 유도 가열, 로, 적외선 등	인두, 초음파, 오븐, GAS 등	플라스마, 전자빔, 아크, 저항, 레이저 등
강도	좋음	나쁨	좋음
외관	좋음	좋음	나쁨
자동화 가능성	좋음	좋음	좋음
다부품 접합	양호	양호	나쁨
기밀성	양호	양호	양호

7-2 브레이징의 원리

450℃ 이상에서 용융(熔融)되는 용접재(熔接材 : filler metal)를 사용하여 모재(母材)를 고상선(固相線) 온도 이하의 적당한 온도로 가열하여 접합하는 용접 공정을 모두 브레이징이라고 한다.

용접재는 용융되어 접합면(接合面)의 적절한 틈새에 의한 모세관(毛細管)현상으로, 접합면에 고르게 퍼지면서 접합이 이루어진다.

동합금봉(銅合金棒)을 사용하는 용접과 브레이징은 전혀 다른 것이다. 브레이징은 접합면간의 모세관 현상에 의한 용접이며, 동합금봉 용접은 일반적인 아크 용접과 같이 모재에 베벨링(면취기 : bevelling machine)을 한 후 일정한 루트를 주어 용접봉을 녹여 붙이는 것이므로 모세관 현상과는 상관이 없기 때문이다.

동합금 용접에서는 접합부분의 설계, 용접재 선택, 가열 방법 및 용접반응을 도우면서 용접부를 보호해주는 도포재(塗鋪材 : liniment)가 기본 요소이다. 이러한 요구를 충족시키기 위하여 많은 방법이 개발되었는데, 각각의 방법이 상호간에 중복이 되는 점은 있으나, 열원이나 가열방식에 따라 다음과 같이 분류된다.

① 토치 브레이징(TB : torch brazing)
② 로 브레이징(FB : furnace brazing)
③ 유도가열 브레이징(IB : induction brazing)
④ 저항 브레이징(RB : resistance brazing)
⑤ 침액 브레이징(DB : dip brazing)
⑥ 적외선 브레이징(IRB : infrared brazing)
⑦ 확산 브레이징(DFB : diffusion brazing)

브레이징 시 일정한 온도(brazing temperature)에 이르면 브레이징 용재(brazing filler metal)가 양 용재 사이로 녹아 스며들어가서 브레이징이 되어야만 이상적인 브레이징이라고 할 수 있다.

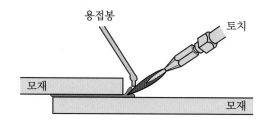

토치 브레이징

이때 양 모재와 용가재의 친화력의 정도를 나타내는 성질을 젖음성(wetting)으로 표현할 수 있으며, 양 모재 접합간격(joint gap) 사이로 흘러 들어가게 하는 현상을 모세관 현상(毛細管現狀 : capillary action)이라 한다.

모세관 현상은 표면장력(表面張力 · surface tension) 때문에 나타나는 현상으로 액체(녹은 용접재)와 관 벽면인 고체 사이의 부착력(附着力 : adhesion)과 액체 응집력(凝集力 : cohesion)과의 상대적인 크기에 따라 액체가 관속을 상승 또는 하강하게 되는 것이다.

즉, 액체의 응집력이 고체와의 부착력보다 작을 때(가열과 틈새가 적당할 때)에는 표면장력이 모세관을 통하여 용접재를 끌어 올리게 되고, 반대로 응집력이 부착력보다 더 클 때에는 모세관 내의 액면이 오히려 하강하게 된다(지나친 가열과 틈새가 클 때).

7-3 브레이징의 장점

브레이징 기술은 오늘날 급격한 산업발달 과정 속에서 가장 광범위하게 사용되는 접합기술의 하나이다. 특히 우주항공산업, 자동차산업, 냉동 및 공조산업, 가정용품 산업, 액세서리산업, 기타 산업 전반에 걸쳐 널리 사용되고 있다.

① **이종금속 부품 접합 가능** : 동종금속이든 이종금속이든 접합이 다양하게 가능함에 따라 재료의 원가절감이 가능함과 동시에 새로운 부품의 개발도 가능하다.

② **크기가 다른 부품이라도 접합 가능** : 크기 및 두께가 다른 제품의 접합이 용이함에 따라 원가절감 및 다양한 부품의 설계가 가능하다.

③ **강한 접합강도** : 다른 접합보다 비교적 강한 접합강도를 가진다. 철과 비철금속을 브레이징할 경우 접합부의 인장강도(tensile strength)가 모재보다 강한 설계가 가능하다.

④ **정교한 접합부 가능** : 브레이징 후에 깨끗한 이음부(joint)를 얻을 수 있어 그라인딩이나 줄질 등 기계적인 가공을 할 필요가 거의 없다.

⑤ **다양한 기계적 특성 부여** : 접합부가 금속 야금학적인 접합이기 때문에 연성, 내충격성, 내진동성, 기밀성, 열전도성, 내식성 등 다양한 특성을 가질 수 있다.

⑥ **수동화 및 자동화가 용이** : 손 토치만 가지고서도 간단히 브레이징이 가능하며, 아울러 대량 생산하는 제품은 자동 브레이징/솔더링 기계에 의하여 자동화가 용이하다.

⑦ **다양한 용재 형상제 가능** : 봉, 선재, 판재, 특수형상, 페이스트(paste) 등 다양한 형상의 재료 선택이 가능하다.

7-4 브레이징 재료와 성분

① **황동납** : 구리가 40~59%, 아연이 나머지로 된 납으로 용해 온도는 855~875℃이다. 이것은 황동, 구리, 강철 등의 땜용으로 사용된다.

② **은납** : 황동에 은을 6~10% 배합한 것은 황동, 구리 및 연강의 납땜에 사용되고, 은이 85~95% 함유된 은납은 각종 은제품의 땜에 사용된다. 경납은 연납에 비하여 용융점이 높고 효율이 좋으며 충격에 더 잘 견딘다. 구리와 황동 땜에는 황동납이 널리 이용된다. 은을 첨가하면 유동성이 양호하게 되며, 강도가 크다.

③ **양은납** : 황동에 니켈 8~12 % 함유된 것은 양은, 강철, 구리제품 땜용으로 사용된다.

④ **금납** : 다음 두 가지 성분이 널리 쓰이고 있다.

  ㈎ Au(10) : Cu(5)의 비율

  ㈏ Au(10) : Cu(2.5) : Ag(2.5)의 비율

⑤ **백금납** : 은 또는 금을 사용하여 백금을 땜한다.

⑥ **알루미늄납** : 알루미늄을 주성분으로 하고, 이것에 마그네슘, 아연 등이 첨가된 성분으로 염화리튬을 용제로 사용한다.

⑦ **철납** : 철분과 붕산, 붕사 등의 혼합물을 사용한다. 철납의 접합 사용온도는 1150℃ 정도이다.

⑧ **망간납** : 구리 망간 또는 구리-아연-망간의 합금이며, 망간의 함유량이 많은 것은 철강용에, 저망간의 것은 구리와 그 밖의 합금에 쓰인다.

7-5 솔더링(연납땜 : soldering)

450℃ 이하에서 용융되는 용접재(땜납재 : solder metals)인 연납을 사용하며, 적당한 온도로 가열 접합시키는 방법을 솔더링이라고 정의한다.

연납은 일반적으로 주석(Sn), 주석+납(Sn+Pb) 합금, 납(Pb) 또는 필요에 따라 안티몬(Sb), 은(Ag), 비소(As) 및 비스무트(Bi) 등을 함유한다. 연납 중에서 가장 많이 사용되는 것은 주석+납 합금(주로 주석+납 합금을 '땜납'이라고 한다)이며 알루미늄, 특수강, 주철 등의 일부 금속을 제외하고는 철강, 동, 니켈, 납, 주석 및 이들 합금의 접합에 널리 쓰인다.

용접재는 용융되어 접합면의 적절한 틈새에 의한 모세관 현상으로 접합면에 고르게 퍼지면서 접합이 이루어진다. 용접재를 용융시키고, 녹은 용접재가 이음부의 틈새에 흘러 들어가도록 플럭스의 작용을 촉진시키기 위하여 가열이 필요하다.

연납은 경납(hard solder)에 비해 기계적 강도가 낮으므로 강도를 필요로 하는 부분에는

부적당하다. 그러나 용융점이 낮고 납땜(soldering)이 용이하기 때문에 전기부품의 접합이나 기밀(氣密), 수밀(水密)을 필요로 하는 곳에 널리 사용된다. 보통 연납은 주석(Sn) 62% + 납(Pb) 38%에 가까운 조성의 것을 사용하나, 납관 접합용에는 융해 온도 구역이 넓은 성분이 쓰인다.

완전한 솔더링 접합을 위해서는 이음 부위의 암수 부분이 정확하게 겹쳐져야 하므로 접촉면을 닦고 플럭스를 바른 다음, 조립하여 가열하면서 용접재를 녹여주어야 하며, 잔량의 플럭스는 가열부분이 냉각되기 전에 닦아내어야 한다.

다른 장비를 사용하거나 다른 공정 또는 공법으로도 솔더링이 가능하지만, 각각의 경우 장단점을 고려하여 선택하여야 한다. 어떤 방식을 취하든 솔더링 접합이 만족하게 이루어지기 위해서는 반드시 모재와 솔더가 요구하는 대로의 적절한 설계가 선행되어야 한다.

솔더링 작업에 있어서는 가열기와 가열방법이 가장 중요하다. 가열방법에 따라 다음과 같이 분류된다.

① 침액 솔더링(DS : dip soldering)
② 인두 솔더링(INS : iron soldering)
③ 저항 솔더링(RS : resistance soldering)
④ 토치 솔더링(TS : torch soldering)
⑤ 유도가열 솔더링(IS : induction soldering)
⑥ 노 솔더링(FS : furnace soldering)
⑦ 적외선 솔더링(IRS : infrared soldering)
⑧ 초음파 솔더링(US : ultrasonic soldering)

연납의 성분과 용도

성분(%)		용도	융점(℃)
주석(Sn)	납(Pb)		
25	75	연관용 납땜에 사용	265
30	70	대형 건축용 함석 작업	260
33	67	양철 가공에 사용	250
40~50	60~50	황동 및 양철땜 가공	220
60	40	녹기 쉬운 금속재료 및 정밀부품	190
80~90	20~10	각종 식기 및 전기용 기구	220

연납땜 작업 시 납땜할 부분은 불순물을 제거한다. 땜인두에는 미리 납을 발라 두어야 한다. 인두를 목탄 토치 등으로 가열하고, 그 측면을 염화암모니아 덩어리 위에서 납과 같이 문지르면 된다. 납땜이 끝나면 젖은 수건으로 닦아서 약품이 묻은 것을 제거한다. 납땜할 때에

는 접합부를 깨끗이 하고 각종 용제를 사용한다. 납땜하는 부분 외의 다른 부분을 가열하지 않으려면 그 부분을 물에 적신 천으로 감싸든가 물에 담가 둔다.

제품의 형상에 따라 인두를 사용할 수 없을 때에는 다음 방법을 쓴다.

① **침지법** : 제품 전부 또는 일부를 납욕조에 담그는 방법이다. 욕조의 온도는 납의 용융점보다 20~50℃ 높게 하고, 담그는 시간은 수초 이내로 한다. 담그기 전에 용제를 바르고 접합부가 납욕조 안에서 떨어지지 않도록 한다.

② **화염법** : 화염을 직접 납땜하는 부분에 대지 않고 제품을 철판 위에 놓고 아래서부터 버너로 가열한다. 납땜할 부분에는 미리 액상의 용제를 바르고 분말 상태의 납을 뿌리면 열에 녹아서 납땜이 된다. 이 방법은 작은 물품, 쇠줄, 아연제품, 전기용품, 귀금속의 엷은 판을 납땜할 때 이용된다.

브레이징과 솔더링 비교

구분	브레이징	솔더링
개요	450℃ 이상에서 용융되는 용접재를 사용하여 용접	450℃ 이하에서 용융되는 용접재를 사용하여 용접
원리	모세관 현상에 의한 겹침 용접	모세관 현상에 의한 겹침 용접
용접온도	750~850℃	230~260℃
용접재	BCUP-3	SN96
플럭스	붕산염, 불화물, 침윤재	염화암모늄, 염화아연 계열
용접가능틈새	0.3~0.13mm	0.04~0.2mm
가열방식	산소-아세틸렌, LPG	LP부탄가스의 전용토치, 전기가열기
기타	※ 솔더링 특성 • KS 규정 틈새 : ±0.04~0.08mm • 접합부에 직접 화기가 닿지 않게 한다. • 플럭스가 갈색 또는 검은색으로 변하며, 거품 발생 시 가열을 중단하고, 솔더메탈을 접촉시킨다. • 응고 시까지 용접부에 진동, 충격을 주지 말 것(15~20초 후 플럭스 제거)	

7-6 MIG 브레이징(arc 브레이징)

(1) 용접 특성

① 패널의 열변형이 거의 없다.

② 패널 표면 아연 도금층이 손상되지 않는다(Zinc : 420℃ 용융, 906℃ 증발).

③ 고장력 강판의 접합 작업에 용이하다.

③ 그라인딩 작업이 용이하다.

④ 철판 간격 유지 : 0.8~1.0mm(1.2mm 이하)

⑤ 사용 온도 : 900℃ (구리 용융점 : 750~1100℃)
⑥ 사용 와이어 재질 : CuSi 3과 CuAl 8 사용, 모세관 작용

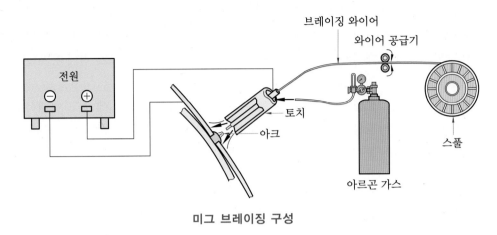

미그 브레이징 구성

(2) 차체 패널의 접합 특성 비교

각종 접합법 비교

장점	브레이징	웰딩	솔더링	스폿 용접	리베팅	기계적 접합	접착제
이종금속	○	×	○	×	○	○	○
이종접합면	○	×	○	×	○	○	○
고강도	○	○	×	○	×	×	×
내고온성	○	○	○	○	○	○	×
내부식성	○	○	○	○	○	○	○
기밀성	○	○	○	×	×	×	○
외관	○	×	○	×	×	×	○
세척성	○	×	○	○	○	○	○
자동화	○	○	○	×	×	×	×
다부품접합	○	×	○	×	×	×	×
전도도	○	○	○	×	×	×	×
연성	○	○	○	×	×	×	×
총 가격	○	×	○	○	○	×	×

Chapter 02

차체 수리 실무

1. 차체 수리 작업 공정

1-1　차체 수리 작업의 정의

차체 수리 전체 작업 공정

변형 차체	손상 패널	패널 작은 상처	플라스틱 부품
치체 계측수정작업	패널 타출판금작업	도막표면 세척작업	손상부위 보수작업
손상부품 탈거작업	구도막 제거작업	조착 연마작업	PP 프라이머 도장작업
파손패널 교체작업	단 낮추기작업		
패널내부 방청작업	에폭시 프라이머도장작업		
	퍼티도포 및 샌딩작업		

1차 마스킹작업 → 중도 도장작업(프라이머-서페이서도장 및 샌딩) → 조색작업(솔리드, 메탈릭, 펄 컬러) → 2차 마스킹작업 → 상도 도장작업(색상 및 투명도장) 및 가열건조작업 → 도장 마무리작업(광택작업) → 부품조립 및 바퀴정렬 검사 → 작업품질 최종검사 → 고객확인 및 출고

　자동차 차체 수리(車體修理 : autobody collision repair)란 충돌 및 추돌(追突)로 인해 손상, 변형된 차체를 원래의 형태로 복원하는 작업을 말한다.

　충돌사고 등으로 자동차 차체가 손상된 경우에 차체 수정용 장비와 공구, 특수 용접기 및 각종 작업기 등을 사용하여 차체 프레임과 내·외부 패널을 원상 복원하고, 각종 자동차용 보수도료를 이용하여 손상된 차체도막을 보수도장하는 직무를 수행한다. 주요 차체 수리 작업공정은 크게 손상 차체의 손상 분석, 복원 수리작업 및 보수 도장작업으로 이루어진다.

(a) 손상 부위 검사 및 견적

(b) 손상 진단 및 계측

(c) 파손 부품 분리

(d) 차체 견인수정

(e) 패널 각부 타출성형

(f) 신품 패널 교환 및 조정

(g) 하도 보수도장

(h) 중도 보수도장

(i) 조색 및 상도 보수도장

(j) 보수도막 가열건조

(k) 바퀴 정렬상태 검사

(l) 출고점검

자동차 차체의 복원수리 작업 공정

1-2 차체 수정이 필요한 이상발생 증상의 종류

① 고속주행 시 바람소리(風切音)가 크다.
② 직진 주행 시 차가 한쪽으로 쏠린다.
③ 커브 길에서 차가 휘청거린다.
④ 조향 휠의 조작이 무겁다.
⑤ 운행 중 하체에서 마찰음이 발생한다.
⑥ 엔진 룸에서 심한 진동이 발생한다.
⑦ 에어컨 작동 시 과도한 진동이 발생한다.
⑧ 하체에서 기름이 떨어진다.
⑨ 실내나 바닥에서 물이 새어 들어온다.
⑩ 타이어가 이상 마모된다.
⑪ 승차감이 불안하다.

1-3 작업 전 검사

VIN(자동차등록번호 : vehicle identification number)이라 부르는 보디 및 차량확인 번호판은 각인(刻印 : carving a seal)되거나 리베팅되어 있으며, 각인된 사항이 수정되거나 작업 시에 손상이나 변형이 발생하지 않도록 주의하여 작업을 한다. 각자(刻字)는 보디 각자와 엔진 각자로 나뉘는데, 이는 보디 및 엔진의 고유 번호로서 일정한 형식에 의해 아라비아 숫자와 영문으로 이루어진 일련 부호이다. 승용차에서 보디에 각인된 위치는 일반적으로 손상되기 어려운 위치인 대시 패널의 우측(동반석)에 리베팅이 되어 있다.

1-4 작업 준비

자동차는 주행 시에 사람과 하물에 가해지는 힘의 전부를 차체가 지지하고 있으므로 프레임의 유무에 따라서 보디의 구조 및 강성이 달라지게 된다. 모노코크 보디는 형상과 치수가 각기 다른 여러 개의 패널을 용접과 볼트 등으로 결합하여 보디 전체가 충격 흡수 기능을 만족시켜야 하므로 각각의 부품은 그에 상응하는 강도 및 강성이 보장되어야 한다. 단순한 외관 손상은 육안으로 판단할 수 있지만 외부 충격에 따른 손상의 파급을 확인할 필요가 있다. 사고 경위의 파악은 충격을 받은 곳 이외에도 변형이 파급되는 수가 있어 차량의 파손 부분 점검에 중요한 정보를 제공하므로 이에 대한 정보를 수집하고 자세히 조사해야 한다.

보디의 수리 작업은 평면이 아닌 입체적 감각을 갖고 보디 일부에 가해진 힘의 확장 범위를 파악하고, 필요한 부분에 필요한 만큼의 힘을 사용하는 것이 중요하다.

1-5 작업 완료 차량 출고 점검

① 자동차 패널과 패널 간의 간격, 좌우상하 단차(段差) 등을 확인한다.
② 차체 수정 작업이 차체 치수도와 정확히 맞는지 각 지점 거리를 확인한다(줄자로 대각선만 확인하지 말고 차체 치수도에 있는 치수, 즉 투영거리가 규정값에 맞는지 확인).
③ 위의 ②번 차체 치수도 일치 여부를 운전자들에 의한 확인 절차로 실시한다(엔진 정비 시 정비지침서에 있는 규정값과 같다).
④ 차체의 좌우와 전체의 좌우가 수평과 중심이 맞아야 한다.
⑤ 차체 측정용 전용 계측기를 사용하여야 하며, 줄자는 원칙적으로 사용하지 않는다.
⑥ 차륜 정렬 상태를 차종별 규정값에 맞게 조정 후 주행시험한다. 규정값에 맞지 않으면 차체 수정이 근본적으로 잘못된 것이므로 재수정작업을 한다.
⑦ 용접한 곳을 확인한다(용접 타점수 등을 확인한다. 대부분 좌우대칭으로 동일하다).

1-6 차체 수정 3요소

(1) 고정(fixing)

사이드 실 하단부 전, 후 끝단 4개소

(2) 계측(measuring)

① 계측 장비 활용
② 수평상태에서 확실한 고정
③ 계측기기의 손상이 없을 것
④ 차체 치수도 활용

(3) 견인(pulling)

① 차체에 대응하여 똑바르게 견인
② 2개소 이상 동시 견인(다중 견인)

차체 고정의 개념

2. 차체 고정

2-1 기본 고정 목적

기본 고정 위치는 사이드 실(side sill, rocker panel) 아래의 플랜지 부위 4곳에 설치·고정하며, 그 목적은 다음과 같다.

① 차체의 미끄럼 방지
② 회전모멘트 발생 억제
③ 견인력 분산 방지로 인장효율 증대
④ 차체의 비틀림 변형 방지
⑤ 견인(인장)방향이 자유로움

(a) 바닥식

(b) 벤치식

기본 고정

2-2 추가 고정의 필요성

① 기본 고정 보강
② 회전모멘트 발생 억제
③ 지나친 견인(인장력) 방지
④ 스폿 용접부 보호
⑤ 견인 시 견인력 집중
⑥ 과대한 견인력 전달 범위 제한(고정 부분까지만 견인력 작용)

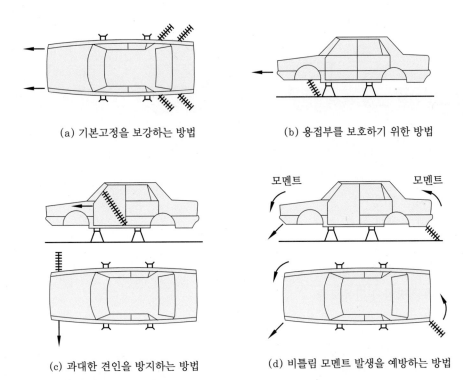

(a) 기본고정을 보강하는 방법   (b) 용접부를 보호하기 위한 방법

(c) 과대한 견인을 방지하는 방법   (d) 비틀림 모멘트 발생을 예방하는 방법

추가 고정 방법

3. 차체 계측

3-1   충돌 손상 분석 4개 요소

충돌로 인해 변형된 차체를 정확하게 견인수정하기 위해서 기본적으로 차체 치수도에 의해 계측하기 위한 4가지 기준이 되는 것을 센터 라인(center line), 데이텀 라인(datum line), 레벨(level), 치수(critical measurement)라고 한다.

(1) 센터 라인(center line)

차량의 전, 후축 방향에서 중심선을 가르는 가상선(넓이 중심)으로 센터의 일치 여부를 확인하여 언더 보디에서의 차체 중심선 변형상태(평행정렬 상태)를 판단하며, 센터 라인 게이지로 측정한다.

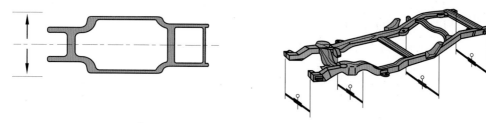

센터 라인

(2) 데이텀 라인(datum line)

차체 하부 및 프레임에 수평이 되는 가상선(높이 기준)이다. 프레임 기준선에 의한 프레임의 높이 측정은 데이텀 게이지로 수평 바의 높낮이를 비교 측정하여 언더 보디의 상하 변형상태를 판독한다.

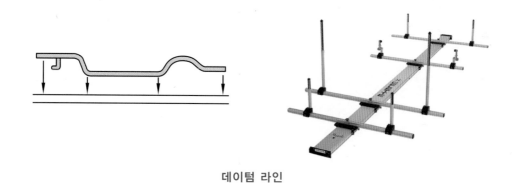

데이텀 라인

(3) 레벨(level)

센터링 게이지의 수평 바의 관찰에 의해(목측) 언더 보디의 수평상태를 판독한다.

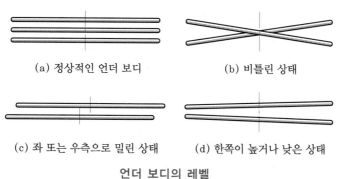

(a) 정상적인 언더 보디   (b) 비틀린 상태

(c) 좌 또는 우측으로 밀린 상태   (d) 한쪽이 높거나 낮은 상태

언더 보디의 레벨

(4) 치수(critical measurement)

자동차 제작사에서 제공한 차체 치수도의 제원을 이용하여 거리를 측정한다.

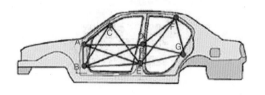
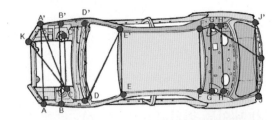

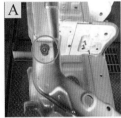
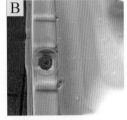
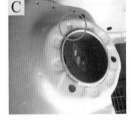
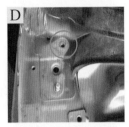

(a) 프런트 펜더 마운팅 홀   (b) 센터 펜더 마운팅 홀   (c) 맥퍼슨 타워 마운팅 홀   (d) 후드 힌지 마운팅 홀

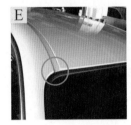

(e) 전면 사이드 아웃 패널
코너   (f) 후면 아웃 패널 코너   (g) 사이드 아웃 리어
글라스 노치   (h) 트렁크 리드 힌지 리어
마운팅 홀

각종 치수(거리) 계측 지점(예)

3-2   차체 변형상태 검사

(1) 계측장비에 의한 검사(차체 계측기 종류)

① 줄자(tape measure) 계측

② 지그(jig) 계측

③ 센터 라인(center line) 계측

④ 수치장입형(數値裝入形 : 3 dimensional measuring system) 계측

⑤ 레이저(laser) 계측

⑥ 컴퓨터(computer) 계측

(a) 차체 전용 줄자 계측

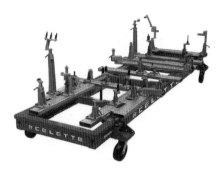

(b) 지그 계측

(c) 센터 라인 계측

(d) 수치장입형 계측

(e) 레이저 계측

(f) 컴퓨터 계측

차체 계측기 종류

(2) 육안검사법

① 최초 충격지점 확인

② 힘의 전달경로 추적(힘의 크기와 방향 분석, 견인방향 결정, 크러시 포인트 확인)

③ 마지막 발생한 굴곡부위에 힘이 멈춘 곳 확인

3-3 차체 치수 측정

(1) 거리 측정 방법

① **직선거리 치수** : 측정용 포인트를 직선으로 똑바르게 연결한 치수이다(줄자 측정).

② **평면 투영 치수** : 보디의 중심선에 대해 평행한 수평선 길이를 나타낸 것이다(바닥 중심선에 대한 평평한 수평). 수직의 벽에 보디를 비춰 그 그림자 위에서 측정한 치수이며, 높이, 좌우의 차이는 무시된 평면상의 치수이다(트램 게이지 측정).

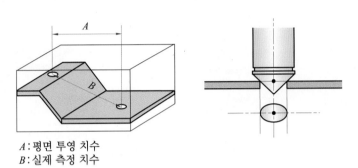

A : 평면 투영 치수
B : 실제 측정 치수

평면 투영 거리(A) 및 계측 기준

(2) 차체 계측 요점

① 차체 치수는 트램 게이지(트래킹 게이지)를 이용하여 측정한다.

② 줄자를 활용하여 측정할 경우, 줄자의 비틀림, 늘어남 또는 변형 등이 없어야 한다.

③ 측정된 치수는 실제 직선거리 치수(수리 라인 사용)와 평면 투영 치수(생산 라인 사용)들을 측정하여 표시한다.

④ 실제 거리 측정은 측정 기준점 간의 실측치수를 나타낸다.

⑤ 평면 투영 치수는 보디의 기준점(높이 등이 다른 경우도 있다)을 평면상에 투영할 때의 치수를 나타낸다.

⑥ 측정 지점은 홀의 중심에서 측정한다.

⑦ 측정 시 허용오차는 생산 라인 0 ± 0.5mm, 보수 라인 0 ± 2.0mm이다.

3-4   수치장입형 계측기(3 dimensional measuring system)

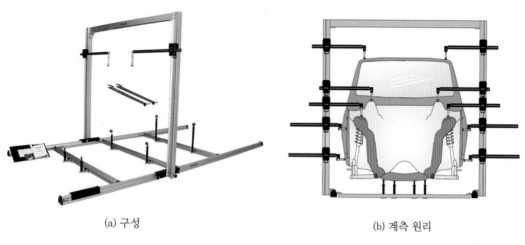

(a) 구성   (b) 계측 원리

수치장입형 계측기

3-5   트램 게이지(tram gauge, tram tracking gauge)

언더 및 어퍼 보디의 대각선 길이 방향의 비교 측정, 프레임의 섀시 부분 서스펜션과 프레임의 측정, 차체의 대각선 측정, 프레임 사이드 레일 높이의 다른 두 곳의 직선길이와 높이 및 투영거리와 높이를 측정하는 데 사용한다. 보디 게이지(body gauge)라고도 부른다.

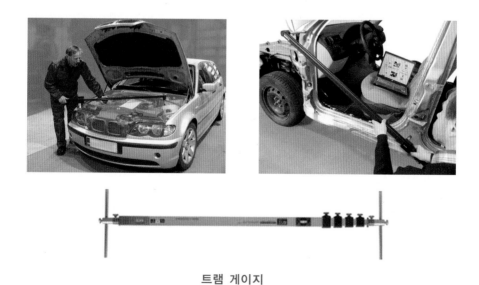

트램 게이지

① 좌우대각선

② 홀과 홀의 비교 측정

③ 특정 부위의 길이 측정

트램 게이지는 엔진룸, 하부치수, 실내치수, 측면, 후면 등 자동차 차체 치수도에 있는 모든 치수를 측정할 수 있으며, 측정 길이 55~190cm, 홀은 0~49mm까지 차체에 있는 모든 홀의 센터를 잡아준다. 이 형식은 수평 수포가 있어 차체의 좌우 수평 확인이 용이하고, 직선 길이와 평면 투영 치수도 측정이 가능하며, 특히 지그 레일 작업에서 모든 치수 측정을 할 수 있다.

3-6 센터링 게이지(centering gauge, center line gauge)

(1) 용도

센터링 게이지는 차량의 언더 보디의 상하, 좌우의 비틀림 변형 등과 같은 이상 유무를 확인하는 측정 장비이다.

① 센터링 게이지는 여러 개의 수평 바를 걸어서 비교 분석하는 계측기이다.

② 센터링 게이지는 프레임 파손 상태를 점검하는 데 주로 사용되며, 이 프레임의 분석은 적어도 3~4개 이상의 게이지를 거치하는 것이 좋다(판금작업 도중 가장 많이 사용되는 계측자이며 가장 중요한 계측기이다).

③ 센터링 게이지는 참조점 하단부에 데이텀의 높이를 맞춰 전면부, 중앙부, 후면부에 설치한다.

④ 만약 수평 바늘이 정확히 수평을 유지하고 타깃이 센터 라인에 위치하면 차량 하체 및 프레임은 파손 변형이 없는 상태이다.

⑤ 만약 게이지들이 센터 라인에 조정이 되지 않는다면 차량 하체 및 프레임은 파손 변형이 있는 상태이다(게이지들은 전면부에서 후면부까지 3m 내에 거치가 되어야 한다).

⑥ 2개의 수직 스케일을 스케일 홀더에 장착하여 레벨(level)과 데이텀(datum), 센터 라인(center line)을 읽음으로써 차체의 변형을 판독한다.

　㈎ 프레임의 상, 하 굽음 측정

　㈏ 프레임의 좌, 우 굽음 측정

　㈐ 프레임의 비틀림 측정

　㈑ 프레임의 휨(굴곡) 측정

(2) 게이지의 구성

① **수평 바** : 2개의 슬라이딩 수평 바는 안쪽과 바깥쪽을 평행으로 이동하여 폭을 조절할 수 있으며, 설치 후 언더 보디(프레임)의 수평상태를 판독할 수 있게 한다.

② **센터 유닛 (center unit)** : 게이지 중앙부에 위치하고 있으며 센터 핀이 설치되어 차량 전 체길이의 중심선(center line)의 변형을 판독한다.

③ **수직 스케일(vertical scales)** : 2개의 수직 스케일을 스케일 홀더에 장착하여 레벨(level) 과 데이텀(datum), 센터 라인(center line) 등의 수치에 따라 차체의 변형을 판독한다.

(3) 센터링 게이지 기본적 부착 위치 4개소

① 프런트 크로스 멤버(front cross member) 부위

② 카울(cowl) 부위

③ 리어 도어(rear door) 부위

④ 리어 크로스 멤버(rear cross member) 부위

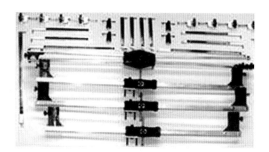
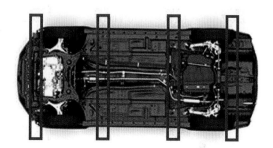

센터링 게이지와 설치 위치

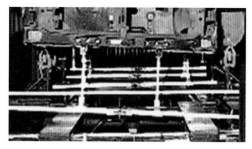

(a) 정상 상태

(b) 비틀린 상태

센터링 게이지 설치와 언더 보디 변형 판독

(4) 센터 라인 계측기에 의한 내부 파손 형태 분석

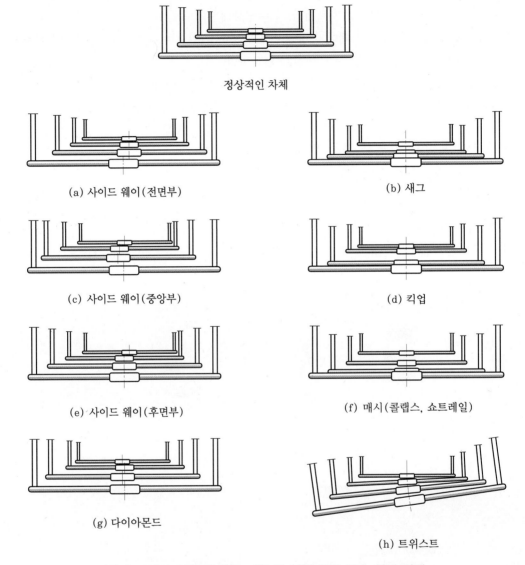

정상적인 차체

(a) 사이드 웨이(전면부)

(b) 새그

(c) 사이드 웨이(중앙부)

(d) 킥업

(e) 사이드 웨이(후면부)

(f) 매시(콜랩스, 쇼트레일)

(g) 다이아몬드

(h) 트위스트

언더 보디의 수평 바 판독 기준 및 각종 내부 파손 형태 실례

3-7 맥퍼슨 게이지(McPherson gauge, strut tower alignment gauge)

맥퍼슨 게이지는 보디 상층부의 변형도를 비교 측정하는 게이지이므로 여러 군데 측정하여 비교한 데이터가 많을수록 조립작업의 정밀도를 향상시킬 수 있다.

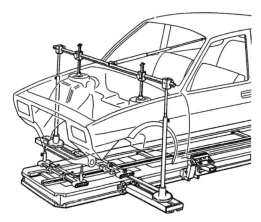

맥퍼슨 게이지 활용

3-8 차체 계측에 따른 효과적인 견인 수정 작업방법

변형된 차체의 모든 손상에 대해서는 동시에 잡아당겨 수정하는 것이 가장 좋은 방법이다. 그러나 차체의 중간 부분이 손상되었다면 이 부분을 먼저 수정하고, 순차적으로 차체의 앞쪽 부분과 뒤쪽 부분을 수리하는 것이 작업의 근본적인 순서이다.

① 센터 라인과 레벨을 동시에 읽는다.

② 차체의 중간 부분에 변형이 존재하고 전면이나 후면에 변형이 발생하였다면 반드시 제일 먼저 중간 부분을 수정하여야 한다. 이것은 차체 양쪽 끝에 레벨 상태에 변화를 주기 때문이다.

③ 센터 라인과 레벨의 수정 후에 데이텀을 점검한다. 센터 라인과 레벨의 변형이 있는 상태에서 데이텀의 수정은 오히려 손상을 가중시킬 우려가 있다.

④ 수리작업을 진행하는 동안 필요에 따라 치수를 수시로 측정한다. 그러나 모든 부분에 대해 육안점검이 가능하면 게이지 측정의 필요성이 없다.

4. 차체 견인 수정

4-1 패널 수정과 보디 수정의 차이

① **패널 수정** : 각 패널에 대한 요철이나 비틀림 변형을 수정하는 작업
② **보디 수정** : 넓은 범위의 보디 변형을 원래의 상태로 복원하는 작업

4-2 차체 수정기 종류(auto body straightening machine)

(a) 바닥식(floor type, jig rail)

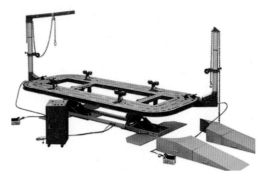

(b) 벤치식(bench type)

수정기 본체 종류

(a) 고정식

(b) 이동식

벤치 방식 종류(bench type)

(a) 리프트식(lift type)

(b) 틸트식(tilt type)

드라이브 온 방식 종류(drive-on type)

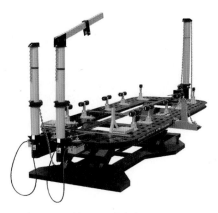
(a) 360° 회전식

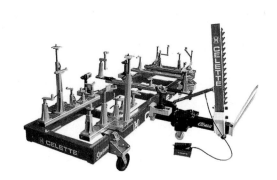
(b) 도저식(dozer type)

견인장치 형식 종류(pulling tower)

4-3 차체 견인 수정 방향

　자동차 중심(重心 : 무게 중심) 이외에서 힘을 가하면 모멘트가 발생되어 차체가 회전하므로 차체 중심의 연장선상에서 당기는 방향이 되도록 견인 수정 작업을 해야 한다.

　힘의 3요소는 힘의 작용점(전달), 힘의 크기(벡터), 힘의 방향(벡터)으로 구분되며, 힘의 전달 시(충돌 시) 순간적인 힘은 비교적 좁은 범위에 전달되고 천천히 가해진 힘은 전체적으로 넓은 범위로 전달된다.

　충격력이 가해진 방향의 역방향으로 견인해야 한다. 그러나 정반대 방향으로 견인할 경우 과대한 견인력에 의해 차체 패널이 국부적으로 손상될 수 있으므로 2군데 이상에서 견인하여 당기는 응력이 저감될 수 있도록(힘의 분해) 작업해야 한다.

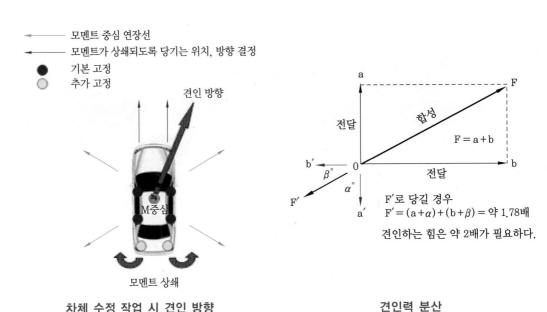

차체 수정 작업 시 견인 방향   견인력 분산

예를 들어 자동차 차체 전면부의 좌측 코너에 가해진 힘 F는 라디에이터 서포트 어퍼 패널 a와 펜더 에이프런 패널 b에 분리되어 전달된다. 따라서 당기는 힘을 분산하기 위해서는 a′, b′의 두 방향으로 견인 작업하면서(다중 견인) 차체를 F′방향으로 당기면서 수정해야 적은 힘으로 차체를 견인 수정 작업할 수 있다.

4-4 모멘트 발생을 최소화하는 효과적인 견인방법

① 차체를 확실하게 고정시킨다.
② 모멘트가 상쇄되도록 견인하는 위치, 방향을 결정한다(어떠한 변형에도 차체 구조에 대응하여 똑바른 방향으로 견인한다).
③ 모멘트의 중심 연장선으로 견인한다.
④ 각 차체의 센터를 정렬한 후 각 부분의 변형을 수정한다.
⑤ 힘이 가해진 장소에서 가장 먼 지점으로부터 복원 작업을 한다.
⑥ 2개소 이상에서 견인 작업을 한다(다중 견인).
⑦ 유압 램(hydraulic ram) 등을 사용하여 보조적으로 견인한다.

4-5　견인 작업할 때 고려할 사항

　2개소 견인 시(다중 견인 시)에는 손상 부위가 강성이 큰 부분이거나 넓은 면적으로 변형된 부위를 우선적으로 견인해야 한다.

　견인 작업 후 잔류응력이 완전히 제거되지 않은 상태에서 운행하면 점차 응력이 풀리면서 맞추어 놓은 틈새들이 벌어지게 되어 단차나 틈새가 증대되는 현상이 발생되므로 진동, 소음 발생의 원인이 된다. 따라서 견인 작업 시에는 반드시 잔류응력을 제거해야 한다. 잔류응력을 제거하는 방법은 다음과 같다.

　① 가열에 의한 잔류응력 제거
　② 해머링(hammering)에 의한 잔류응력 제거

4-6　클램프(clamps)

(1) 기능과 선택

　클램프가 보디 패널을 붙잡는 부분에는 삼각다면(三角多面)의 톱니가 부착되어 있어서 견인 작업으로 힘을 가하게 되면 이 톱니가 패널 속으로 점점 박히는 구조로 되어 있다. 때문에 톱니가 둥글게 되어 있거나 톱니 사이에 이물질이 끼여 있게 되면 이탈되기 쉬우므로 정기적으로 점검하고 청소해 주어야 한다.

　① **방향성** : 끌어당기는 경우에는 인력(引力)의 연장선이 톱니의 중심을 지나가도록 설치한다.
　② **포켓의 모양** : 클램프는 일반적으로 적은 것이 좋으나, 사용 여건에 맞는 것을 선택하여 사용한다.
　③ **톱니의 모양** : 톱니의 면적이 넓을수록 미끄러지지 않고 패널에 상처를 입히지 않으므로 선택 시 고려한다.

(2) 클램프 취급 시 주의사항

　① 견인 방향을 결정할 것
　② 체인을 꼬이지 않게 할 것
　③ 클램프 부착 위치를 결정할 것
　④ 녹이 슨 체인은 사용하지 말 것
　⑤ 체인은 반드시 수평으로 견인할 것
　⑥ 클램프 볼트를 과도하게 조이지 말 것

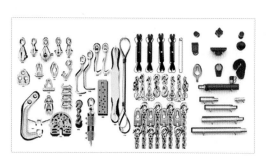

클램프류 및 수공구류

⑦ 클램프가 풀리지 않도록 견고하게 조일 것
⑧ 체결 전에 클램프 톱니부의 이물질이나 먼지 등을 제거할 것
⑨ 클램프 볼트는 정기적으로 점검하여 나사산의 마모 상태를 점검할 것
⑩ 클램프 체결나사에 정기적으로 윤활유를 주유하여 수명을 연장할 것

5. 차체 패널 판금성형

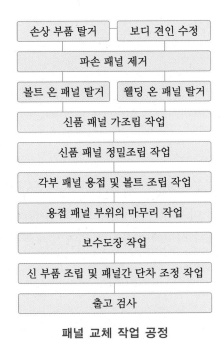

패널 교체 작업 공정

5-1 손상 패널 변형 형태 종류

① 패널 끝부분이 넓고 완만한 변형
② 패널 중앙부분이 넓고 완만한 변형
③ 범위가 좁고 예각적인 변형
④ 가늘고 긴 변형
⑤ 주름 상태의 변형

5-2 패널 변형 확인 방법

① 손바닥 촉감으로 확인하는 방법
② 변형 판별용 직정자로 확인하는 방법
③ 디스크 샌더로 확인하는 방법
④ 파일링(filing)으로 확인하는 방법

5-3 패널 가공용(타출판금용) 수공구

(1) 해머(hammer)

차체 패널을 타출판금하거나 구부리기 위해 사용한다.

(2) 돌리(dolly block)

돌리의 작업면으로 차체 패널을 일으켜 세우기 위한 작업에 사용한다(돌리는 패널을 타격하여 수정하는 용도가 아님).

(3) 스푼(body spoon)

강판의 안쪽 등의 작업에 있어 돌리를 사용하기 어려운 부분(돌리가 들어가지 않는 좁은 곳)에 사용한다.
① 강판의 굽힘, 피트를 수정하는 데 사용한다.
② 일반 돌리(받침쇠 : dolly)로 수리가 안 되는 부분 수리 시 사용한다.
③ 돌리의 블록으로 사용, 돌리의 대용으로 사용한다.
④ 틈 사이에 넣어 지렛대 원리를 이용하여 패널 부위를 교정하는 역할을 한다.
⑤ 해머에 의한 타격 전달의 보조기구로 사용한다.

① 스푼
② 마무리용 해머
③ 패널 수축 작업용 해머
④ 곡선형 치즐 해머
⑤ 다용도 돌리
⑥ 토우 돌리
⑦ 힐 돌리

타출판금용 해머/돌리 세트

(4) 해머/돌리 응용

해머 오프 돌리(hammer off dolly)는 돌리가 해머의 타격면 바로 아래를 받쳐주는 것이 아니라 떨어진 부분을 받쳐준다. 이는 손상된 패널의 초기 수정에 사용된다. 해머 온 돌리 (hammer on dolly)는 약간의 손상이 있을 경우, 해머가 패널을 타격하여 평평하게 만들고, 이때 타격의 반동으로 반발하여 돌리로 패널의 뒷면을 타격하는 것이다. 이는 패널 수정 마무리 작업에 사용된다.

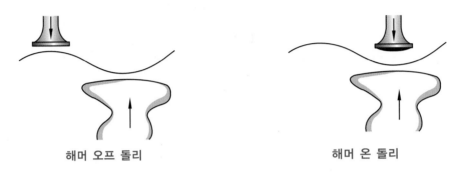

해머 오프 돌리   해머 온 돌리

5-4 패널 수축작업

강판을 해머로 두드리면 소성변형으로 인하여 표면적이 늘어난다. 수축 작업은 패널 수정의 최후 공정에서 늘어난 강판을 줄이는 작업으로, 작은 범위에 열을 가하여 그 부분의 강판이 팽창·연화되면 냉각 효과로 수축시킨다. 열을 가하기 위해서는 가스 용접기를 많이 사용하지만 저항 용접기나 스폿 용접기의 능력을 가진 전기의 열을 이용하는 형식도 사용되고 있다.

(1) 해머와 돌리에 의한 수축작업

패널 수축작업용으로 사용되는 전용 해머는 타격면(打擊面)이 평탄한 사각형 또는 원형에 나사산 모양의 돌출 부위가 있다. 이것을 쉬링킹 해머(shrinking hammer)라 부르며, 알루미늄 판, 가열한 일반 패널 등의 늘어난 부분을 수축 작업하는 데 사용한다.

수축작업용 쉬링킹 해머 타격면 형태

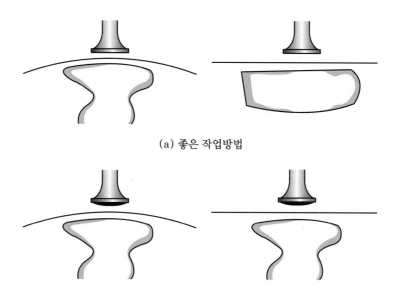

(a) 좋은 작업방법

(b) 나쁜 작업방법

패널면 타출작업 시 해머와 돌리의 작업방법

(2) 산소 아세틸렌 가스 용접기에 의한 수축작업

① 늘어난 부분의 중심을 부풀어 오를 때까지 가열한다.

② 나무해머로 두들겨 수정한다.

③ 젖은 걸레로 급랭시킨다.

④ 마지막으로 해머링한다.

⑤ 늘어난 부위가 넓을 경우(약 10 cm 이상)에는 가운데 부분부터 작업을 한다.

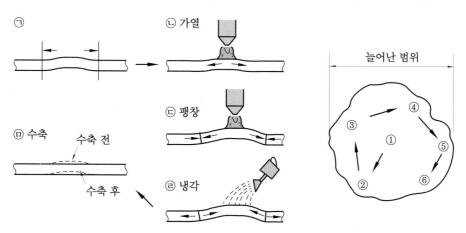

가스 용접기를 사용한 수축작업

(3) 스터드 용접기(stud welder)에 의한 수축

카본 봉 사용방법 작업 시 늘어난 범위의 바깥쪽에서 안쪽으로 향하여 그림과 같이 카본 봉을 문지르면서 이동하며, 수축 효과를 올리기 위해서는 젖은 걸레로 급랭시킨다.

전극 사용방법 작업 시 늘어난 중심으로 약간 강하게 전극을 밀면서 스위치를 넣는다. 늘어난 범위가 넓을 때는 가스 용접기의 수축작업 순서와 같은 방법을 사용한다.

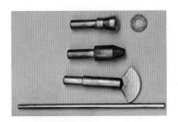
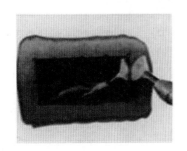

스터드 용접기를 사용한 수축작업

(4) 전기 해머에 의한 수축

바깥쪽에서 안쪽 방향으로 1초에 2회 정도의 속도로 두드린다. 변형을 수정하는 경우에 넓은 범위의 변형은 안쪽에서 바깥쪽으로 작업하며, 좁은 변형은 바깥쪽에서 안쪽으로 작업을 한다. 수축작업보다 약간 빠른 속도로 안쪽은 조밀하게, 바깥쪽은 넓게 작업을 한다.

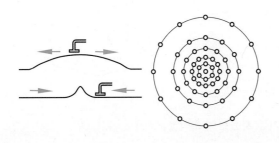

전기 해머를 사용한 수축작업

6. 패널 교체작업

패널 가공용 에어 툴(air tools, power tools)

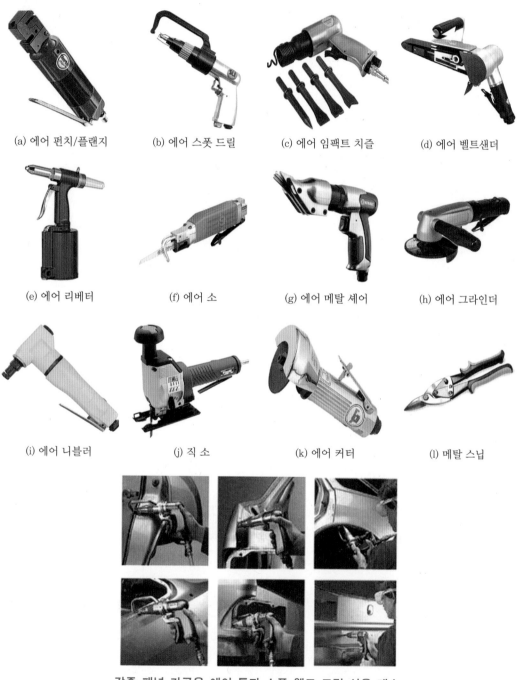

(a) 에어 펀치/플랜지 (b) 에어 스폿 드릴 (c) 에어 임팩트 치즐 (d) 에어 벨트샌더

(e) 에어 리베터 (f) 에어 소 (g) 에어 메탈 셰어 (h) 에어 그라인더

(i) 에어 니블러 (j) 직 소 (k) 에어 커터 (l) 메탈 스닙

각종 패널 가공용 에어 툴과 스폿 웰드 드릴 사용 개소

6-2 차체 패널 절단작업 금지해야 할 부위

① 내부에 보강부품이 있거나 패널의 모서리(코너) 부분
② 패널의 구멍 부위나 비드 부분
③ 서스펜션 시스템을 지지하고 있는 부분
④ 패널의 형상부 또는 단면적이 변화하는 부분

6-3 패널 접합 작업법

(a) 직접 절단 맞대기 작업

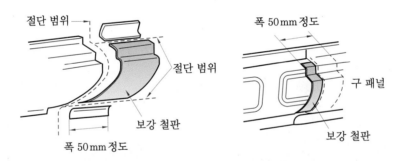

(b) 보강판 덧붙임 작업

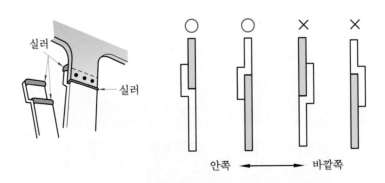

(c) 패널 덧붙임 방향

차체 패널의 각종 덧붙임 작업방법

6-4   패널의 부착 조정 작업 후 5가지 필수 점검 사항

① 모든 패널과 패널의 틈새(gap) 폭은 일정한가?
② 패널 연결부 상하좌우의 틈새 간격은 일정한가?
③ 패널 간의 단차(段差) 또는 경사(傾斜 : slope) 발생은 없는가?
④ 패널과 패널 간의 프레스 라인은 일치하는가?
⑤ 패널 개폐 상태는 부드러운가?

6-5   보디 실러(body sealer)

PVC를 주성분으로 하고 충진제, 가소제, 첨가제 등을 혼합 분산하여 페이스트상(paste)으로 제조한 가열경화형 재료로서 통상 자동차 전착도료 후 도장 공정에서 패널 내외판 접합부에 방수, 방청, 방진 및 미관을 목적으로 사용하는 제품이다.

(1) 보디 실러의 역할

① 접합부 밀봉 효과
② 방수(防水), 방진(防振), 방청(防靑)
③ 기밀성 향상
④ 미관 향상

경화 조건은 최소 140℃×20분, 최대 160℃×20분 정도이어야 충분한 제품 성능을 발휘하며, 토출 작업성, 붓 작업성 및 도장성이 우수하다. 종류는 내·외판용, 언더 보디용, 저점도형이 있다.

(2) 실런트 작업 3가지 효과

① 소음 제거제의 적용
② 부식 방지 콤파운드의 적용
③ 부식 방지제의 적용

보디 실러는 수리되거나 교체된 패널의 모든 부분의 접합부 경계선에 도포한다. 엔진 룸, 플로어, 대시 보드는 주로 용접부에 도포하고, 후드, 트렁크 리드, 도어 등은 헤밍 부분의 내부 접합부에 바른다.

7. 차체 수리의 기술적 특성

7-1 후드(hood or bonnet)

① 후드는 엔진 룸을 물이나 먼지 등으로부터 보호하고 엔진 룸의 점검 및 정비성을 고려하여 열리는 면적을 크게 한다. 후드 조립 시 펜더, 범퍼, 헤드램프 등과의 간격과 단차(段差)가 없어야 한다. 후드의 간격과 단차는 후드 힌지(hood hinge)와 범퍼를 이용하여 조정한다.

② 손상 정도가 심하지 않고 꺾임 발생이 없는 경우 후드 양측단과 앞 펜더 부위와의 단차 및 간격을 고려하여 작업한다.

③ 후드의 중앙은 탄성률이 높아서 손상 면적이 적으면 판금작업이 가능하지만, 프레스 라인이나 모서리는 탄성률이 낮아 작업이 어렵다.

④ 중앙 부위가 손상되면 패널 면적이 넓기 때문에 강판이 늘어날 가능성이 매우 높다. 따라서 수축작업 등을 통해 수리 후에 나타날 수 있는 퍼티 흔적과 작업 하자(claim)를 방지해야 한다.

⑤ 후드 수리 시 가장 중요한 기준은 프레스 라인과 후드 이너 패널에 손상이 발생하였는지를 파악하는 것이다. 특히 외판 패널과 이너 패널(보강 패널) 간의 실링이 떨어져서 운행 중 진동 소음이 발생하지 않도록 유의한다.

⑥ 프레스 라인에 손상이 발생되면 후드 전체가 비틀리는 경우가 있기 때문에 육안으로 면밀한 관찰을 필요로 한다.

⑦ 라디에이터 그릴이 조합된 형태의 후드는 전면부가 다소 강할 수 있으나 충돌 시 충격 흡수지점에서 꺾임이 발생하면 교환해야 한다.

7-2 도어(door)

① 도어에 대한 손상 파악은 측면에서 프레스 라인을 중심으로 한다.

② 도어 외판의 작업은 비교적 용이하지만 임팩트 바가 있는 부위인 경우 작업의 난이도가 있다.

③ 임팩트 바에 손상이 있을 경우 도어 유리의 기어 부분과 간섭이 되므로 수정작업이 필요하다.

④ 도어작업 시 중요한 사항은 프레스 라인 부위를 먼저 수정작업한 후 평면을 판금하면 보다 효과적으로 작업할 수 있다.

⑤ 도어는 아우터 패널과 도어 핸들(door handle), 윈도 레귤레이터(window regulator) 등의 부품을 장착한 이너 패널을 용접과 실링(sealing) 처리하여 접합한 것이다.

⑥ 아우터 패널은 디자인에 따라서 비드 라인(bead line, press line)이나 크라운(crown)으로 프레스 성형가공하여 패널의 강성을 높이고, 몰딩 도어 프로텍티브(molding door protective)를 클립화(creep)하여 외부에 부착시켜 패널의 찍힘과 강도를 보상한다.

⑦ 이너 패널은 임팩트 빔(impact beam)이 외부 충격에 의해 형상이 변경된 경우에는 반드시 도어 전체를 교체해야 하지만 도어 개폐의 사용빈도가 많아도 내구성, 안정성, 조작성 및 기능성을 유지할 수 있다.

⑧ 차체 외관에서 패널간의 간격을 조정하기 위해서 도어 힌지와 도어 스트라이커(door striker)를 이용하고, 단차의 조정은 도어 범퍼(door bumper)를 이용한다.

⑨ 누수와 관련된 부분으로는 아웃 사이드 미러(out side mirror), 글라스 런(glass run), 웨더 스트립(weather strip), 가니시(garnish), 실 트림(seal trim) 등이 있으며, 조립이 정확하지 않으면 누수가 발생된다.

⑩ 도어 수리 후에 도어 아우터 패널의 떨림과 강도 보상을 위해 데드너를 부착하고, 녹을 방지하기 위해서는 방청제를 도포하여야 한다.

7-3 리어 펜더(quarter panel)

① 뒤 펜더는 관련된 인접 부품들이 많이 있기 때문에 교환보다는 판금작업이 편리할 경우가 많다.

② 교환작업 시 뒤 범퍼 및 뒤 유리, 트렁크 트림, 시트류 등 탈거해야 할 부품이 많으므로 작업의 범위가 넓다.

③ 패널 부위에 심하게 주름이 발생하였거나 찢어짐 등이 있는 경우에는 교환한다.

④ 콤비네이션 램프 부위가 손상된 경우에는 크라운 형태인 관계로 판금작업의 난이도가 높다.

⑤ 작업 시 방청과 방수처리를 반드시 요구하는 부위이다.

⑥ 기본적으로 리어 펜더는 용접 패널이기 때문에 내측에서의 작업에 한계가 있으며, 패널이 복수로 조합되어 있는 관계로 작업성이 나쁘다.

⑦ 특히 뒤 도어 및 사이드 스텝 부위와 인접된 부분의 판금작업은 작업 후 인접 부품과의 단차 맞춤을 정확히 해야 한다.

7-4   트렁크 리드(trunk lid)

① 트렁크 리드는 트렁크 안의 물품을 물, 먼지, 도난으로부터 보호하는 기능을 가지며, 누수 방지를 위해 웨더 스트립으로 보디의 열림 부위와 트렁크 리드의 주위를 밀폐시킨다. 또한 트렁크 리드의 이너 패널 부위는 배수를 위한 구멍이 뚫려 있다.

② 트렁크 리드의 개폐 장치로는 토션 바(torsion bar)를 적용하고, 사이드 아우터의 리어 쿼터 부위와 테일 램프와의 단차(段差)는 트렁크 리드를 부착한 범퍼를 이용하면 작업을 용이하게 수행할 수 있다.

③ 후드와 같이 넓은 면을 가지고 있기 때문에 손상 발생 시 패널이 늘어날 확률이 매우 높다. 따라서 손상면이 파도 물결과 같은 형상이면 판금작업의 완성도가 낮게 된다.

④ 트렁크 리드(백 도어 포함)는 내·외판 패널의 가장자리에 헤밍 가공되어 있으며, 가공 경화로 라운드를 주었으므로 이 부분에 손상이 발생되면 작업 시 상당한 난이도를 필요로 한다.

⑤ 판금작업 시 인접 부품인 뒤 범퍼와 뒤 펜더 및 콤비네이션 램프 등과의 단차 및 간격 맞춤에 유의해야 한다.

7-5   펜더(fender)

① 자동차의 타이어 부위를 덮어서 주행 중에 흙탕물 등의 비산(飛散)을 방지하는 외판 패널로 방향을 지시하기 위한 턴 시그널 램프(turn signal lamp)가 부착되어 있다.

② 프런트 휠 하우스와 함께 차체의 진동과 소음을 감소시키고 서스펜션, 엔진 및 각 장치의 손상을 방지하는 역할을 하며, 진동 소음을 방지하기 위하여 펜더 안쪽에 데드너(deadener)는 길이 방향으로 붙이고, 인슐레이터(insulator)는 높이 방향으로 설치하여 준다.

7-6   사이드 보디 패널(side body panel)

① 사이드 보디는 리어 쿼터와 도어 프레임 부위가 용접으로 구성되어 보디의 측면 충돌에 충분한 강도를 갖추어야 하며, 중앙 부위의 보디 라인은 펜더, 도어, 사이드 아우터 전체로 연결된다.

② 수리 후에는 리어 도어, 트렁크 리드, 테일 램프, 리어 범퍼와의 간격, 단차를 확인하고 패널 간의 만나는 면 부위는 실러나 방청제, 데드너(deadener), 발포형 실(發泡 : foaming seal)을 적용 부위에 정확히 작업해야 한다.

③ 도어가 장착되는 힌지(hinge) 부위는 실러(sealer)를 도포하여 녹 발생을 방지하여야 한다.

④ 손상된 리어 쿼터는 리어 필러의 상단을 절단하여 맞대기 용접하는 것이 일반적인 작업 방법이지만 처음에 아우터 부위만 절단하고, 그 다음에 점 용접(spot weld) 부위를 떼어 내면 작업이 쉽다.

⑤ 리어 쿼터를 떼어 내면 리어 휠 하우스나 리어 플로어 패널, 리어 필러 등에 손상 여부를 확인할 수 있으며, 만일 손상이 있는 경우에는 아우터 패널을 교환하기 전에 모두 수정을 하여야 한다.

⑥ 패널의 용접 부위는 부식 방지를 위해 방청제를 도포하고, 소음 방지를 위한 발포 패드를 적용 부위에 정확히 부착하여야 한다.

⑦ 로커 패널 부위를 절단 톱이나 플라스마 절단기를 사용하여 절단할 때 교환하는 신품 패널의 절단은 두 장의 패널을 겹쳐서 내부 패널의 손상이 없도록 절단하고, 보디의 주요 부위와 부착 패널의 치수를 맞춘 후 패널을 겹치기 용접을 할 경우에는 겹친 부위를 먼저 플러그 용접하고, 맞대기 용접을 하는 것이 좋다.

7-7 루프(roof)

① 루프는 한 장의 패널로는 가장 면적이 넓어서 작업 중에 변형을 시키지 않아야 하고, 한 쪽만 먼저 용접하면 조립 상태의 치수가 맞지 않는다. 그러므로 무리하게 용접을 하면 안 된다.

② 사이드 보디의 상단부와 결합되는 부위에는 결합되는 패널의 단에 의한 차이와 열에 의한 변형이 없어야 앞, 뒤 유리부의 수리가 정확하고, 강성을 유지하는 역할이 충분하게 된다.

③ 보통 루프의 중앙부에는 보디 상단의 비틀림과 강성을 보강하기 위해 좌우로 서포트 프레임을 설치하고, 스폿 용접이 불가능한 부위는 CO_2 용접을 한다.

④ 루프는 보디의 외관에 있어서 매우 중요하기 때문에 처짐 현상과 대각선 방향의 꼬임, 루프 몰딩이 자유로운 상태로 루프 레일의 용접면과 밀착되도록 한다.

⑤ 도어 프레임부와 루프의 용접부에 실러를 도포하여 누수와 녹을 방지하고, 루프 패널의 중앙에는 데드너(deadener)를 부착하여 아우터 패널의 떨림과 강성을 보호하여 준다.

7-8 프런트 어퍼 패널(front upper panel)

① 프런트 어퍼 패널은 프런트 롱기(longe), 프런트 휠 하우스와 함께 구성되어 후드의 로크 장치, 헤드램프의 서포트, 에어컨과 라디에이터 콘덴서가 조립되어 있다. 크로스 멤버 라디에이터의 경우는 엔진 룸의 하단부에서 충격의 흡수량을 최소화하고, 엔진을 고정하는 기능을 갖추고 있다.

② 좌우 측면은 프런트 범퍼를 고정하고, 헤드램프를 고정할 수 있는 공간을 확보하며, 위쪽은 후드가 펜더와 단차를 조정할 수 있도록 후드의 로크 장치가 조립된다.

③ 수리 작업 시 손상의 크기나 손상 부위 등을 고려해서 패널의 각각 지지부를 상세히 점검하고, 지지부의 외측이 손상될 경우 슬라이딩 해머(sliding hammer)나 포트 파워(port power)에 의한 당김작업(pulling)이 효과적이다.

④ 엔진 룸의 대각선 방향으로 측정하여 휘거나 틀어짐을 검사하고 펜더, 헤드램프, 프런트 범퍼, 엔진 후드 등을 가조립하여 패널 간의 틈새 간격과 단차상태를 점검한다.

7-9 프런트 휠 하우스(front wheel house)

① 프런트 휠 하우스는 독립현가장치(independent suspension system)의 쇼크 업소버(shock absorber)와 함께 일체로 구성되어 프런트 휠 얼라인먼트(front wheel alignment)에 영향을 끼치는 매우 중요한 부위이다. 또한 브레이스(brace) 형태의 휠 하우스(wheel house)가 동시에 용접으로 조립되어 있으므로 전면에서 오는 충격량을 실내에 미치지 않도록 한다.

② 프런트 휠 하우스에 손상이 생기면 펜더가 엔진 후드와 프런트 필러부에 들뜨는 현상이 발생하므로 원래 형태로 복원시킬 때 손상된 부품을 절단하기 전에 교정을 실시하고, 차체 수정기에서 클램핑(clamping)하여 당길 때 필요 이상으로 당기지 않도록 한다.

③ 수리용 지그(jig)와 계측기를 사용하게 되면 정확하게 수리를 할 수가 있고, 패널 간에 겹치고 만나는 부위는 실러를 도포하여서 녹 발생과 이음(異音 : allophone), 방수 억제 효과를 얻을 수 있다.

④ 대시 패널(dash panel)과 프런트 필러와 겹치는 부위는 틈새가 크게 발생하게 되는 부위가 있으므로 굳는다고 해도 반유동체(半流動體 : semiliquid) 상태를 유지하며, 방수 효과와 접착성이 좋고 실링의 역할도 할 수 있는 보디 코르크(body cork)를 사용하여 틈새를 메운 후에 실러작업을 한다. 교환하는 패널의 접촉 부위는 반드시 재실링(resealing) 작업을 하여야 한다.

7-10 대시 패널(dash panel)

① 대시 패널은 보디의 사양을 정리한 각자가 동반석(passenger seat)에 각인(刻印 : carving a seal)되어 있으며, 프런트 윈드 실드(front wind shield)의 하단부를 고정시킬 수 있고 실내에 들어오는 공기를 정화시킬 수 있는 필터가 조립되며, 보디에 충격이 발생하게 되면 대부분 힘을 위, 아래로 분산을 시키기 때문에 측면과 전면에서 오는 충격량을 실내로 진행하는 것을 최소화할 수 있도록 박스(box) 형태의 구조를 갖추고 있다.

② 사이드 보디의 프런트 필러와 겹치는 부위는 심 실러(seam sealer)를 이용하여 틈새가 많은 부위를 메우고 그 위에 실러를 도포하여 실내로 엔진 룸에서 들어오는 소음, 냄새 등을 방지하고, 누수(漏水 : water leak) 관련된 작업을 마무리하여 준다.

7-11 플로어 패널(floor panel)

① 플로어 패널은 보디의 기초가 되는 부분으로 주행 안전상 강성을 필요로 하는 중요한 부위이다. 플로어 패널의 기본적인 형태는 평평하고, 강성이 필요한 부위는 사이드 보디의 로커 패널(locker panel)과 같이 결합하고, 시트(seat)가 고정되는 부위는 강성을 보강하기 위해 크로스 멤버를 용접하면 저항이 강해서 충격이 생기면 중앙부를 기준으로 양쪽으로 힘이 전달된다.

② 플로어 패널은 주행 중에 빗물이나 진흙의 부착으로 수분이 있기 때문에 차체수명을 단축시키는 녹이 발생하게 된다.

③ 녹 발생을 방지하기 위해 바깥쪽으로는 언더코팅을 도포하고, 박스 형태를 갖춘 부위는 방청제를 도포하여 준다.

④ 플로어 패널의 안쪽에는 소음과 구조 강성을 주기 위해서 데드너를 부착한다. 데드너의 접착 효과를 충분히 얻기 위하여 데드너의 면이 패널의 전 부위에 확실히 접착되어야 한다.

8. 알루미늄 패널 복원 수리

강판과 알루미늄 패널의 보수 시 차이점

알루미늄 패널은 강판 패널(steel panel)보다 강도와 응력이 작으므로 복원 수리 시 강판 패널에서 수행하였던 것보다 더욱 정교한 작업이 요구된다.

작업내용	강판	알루미늄 합금
해머링	판금해머	나무 또는 플라스틱 해머
가스 용접	가능	방법에 따라 가능
스폿 용접	가능	불가
미그 용접	CO_2 가스로 가능	아르곤 가스 사용
보수도장	가능	방법에 따라 가능

8-2 **알루미늄 패널 보수작업 순서**

(1) 보수 여부 확인

손상 부분을 판금 수정할 경우 작업시작 전 자동차 메이커의 수리 지침서를 준비한다.

(2) 판금 수정 부위 전처리

① 용접 부위 도막을 #60~#80으로 샌딩하고, 알루미늄 소지가 노출된 후 #120~#180으로 표면 다듬질 작업을 한다.
② 용접 부위를 세척 및 탈지한 후 건조시킨다.

(3) 인출 작업(panel pulling)

알루미늄 전용 스터드 용접기(ALU stud welder)로 패널 인출 작업을 한다.

(4) 해머작업(hammering)

① 알루미늄의 부식 발생을 방지하기 위해 알루미늄 전용 해머(플라스틱, 나무 등)를 사용하여 타출판금한다.
② 알루미늄은 탄성계수가 작으므로 타격력을 철강패널의 $\frac{1}{3}$ 정도로 약하게 하여 작업한다.
③ 해머 사용 시에는 온/오프 돌리법(hammer on/off dolly)을 응용한다.

(5) 풀러에 의한 인출작업(pulling)

해머식 풀러를 사용하면 모재에 크랙이 발생할 수 있으므로 레버식 풀러를 사용한다.

(6) 간이 타워(simplify tower)에 의한 인출 수정 작업

인출 시 큰 힘이 작용하면 크랙 발생 우려가 있으므로 250℃ 이하로 가열하면서 수정하며, 모재에 클램프를 직접 물리면 부식이 발생하므로 부식 방지용 클램프를 사용해야 한다.

(7) 가열 수정(thermal straightening)

① 강판을 국부가열할 경우 휨 변형이 발생되는 것을 방지하기 위해, 강판을 천천히 가열하여 조직 변화와 체적 변화를 이용한 패널의 변형 상태를 평편하게 교정하는 방법이다.
② 알루미늄 패널 가열 시 일반 강판 패널처럼 국부가열(spot heating)하여 급랭시키며 해머링 작업을 병용하는 것이 좋다.
③ 알루미늄 패널 가열 수정은 철강과 다르며, 난이도가 높다.
④ 열전도율이 높으므로 집중가열이 필요하다.
⑤ 융점이 낮으므로 모재가 녹지 않도록 주의해야 한다.
⑥ 가공경화 재료와 열처리 재료는 규정 온도가 넘으면 재질이 열화(劣化)되므로 엄격한 온도 관리가 필요하다.
⑦ 자동차용 알루미늄에 많이 사용하는 6000계열 합금은 담금질한 후에 가공처리하며, 가열, 급랭시킬 경우의 가열한계 온도는 약 250℃이다.
⑧ 가열 수리 : 50℃(장갑 낀 손이 뜨거운 온도)
⑨ 수축작업 : 250℃(육안 판단 불가, 고온가열하면 경화, 균열 발생)

(8) 퍼티

알루미늄 전용 퍼티를 사용하여 작업한다.

8-3 알루미늄 패널 수리 시 주의사항

(1) 판금작업 시

① 연마지는 거칠지 않아야 한다(구도막 제거 시 #100 이상 사용).
② 견인력을 유지하고 있는 상태에서 가열에 주의한다(균열, 재질 약화 우려).
③ 가열온도는 250℃ 전후로 한다(고온으로 되어도 적열되지 않는다).
④ 가열 시는 패널 뒤에 목장갑을 대고 열이 전달되는 감도로 감지한다.

(2) 스폿 용접 작업 시

① 열에 의한 팽창, 수축작용이 강철 판의 3배이므로 비틀림 변형이 발생한다.
② 대량의 열로 신속한 작업이 필요하다.

(3) 보수도장 작업 시

① 바탕면에는 2액형 에폭시(워시) 프라이머를 바른다.
② 알루미늄 퍼티를 사용한다.
③ 샌딩작업 시 가능한 열이 발생하지 않도록 한다.
④ 프라이머-서페이서는 2액형을 사용한다.
⑤ 프라이머를 칠하기 전에 패널 표면을 20℃ 정도로 가열유지시킨다.
⑥ 도료 메이커의 지시에 따라 취급한다.

(4) 패널 탈부착 작업 시

알루미늄 합금 패널의 탈부착 부위는 수지 와셔나 방청 페인트를 사용하여 강판과 직접 닿지 않도록 조립되어 있다. 따라서 다른 종류의 금속이 접촉하게 되면(Al+Fe) 전위차로 인해 녹이 발생하므로 탈착 시는 반드시 수지 와셔 또는 실런트 처리를 한다.

각종 알루미늄 패널 용접봉 선정

종류		주 사용처	적용 용접봉
1000계	A1100, A1050, A1060	송배전용 재료	모재와 동일
	A1070, A1085	방열재, 가정용, 전기기구	
2000계	A2011, A2014, A2017	리벳 접합 구조물	A2319
	A2024, A2219	항공기재, 기계부품	
3000계	A3003, A3014, A3203	컬러 알루미늄	A1100, A1200
		알루미늄캔	
4000계	A4032, A4043	단조피스톤, 용접봉	
		브레이징 납재	
5000계	A5052, A5454, A5652	선박, 차량, 화학플랜트	A5356
	A5154, A5254		A5654
6000계	A6N01, A6063	철탑, 크레인	A4143, A5556
	A6061-T6		
7000계	A7N01	철도차량	A5356
	A7075	항공기, 스포츠 용품	A1583

알루미늄 패널 보수상의 포인트

작업	작업 개요	작업 요점
연마	디스크 샌더(#100~#120) 더블액션 샌더(#150~#180)	구도막 벗김, 바탕면 연마, 단낮추기
해머링	나무 또는 플라스틱 해머	목장갑을 낀 손을 뒷면에 대고 뜨겁게 느껴질 때까지 패널을 가열한 다음 수정한다. (50℃)
수축	가스 토치를 사용한 수축	가열을 해도 빨갛게 되지 않아 표시가 나지 않으므로 파열되지 않도록 한다. 온도는 250℃ 전후, 빨리 뜨거워지므로 신속하게 작업을 한다.
	전기수축(전극 가열)	표면에 스파크 흔적이나 카본 부착, 산화 피막이 발생하므로 작업 후에는 스테인리스 브러시로 표면을 청소해 준다.
변형 점검	#80~#120	보디 파일은 패널면을 너무 깎기 때문에 사용해서는 안 된다.
용접	산소-아세틸렌 가스 용접	알루미늄용 플럭스로 표면의 산화피막을 제거한다. 화염은 중성염 또는 약간 탄화염 사용, 용접봉은 알루미늄 5183이나 5356을 사용한다. 작업 후에는 80℃ 이상의 뜨거운 물로 플럭스를 씻는다.
	미그 용접	• 전용 토치(spool gun)가 필수적으로 필요하다. • 팁의 지름은 와이어보다 커야 한다. • 자동차 메이커에서 지정한 용접 와이어를 사용한다. • 와이어 롤의 압력이 높으면 와이어가 변형된다. • 실드 가스는 100% 아르곤가스를 사용한다. • 전류 : 45A • 가스유량 : 13~20L/min • 용접속도 : 600mm/min • 알루미늄 용접용 와이어(Aru AG5) − 잘 붙지 않음 − 오래 가열하면 균열 발생 − AlSi 12 : 0.6~1.5mm 패널에 사용 − AlSi 5 : 1.5mm 이상 패널에 사용 − AlMg : 기타 패널에 사용
	전기 용접	불가

8-4 알루미늄이 철강에 비하여 일반 용접봉으로는 용접이 극히 곤란한 이유

① 비열 및 열전도도가 크므로 단시간에 용접 온도를 높이는 데에는 높은 온도의 열원이 필요하다.
② 용융점이 비교적 낮고 색채에 따라 가열 온도의 판정이 곤란하여 지나친 융해가 되기 쉽다.
③ 산화알루미늄의 용융점은 알루미늄의 용융점(658℃)에 비하여 매우 높아서 약 2050℃

나 되므로, 용융되지 않은 채로 유동성을 해치고, 알루미늄 표면을 덮어 금속 사이의 융합을 방지하는 등 작업을 크게 해친다.

④ 산화알루미늄의 비중(4.0)은 보통 알루미늄의 비중(2.7)에 비해 크므로 용융금속 표면에 떠오르기가 어렵고 용착금속 속에 남는다.

⑤ 강에 비해 팽창계수가 약 2배, 응고수축이 1.5배 크므로 용접변형이 클 뿐만 아니라 합금에 따라서는 응고균열이 생기기 쉽다.

⑥ 액상에 있어서의 수소 용해도가 고상 때보다 대단히 크므로 수소가스를 흡수하여 응고할 때에 기공으로 되어 용착금속 중에 남게 된다.

8-5 알루미늄 합금 용접법 종류

(1) 불활성가스 아크 용접(MIG/TIG 용접)

① 용제를 사용할 필요가 없다.

② 슬래그를 제거할 필요가 없다.

③ 직류 역극성을 사용할 때 청정작용이 있어 용접부가 깨끗하다(MIG 용접 시).

④ 아크 안정과 아크 스타트를 쉽게 할 목적으로 아크 발생 시 텅스텐과 모재의 접촉을 피하기 위해 고주파 전류를 사용한다(TIG 용접 시).

⑤ 텅스텐 전극의 오염을 방지해야 하며 오염되면 용접부가 나빠지며, 전극 소모가 크다.

⑥ 가스 용접보다도 열이 집중적이고 능률적이므로 판의 예열은 필요치 않을 때가 많다.

⑦ MIG 용접에서는 와이어로 알루미늄 선을 사용하며, 대전류를 사용한다.

⑧ 순수 아르곤(Ar)보다 2~3% 산소를 첨가하면 좋다.

(2) 가스 용접(산소-아세틸렌 용접)

① 산소-아세틸렌 용접이 가장 많이 사용되고 있고, 불꽃은 중성 또는 탄화불꽃을 사용한다.

② 200~400℃의 예열을 한다.

③ 산화막 제거를 위하여 염화물이 포함된 플럭스를 사용하고, 용제는 부식성이 강하므로 용접 후는 가능한 빨리 세척하는 것이 좋다.

④ 얇은 판의 용접에서는 변형을 막기 위하여 이음 전 길이에 대하여 뛰어넘어서 용접하는 스킵법과 같은 용접 순서를 채택하도록 한다.

(3) 저항 용접

① 산화피막을 제거하고, 세척을 깨끗이 한다.
② 알루미늄은 저항 용접 중 스폿 용접법이 가장 많이 쓰인다.
③ 짧은 시간에 대전류의 사용이 필요하다.

(4) 플라스마 아크 용접

주로 후판의 알루미늄 용접에 많이 사용되는데, 완전 용입을 할 수 있으며 이음부의 가공이 불필요한 장점이 있다. 또한 용접 변형과 용접 층수가 감소되고 고품질의 용접부을 얻을 수 있다.

종래에는 산화피막으로 인해 플라스마 용접은 양호한 용접부를 얻을 수 없었으나 용접 전원의 인버터가 채용되어 역극성과 정극성이 조정 가능하므로 알맞은 용접 품질을 얻을 수 있게 되었다(역극성의 전류값을 정극성의 전류값보다 약간 높게 하여 사용해야 한다).

8-6 알루미늄 합금 패널 용접 시 주의사항

(1) 용접부의 균열

① 균열 예방은 모든 금속의 용접과 열처리 및 기계가공에 있어서 매우 중요하다.
② 열처리가 불가능한 알루미늄의 합금은 모재와 동일한 재료로 용접을 시행한다.
③ 열처리가 가능한 합금의 경우에는 매우 복잡한 조직 변화가 수반되고, 그에 따라서 고온 균열(hot short)이 발생한다.
④ 열처리가 가능한 것과 열처리가 불가능한 이종금속의 용접일 경우에는 열처리가 가능한 금속보다 더 낮은 용점을 가지고 있으면서 강도가 비슷하거나 더 낮은 용접재료를 선택하여 용접해야 한다.

(2) 알루미늄 합금의 열간 균열 발생 방지법

규소(Si)와 마그네슘(Mg) 양이 많은 합금은 용접 균열 발생 가능성이 적기 때문에 쉽게 용접할 수 있다.

① **용접 이음의 설계를 고려할 것** : 알루미늄 합금은 그 화학 성분이 열간 균열성을 크게 좌우한다. 용착 금속은 모재와 용접봉의 성분이 혼합되면서 생기므로 균열의 위험이 높은 편이다. 이 때문에 용접 이음의 단면 설계를 잘 구상해서 용접봉과 모재의 혼합을 조절해 주는 것이 균열 방지 대책이 된다.
② **용접 속도를 될수록 빠르게 할 것** : 용접 속도가 빠르면 용접부에 미치는 열 영향이 줄

어들므로 온도의 격차로 생기는 응력이 감소된다. 또 속도가 빠를수록 이미 용착된 부분이 열을 빨리 흡수해 줌으로써 열간 균열이 생길 여유를 주지 않는다.

③ **예열을 해줄 것** : 예열을 해주면 용접부와 모재간의 온도 분포가 고르게 되어 용착 금속이 응고할 때의 응력을 덜어준다. 예열은 모재가 고정되어 있지 않은 상태에서 해주어야 하며, 너무 심하게 예열하면 모재가 약해진다.

④ **될수록 모재에 적합한 용접봉을 선택할 것**

(3) 용접 금속의 강도

① 용접 이음부의 강도와 연성은 용접 금속의 합금 성분에 따라 영향을 받는다.

② 용접 후 열처리를 행하는 경우에는 그 성분에 따라 충분한 강도가 얻어지지 않는 경우가 있다.

③ 특히 모재와 다른 합금계의 용접 재료를 이용하는 경우에는 이러한 점을 고려하여 용접 재료를 선정하는 것이 중요하다.

(4) 사용 온도

① 알루미늄-마그네슘(Al-Mg)계 합금 중 3% 이상의 마그네슘을 함유하는 합금은 약 66℃ 이상의 온도에서 사용하는 경우에 응력부식 균열의 위험이 있으므로 사용을 피해야 한다. 이 경우는 마그네슘량이 낮은 용접 재료를 사용한다.

② 알루미늄 합금의 용접 재료는 어느 것이나 저온 및 극저온 사용에는 문제가 없다.

(5) 내식성

① 부식 환경에서 사용되는 구조물에는 고순도 합금 또는 특정의 합금성분이 엄격히 제한되는 합금이 이용되기 때문에 이들 모재에 대한 용접 재료의 화학 성분에도 충분히 주의하여야 한다.

② 모재와 용접 금속 사이의 이종금속의 접촉에 따른 갈바닉(Galvanic) 작용에 의한 부식을 최소화하는 것도 중요하다.

③ 모재와 가까운 성분의 용접 재료를 사용하는 것이 중요하다.

④ Al-Mg 성분의 용접 재료는 비슷한 조성을 가진 알루미늄 합금에 있어서 매우 양호한 내식성을 나타낸다.

(6) 전기 전도성

① 용접 이음부에 높은 전도성이 필요한 경우도 용접 재료의 합금 성분에 주의해야 한다.

② 예를 들면, 합금 성분으로서 규소보다 마그네슘의 도전성이 현저히 떨어지기 때문에 Al-Si계의 4043의 용접 재료를 사용하는 편이 좋다.

(7) 아노다이징(anodizing) 이후의 색깔

① 건축물이나 장식용으로 사용되는 용접 구조물의 경우에는 외관을 보기 좋게 하기 위해 화학적 혹은 전기화학적으로 표면 처리를 하게 된다.

② 이런 경우에 용접 금속에 포함된 합금 원소로 인해 용접부와 모재 사이에 색깔이 틀리게 나타날 수 있다.

③ 용접금속의 색을 좌우하는 가장 큰 합금 원소는 규소와 크롬이다.

④ 규소는 그 함량이 증가할수록 용접 금속의 색이 회색에서 검은색에 가깝게 바뀐다. 그러므로 Al-Si 용접 재료로 용접을 하게 되면, 모재와 확연하게 드러나는 경계가 나타나게 된다.

⑤ 크롬은 함량이 증가함에 따라 노란색 혹은 황금색을 나타낸다.

⑥ 구리와 망간은 약간 어두운 색을 보여 주므로 사전에 고려해야 한다.

8-7 알루미늄 패널 용접결함 및 방지 대책

(1) 용접균열

① 종류와 원인

㈎ 알루미늄 합금에 발생하는 균열은 응고균열(solidification cracking)과 용해균열(melting cracking)로 크게 구분된다.

㈏ 알루미늄 용접 금속 내의 균열은 거의 응고균열이고, 다층(多層) 용접 시 용접금속의 재가열 구역 및 열영향부에서의 미세균열은 용해균열에 해당된다.

㈐ 응고균열은 용접금속이 응고할 때 응고 시의 수축응력 또는 외력이 작용할 때 발생하고, 용해균열은 고온에서 가열된 입계가 국부적으로 용융하여 팽창할 때 발생한다.

② 용접 재료와 용접균열

㈎ 1000, 3000, 4000, 5000계는 모두 균열 발생에 대한 저항성이 있고 용접성도 양호하다.

㈏ 5000계의 Al-Mg계 합금에서는 마그네슘(Mg)량이 증가함에 따라 용접균열이 발생하기 어렵기 때문에 가능한 마그네슘 함유량이 많은 재료를 선정하는 것이 좋다. 단, 마그네슘량이 너무 많으면 가공성 또는 고온에서의 내식성 등이 떨어지기 때문에 이러한 점을 고려할 필요가 있다.

㈐ 6000계의 Al-Mg-Si계 합금에서는 같은 조성의 용접 재료로 용접하면 용접균열이 발생하기 쉽기 때문에 Al-Mg계 또는 Al-Si의 용접 재료를 이용하여 균열 방지를 억제시킨다.

㈑ 6000계의 모재는 마그네슘과 규소가 주요 원소로서 과대한 입열을 주는 경우에는 모

재에 미세한 균열이 발생할 수 있기 때문에 용접 조건의 관리에 주의할 필요가 있다.

③ **용접 시공과 용접균열**

  ㈎ 용접 조건 중에서 용접속도의 영향이 가장 현저하고 용접속도가 증가함에 따라 균열 발생가능성이 크게 된다.

  ㈏ 용접개선(weld groove depth)에서 버트(butt) 용접 시에는 초층(初層)의 용착량을, 필릿(fillet) 용접 시에는 용착량을 어느 정도 많이 하는 편이 좋다.

  ㈐ 용접전류를 너무 세게 하면 변형이 커지고, 너무 낮게 하면 급속한 응고를 초래하기 때문에 적정한 전류를 선정하는 것이 중요하다. 아크 전압은 거의 균열에 영향을 미치지 않는다.

  ㈑ 비드(bead)의 처음과 끝나는 부위 및 이음부에는 균열 발생이 쉽다.

  ㈒ 이러한 용접 결함을 사전에 방지하기 위해 용접선(鎔接線 : seam)의 시작 지점과 끝 지점에 모재와 수평으로 부착하는 보조 강판인 엔드 탭(end tab)을 설치하는 방법이 안전하며, 이것이 여의치 않을 경우 크레이터(crater) 처리를 하는 것이 좋다.

  ㈓ 다층(多層) 용접 시에는 다음 층의 용접열에 의해 전층(前層)의 입계가 국부적으로 용융하여 미세균열이 발생하는 경우가 있다. 이와 같은 균열은 용접 입열이 클수록 또는 층간 온도가 높을수록 발생하기 쉽다.

(2) 기공(氣孔 : blow hole)

① 알루미늄 합금의 용접에는 기공이 발생하기 쉽다. 용접 금속에 균일하게 분산된 기공은 이음부의 강도에는 큰 영향을 주지 않지만, 국부적으로 집중되어 있거나 크기가 큰 기공 등은 영향을 미친다.

② 기공의 발생은 주로 수소에 의한 것이며, 알루미늄 합금의 용융 응고 시 수소의 용해도 변화가 현저하기 때문이다. 용해도 차이에 의해 조직 내로 빠져 나온 수소가 외부로 방출되지 못하고 조직 내에 남아서 기공이 되는 것이다.

③ 수소 발생원은 모재, 용접 재료 중의 용해수소,

표면에 부착한 수분, 유기물, 산화막에 부착한 수분, 보호가스 중의 수소, 가스 중에 침입하는 공기 중의 수분 등이다. 이 중에서 가장 문제가 되는 것은 공기 중의 수분 침입이고, 다음이 용접 재료 표면의 수소 발생원이다.

용접균열

기공

(3) 기타 결함

알루미늄 합금에서는 개선부(weld groove) 부근의 산화피막 제거 및 층간의 청소가 불충분한 경우에 산화피막에 기인하는 융합불량이 발생하기 쉽기 때문에 주의가 필요하다. GTAW 용접에서는 과대전류에 의한 텅스텐 전극의 선단이 용융되면서 용융지에 혼입하여 함유물(inclusion)로 되며, 또한 와이어 브러시(wire brush) 사용 시 미세한 강선이 혼입되어 함유물로 된다.

9. 패널의 접착/리벳 공법

9-1 본딩 / 리벳 공법(bonding/rivetting)의 특성

① 본딩 접합은 보디 실링 역할 및 스폿 용접부의 부식 방지 기능이 있다.
② 충격하중 및 피로하중에 유리하다.
③ 본딩 접합 시 부품과 부품의 겹친 부분이 많이 접촉되므로 용접부품보다 충격에너지를 더 많이 흡수한다.
④ 200℃ 이상 또는 −40℃ 이하의 온도에서 장시간 노출되면 접착 능력이 감소될 수 있다.

차체 패널 보수작업 시 강도 차이

MIG/MAG 용접	40% 이하의 강도
스폿 용접	100% 의 강도
본딩/리베팅	120% 이하의 강도

차체 패널 용접의 단점은 열로 인한 강판의 변형 발생과 방청 및 부식 방지에 한계가 있으며, 동일 부위 충돌사고 시 운전자의 보호능력이 저하된다는 것이다.

또한 스폿 용접의 단점은 패널을 절단해야 하고 생산 공장 시설수준의 용접기를 가질 수 없으며, 본딩과 스폿 용접을 병행한 부위는 동일한 용접방식이 불가능하다는 것이다.

본딩과 스폿 용접의 병행작업 시 본드의 표면 접착력과 내부 응집력에 대한 손실이 발생되어 접합 품질을 떨어뜨리므로 현장에서는 스폿 타점수를 30~50% 증가시킨다.

(1) 장점

① 생산 공장에서 만들어진 차량의 내구성을 유지시켜 준다.
② 이종재질의 접합이 가능하다.

③ 용접의 단점을 해결할 수 있다(열변형, 부식).

④ 그라인딩(grinding) 작업시간이 현저히 적다.

⑤ 방청 및 부식 방지 등의 기능이 탁월하다.

⑥ 진동으로 인한 문제점이 향상된다.

(2) 단점

① 미관이 용접보다 좋지 않다.

② 열에 약하다.

③ 본드의 경화시간이 길다(12시간 이상).

④ 용접보다 비용이 높다.

⑤ 작업온도에 민감하다(−15~40℃ 적정).

⑥ 차체의 통전성이 떨어진다.

9-2 본딩 / 리베팅 재료

(1) 본드의 종류

작업장 온도가 40℃ 이상이거나 −15℃ 이하일 때에는 본딩 작업을 금지한다.

① **에폭시(epoxy)** : 주요 골격부분, 외부 패널에 사용

② **폴리우레탄(PUR : polyurethane)** : 간격이 넓은 루프 또는 카본 재질이나 알루미늄 재질의 루프에 사용

(2) 리벳의 종류

① **알루미늄 합금 폴리그립 리벳** : 6.4mm × 14mm

② **알루미늄 합금 카운터 싱크 헤드 리벳** : 6.4mm × 14mm

③ **강판 접합용 리벳** : 6.5mm × 15.5mm(3겹 이상 결합 시 사용)

9-3 본딩 / 리베팅 공법

(1) 기존 리벳 제거

① 리벳의 뒷면을 연삭한다.

② 앞면의 경우 특수 합금으로 되어 있어 드릴링이 힘들다.

③ 또한 접착면이 정밀하게 되어 있어 그라인딩할 경우 안쪽 패널에 손상을 줄 수 있다.

④ 연삭 시 반드시 샌드 페이퍼를 사용한다.

⑤ 드릴을 사용할 경우 다른 패널이 손상되므로 추천하지 않는다.

(2) 본딩 부위 탈거

① 기존의 리벳이나 스폿 포인트를 모두 제거한 후 본드를 제거해야 한다.

② 120℃ 이상의 열로 제거한다.

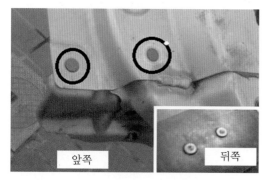

기존 생산라인의 리벳 탈착

본딩 부위 탈착

(3) 기존 본드 탈거

Ⓐ 부분에서 리벳을 제거하고, 기존의 본드는 가열하여 정확하게 모두 제거한다.

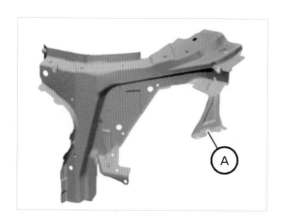

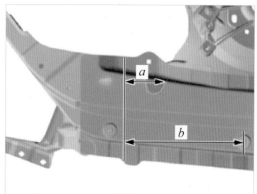

기존 본드 제거(위에서 본 절단면 : *a*=77mm, *b*=215mm)

(4) 기존 리벳 탈거

Ⓐ 부분의 리벳을 탈거한다.

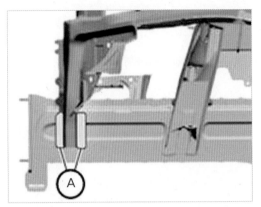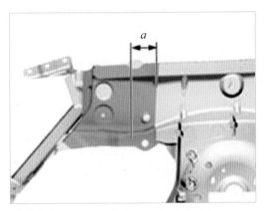

기존 리벳 탈거(아래서 본 절단면 : a=77mm)

(5) 사이드 멤버 신규 리벳 구멍 제작

Ⓐ 부분은 4개의 리벳 구멍을 뚫는다.

(6) 신품 패널 리벳 구멍 제작

Ⓒ 부분에는 6개, Ⓓ 부분에는 5개의 리벳 구멍을 뚫는다.

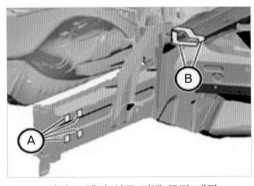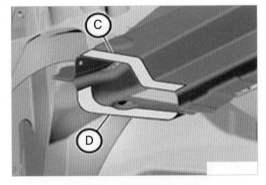

사이드 멤버 신규 리벳 구멍 제작　　신품 패널 리벳 구멍 제작
(왼쪽 B부분 확대)

(7) 리벳 구멍 탁본 작업(拓本 : rubbed copy working)

리벳 구멍이 정확히 일치하도록 주의하여 표시한다.

(8) 접착 부분 세척 및 본딩 작업

① 모든 부착면에 빈틈없이 도막을 제거한 후 세척제를 이용하여 빈틈없이 세척한다.

② 세척 후 5분 동안 세척액이 마르도록 둔다.

③ 세척이 끝난 후에는 모든 부착면에 빈틈없이 본드를 바른다.

④ 신품 패널을 끼워 넣는다.

리벳 구멍 탁본 작업

접착제 세척액

(9) 접착 부분 리벳 체결

신품 패널을 고정시킨 후 리베팅을 시행한다. 그 후 EMV 볼트를 체결한다. EMV 볼트는 본딩의 단점인 통전성의 저하를 방지하기 위하여 규정된 부분에 신품 패널과 차체에 볼팅 (bolting)하는 것이다.

(10) 작업 완료

Ⓐ 부분, Ⓑ 부분, Ⓒ 부분 모두 각각 두 개씩 EMV 볼트를 체결한다.

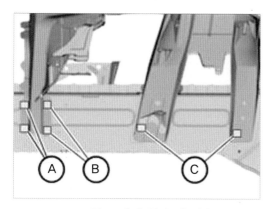

EMV 볼트 체결 위치 및 개수

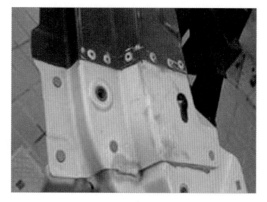

작업 완료

10. 차체 프레임 균열 보수

10-1 프레임 균열 용접 시 주의사항

① 균열이 발생되면 점차 균열 크기가 커지므로 균열 상태를 눈으로 살핀 후 수리방법을 판단한다.

② 의심되는 부분은 페인트를 제거한 다음 검사하며, 시각적으로 판단하기 어려운 부분은 염색시험법(染色試驗法 : red check)이나 자기탐상기(磁氣探傷器 : magnetic flaw detector)로 검사한다.

③ 반드시 축전지 ⊖ 단자를 분리한다.

④ 가능한 용접 부위와 가까운 부위에 용접기 접지 클램프를 고정시킨다.

⑤ 브레이크 파이프 라인, 에어라인, 전기배선, 컨트롤 레버, 연료 탱크 및 연료 라인 근처에서 용접할 경우에는 반드시 열 보호 장치를 설치한다.

⑥ 기온이 0℃ 이하에서 용접할 경우에는 우선 용접부를 50~350℃ 정도로 예열한다. 열 팽창으로 인해 문제가 되는 부분이 있으면 열 차단 재료를 사용한다.

⑦ 가스 용접을 하지 말고 전기 용접이나 CO_2 용접을 한다.

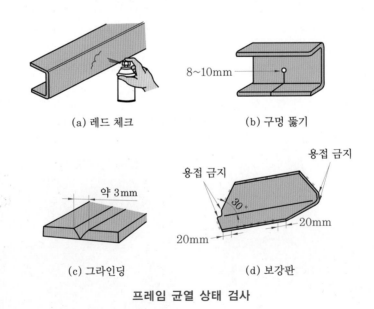

(a) 레드 체크 (b) 구멍 뚫기

8~10mm

(c) 그라인딩 (d) 보강판

약 3mm

용접 금지

용접 금지

30°

20mm

20mm

프레임 균열 상태 검사

10-2 프레임의 균열부 용접

① 공차 상태로 프레임 높이를 맞춘다.
② 수리 부분의 차체 부품을 떼어낸다.
③ 균열 부분의 끝부분을 확인하고, 4~6mm 드릴로 균열 정지구멍을 뚫는다.
④ 균열이 시작되는 부위부터 약 ø 10mm 구멍을 뚫는다. 균열 부위가 확실하지 않으면 염색시험으로 찾는다.
⑤ 균열이 프레임 내측에 있을 때는 균열의 시작 부위와 끝나는 부위에 모두 구멍을 뚫는다.
⑥ 균열의 양면이 층계(턱)져 있으면 우선 층계 부분을 일치시킨다.
⑦ 그라인더를 사용하여 폭 2~3mm의 V홈을 만든다.
⑧ 다른 쪽에 V홈을 만든 다음 V홈을 전기용접하고, 그라인더로 마무리 작업을 한다.
⑨ 용접은 보강된 부분의 양끝에서 30° 이하의 홈(groove) 각도에서 용접되어야 한다.
⑩ 보강판은 균열된 부분을 충분히 덮어야 한다.

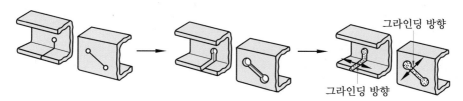

프레임 균열 부위의 용접작업 순서

10-3 프레임의 볼트 구멍 부위의 균열부 용접

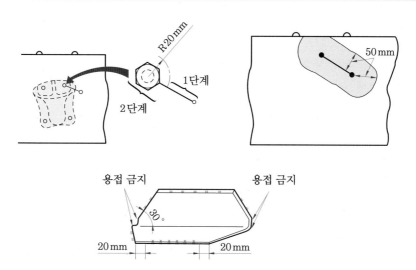

프레임 볼트 구멍 부위 용접

① 일시적으로 볼트를 구멍에 장착한다.

② 볼트 구멍 중심으로부터 반경 20mm 원의 외측 부분을 용접한다.

③ 볼트를 탈거하고, 볼트구멍 중심으로부터 20mm 안쪽 부위를 용접한 다음 볼트 구멍을 용접한다.

④ 새로운 구멍을 뚫어서 리벳 또는 볼트를 장착한다.

⑤ 용접방법은 균열 용접 방법처럼 실시한다.

⑥ 보강판을 사용할 경우 끝단의 응력집중을 방지하기 위해서 양끝단의 각도를 30° 이하로 한다. 또한 보강판은 균열부에 비하여 충분한 여유가 있어야 한다.

⑦ 보강판의 두께는 4.5∼6.0mm 정도로 하고, 재질은 SAPH55(열연강판) 또는 KFR55(고장력 강판)를 사용한다.

⑧ 용접 후에는 용접한 부근의 50mm 지역을 600∼700℃로 후열 처리한다.

⑨ 수리가 끝난 후 변형을 바로 잡는다.

⑩ 수리부분에 도장작업을 한다.

⑪ 탈착한 부품을 장착한다.

10-4 프레임 리벳 교체작업

① 풀린 리벳을 점검할 때는 리벳머리 부분을 테스트 해머(test hammer)로 가볍게 쳐서 손가락 끝에 느껴지는 소리와 감각으로 리벳의 풀림 여부를 검사한다.

② 헐거운 리벳은 프레임에 균열을 발생시킬 수 있으므로 반드시 신품으로 교체한다.

③ 헐거운 리벳 헤드는 구멍에 손상을 발생시킬 수가 있으니 정(chisel)을 사용하지 말고 드릴로 뚫는다.

④ 리벳을 타격할 때는 판 사이에 틈이 없도록 C 클램프를 사용하여 리벳 구멍 부근의 양 플레이트를 압착시킨 후 작업을 한다.

⑤ 리베팅 머신을 사용하여 신품 리벳을 설치한다.

⑥ 리베팅이 불가능한 곳은 리벳 구멍을 가공하여 리머 볼트를 삽입하고, 너트를 완전히 체결한 후 용접한다.

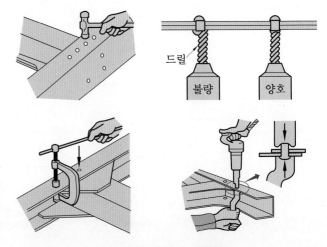

프레임 리벳 교체작업

11. 차체 수리 작업안전

11-1 공통 안전사항

차량보호	• 시트 등은 작업 전에 보호 커버로 덮어서 오손을 방지한다. • 용접작업을 할 때에는 유리, 시트, 바닥 매트 등을 불연성 커버로 보호한다. • 또한 몰딩, 가니시, 오너멘트 등은 잘 보호한다.
안전작업	• 안전모, 안전화는 항상 착용해야 하며, 작업에 따라서는 장갑, 보호안경, 귀마개, 페이스 실드 등도 착용해야 한다. • 연료탱크 근처에서 용접작업을 하거나 화기를 사용할 때에는 탱크와 파이프를 분리하고, 파이프에 덮개를 씌워 누설을 방지해야 한다.
용접작업	• 가스 누설을 점검한다. • 모든 장비의 취급주의 사항을 인지하고 점검한다. • 산소 용접을 할 때에는 불꽃점화를 위하여 이그나이터를 사용한다.
차체 수정기 사용	• 보디 프레임 수정기를 사용하여 펴는 작업을 할 때에는 체인의 인장력 방향으로 들어서지 말아야 한다.
전기장치 탈거작업	• 배터리 · 단자를 분리한다. • 커넥터를 풀 때에는 와이어를 잡아당기지 말아야 한다. • 커넥터를 연결할 때는 딸각 소리가 날 때까지 밀어 넣는다. • 센서나 릴레이는 취급 시 주의하여 사용한다.
손상패널 탈거작업	• 작업 전 치수측정 : 분리 및 조절작업을 하기 전에 보디 치수도(圖)에 따라서 손상 부분의 치수를 측정하고, 변형이 있을 때에는 보디 프레임 수정기에 의해 조절한다. • 보디의 변형 방지 : 분리 및 조절작업을 할 때에는 보디의 변형이 생기지 않도록 클램프, 잭 등으로 고정한다. • 절단 부분의 선정 : 패널의 절단부분에는 용접에 의해 비틀림 발생이 적고 이 부분의 작업이 용이하게 할 수 있는 곳을 선정한다
관련부품 탈거작업	• 몰딩, 오너멘트 등의 관련 부품을 분리할 때에는 보디 및 분리공구에 보호테이프를 붙여서 보디 및 분리 부품을 손상시키지 않도록 한다.
신품패널 조립준비	• 스폿 실러 도포 : 신부품과 보디 측의 스폿 용접 부분에는 모든 면의 도막을 벗겨내고 방청을 위하여 스폿 실러를 도포한다. • 용접방법의 선정 : 용접부분의 판 두께의 합이 3mm 이상일 때에는 MAG 용접기를 사용하여 플러그 용접을 실시한다
손상패널 조절작업	• 조절작업을 할 때에는 뒷면에 파이프, 호스, 와이어 하니스 등의 유무를 확인하고, 절단부분에는 겹치는 부분을 30~50mm 정도 예상하고, 조절작업을 실시한다.
플러그 용접용 구멍가공	• 스폿 용접을 할 수 없는 부분에는 드릴을 사용하여 ø5~6mm의 구멍을 가공한다.
신품패널 조절작업	• 절단부분에는 보디 측에 남아 있는 부품과 0~50mm 정도의 겹치는 부분을 예상하고 신부품을 조절한다.
신품패널 조립작업	• 신부품을 조립할 때에는 보디 치수도에 따라서 정확하게 조립하고, 관련 부품과의 사이를 확인하고 용접을 실시한다. • 보수 용접 타점수(數)는 신부품 타점수의 1.3배로 용접한다.
스폿 용접작업	• 스폿 용접기의 팁(tip) 선단형태는 용접강도에 큰 영향을 주기 때문에 항상 정확한 형상을 유지해야 한다. • 스폿 용접의 타점 위치는 원칙으로 구(舊) 스폿 위치를 피하여 타점한다. • 스폿 용접 작업 전후에는 보디패널과 같은 재료의 테스트 피스를 사용하여 시험을 하고, 용접강도를 확인한다.

11-2 차체 패널 탈거작업 시 안전사항

작업안전	•탈착 부품은 1대마다 모아서 정리한다. •볼트, 너트류는 탈착한 부품에 부착하여 둔다. •복잡한 부품의 분해에는 메모 등을 이용한다. •전장품의 탈착 시에는 배터리를 떼어 놓는다. •큰 패널을 코너부에 테이프를 부착하여 보호한다.
보디 측정	•분리 또는 거친 부분을 절단하기 전에 우선 도면의 치수에 따라 손상 부분을 파악하여 측정하고, 만약 변형이 있으면 거친 부분 수정을 위하여 만든 프레임을 사용한다. •패널을 분리할 때에는 각부의 변형방지를 위해 클램프를 고정하고, 또한 작업 중 변형을 방지하기 위해 프레임의 최저단부를 잭으로 지지한다.
절단, 용접위치 선정	•절단작업이 필요한 경우에는 가능한 보강제와 떨어진 부분을 절단하고, 용접작업 후 변형이 최소로 되는 부분을 선정한다.
교환패널 거친부분 절단	•파이프나 와이어링 하니스의 근접부분을 절단할 경우에는 용접열로 인한 손상 및 작업성을 고려하여 작업을 한다. •용접을 고려하여 0~50mm 여유를 두고 절단한다. •절단부분의 절단방법을 결정한다.
스폿 용접부 페인트제거	•스폿 용접 및 재용접 부분의 정확한 제거를 위해 토치 및 와이어 브러시를 이용하여 페인트를 제거한다.
스폿 용접부 절단	•스폿 용접 부분의 중심을 펀치로 홈을 낸 후 스폿 용접 커터를 이용하여 용접부분을 분리한 후 정(chisel)을 사용하여 제거한다.
브레이징 부분 제거	•토치 및 와이어 브러시를 이용해 분리한 다음 정을 사용하여 제거한다.
아크 용접부 제거	•디스크 그라인더를 이용하여 제거한 다음 정을 사용하여 분리한다.

11-3 차체 패널 조립 준비작업 시 안전사항

용접 자국 다듬질 작업	•보디 패널에 부드러운 스폿 용접 마크, 브레이징 마크 등 빈틈없는 용접 마크를 남기기 위해서는 디스크 그라인더 또는 유사한 공구를 주의해서 사용하여 너무 많이 깎아 내지 않도록 한다.
드릴 구멍 다듬질 작업	•준비가 끝난 후 그라인더(평편한 것)와 용접을 사용하여 드릴 구멍을 수리한다.
패널 조립 작업 준비	•신부품의 조립을 개선하기 위하여 용접이 떨어져 나간 부분(평편하지 않은 곳) 및 휘어진 곳을 해머를 사용하여 수정한다.
스폿 용접 준비	•보디 측의 스폿 용접 부분과 신부품의 표면에 겹쳐지는 부분의 모든 페인트를 벨트 샌더 또는 유사한 공구를 사용하여 제거한다.

플러그용접용 구멍가공	• 스폿 용접이 되지 않는 부분에 ø5~6mm(신품 패널 또는 사이드 보디 측)의 구멍을 핸드 펀치나 드릴을 사용하여 가공한다.
용접방법 결정	• 용접할 부분의 두께가 총 3mm 이상이면 플러그 용접을 위하여 ø7mm의 드릴을 사용하여 구멍을 가공한다. • 3mm 이상 두께에는 용접강도가 너무 낮기 때문에 용접을 하지 않는다.
절단 및 용접부 절단	• 절단 및 용접부분에 대해서는 보디의 신품 패널을 가용접한다. • 평편한지의 유무와 간극을 점검한 후 핸드 톱이나 에어 톱 등을 사용하여 잔여부분을 절단한다.
신품 패널 부분 절단	• 절단 및 용접부분은 30~50mm 정도 여유를 두고 핸드 톱 또는 전기톱 등을 이용하여 거친 부분을 절단한다.

11-4 차체 패널 조립작업 시 안전사항

용접부 점검 및 신품 패널 사전맞춤	• 보디 치수의 도면을 이용하여 기준치수를 맞춘다. 그 후 신품 패널을 알맞은 위치에 조립한다. • 도어를 조립하고 백 도어 및 다른 부품들을 본래 위치에 맞추어 놓고 간격과 표면이 맞았는지 점검한다.
스폿 용접 시 주의사항	• 스폿 용접을 하기 전에 가용접을 해보고 양호하면 실제로 용접을 실시한다. • 스폿 용접을 하기 전에 표면이 만나는 부분에는 용접조각 및 기름이나 페인트가 없음을 확인한다. • 용접 강도는 스폿 용접 팁의 형상에 영향을 많이 받기 때문에 팁은 유지되어야 한다. 더불어 과열로 인한 문제를 축소시키기 위해서는 냉각시간이 5번 또는 6번의 용접을 한 후에 실시하여야 한다. • 일반적인 규칙과 같이 스폿 용접은 기존의 용접점보다 크게 하여야 한다.
임시 용접 및 맞춤조건 점검	• 아크 용접 또는 스폿 용접에 필요한 임시 맞춤 및 가용접 등은 최종 용접을 하기 전에 관계되는 부품들과의 맞추어짐과 보디와 측량을 점검해야 한다.
절단 및 조립부분 용접	• 만약 절단 및 조립부분과 맞대기 용접이 되면 두 끝부분의 용접부분에서 문제가 발생되기 쉬우므로 뒤쪽에 임시로 플랜지를 용접하고 최종 용접이 끝나면 잘라 버린다.
용접 후 마무리	• 용접 상태가 제대로 되어 있는지 점검한다. • 디스크 그라인더를 사용하여 플러그 용접과 맞대기 용접 후의 표면을 마무리한다. • 과도한 그라인딩은 용접 부분의 강도를 약화시키기 때문에 주의해야 한다.
맞대기 용접 결합의 마무리	• 맞대기 용접의 결합부분을 가열시키고 난 후 줄 또는 샌더로 부드럽게 마무리한다.
표면 에이전트 및 보디 실러의 적용	• 표면 에이전트의 코팅이 끝난 후 필요한 부분에 보디 실러를 공급한다. • 조립 후에 보디 실러를 공급하면 매우 어려우므로 조립 전에 작업을 한다.
녹 방지제의 적용	• 용접된 부분의 반대쪽에 녹 방지제를 주입시킨다. 이때 구멍이나 옆 부분의 간격을 이용한다.
용접 타점 개수 선정	• 스폿 용접 : 최초의 용접 개수×1.3배 이상 • 플러그 용접 : 최초의 용접 개수 또는 더 많게 • 플러그 용접을 할 때는 탄산가스 아크 방지장치를 이용하여 작업을 한다. • 단단한 패널의 연결은 지시된 부분에만 실시한다.

판금용접 관련 현장용어 오용 사례

오용된 현장용어	일본용어 의미	바른 한글용어	바른 영문용어
고데	鏝/こて	납땜인두	soldering iron
기리	錐/きり	드릴 날	drill
네지	螺子/ねじ	나사	screw
눈섭고무	–	웨더 스트립	weather strip
다가네	打金/だかね	정, 치즐	chisel
다시방	대시板	사물함	glove box/dash panel
다이마무리	–	펜더 에이프런	fender apron
대꾸보꾸	凹凸/でこぼこ	요철, 울퉁불퉁, 굴곡	irregularity
덴죠	てんじょ	천정	roof
뎃빵	鐵板/てっぱん	철판	steel sheet
메다방	計器板/meter板	계기판	instrument panel
문짝카바	–	도어 트림	door trim
바라시	ばらし	해체, 분해	disassemble
빵꾸	–	펑크, 구멍	puncture, blow out
보루	襤褸-切れ/ぼろきれ	걸레	dust cloth
보루방	ボール盤	드릴 머신	drilling machine, hand drill
비스보도	ビスボルト	피스볼트	piece bolt
빵킹	板金/ばんきん	판금	panel beat
빽코너철판	–	쿼터패널	quarter panel
빽판	–	백 패널	back panel
세루카바	–	라디에이터 그릴	radiator grill
쇼바집	–	프런트 에이프런	front apron
스끼	隙/すき	틈새, 간극	gap, clearance
스테프	–	로커 패널	rocker panel
시보리작업	絞り/しぼり	패널표면 수축작업	panel shrink
아데방	当て板/あてばん	돌리(판금용 받침쇠)	dolly
아라이	荒い	거칠다	rough
앙구르	–	각도, 앵글	angle
야끼	焼き/やき	열처리(熱處理)	heat treatment
야스리	–	줄	file
요코카바	横/よこ	옆 커버	side cover
우찌바리	–	천장, 도어의 내장재	door trim
잔넬고무	–	유리고무	window channel rubber
조세이	調整/ちょうせい	조정	adjustment
하바	幅/はば	폭, 너비	width
하시라	柱/はしら	기둥, B 필러	B piller
히로와샤	–	평(平)와셔	plain washer

차체 패널 교환 현장실무

1 쿼터패널 교환(MAG welding 공법)

1 손상 부위 확인

쿼터 패널 및 리어 도어 교체작업을 판정한다.

2 리어 도어 탈거

리어 도어 손상으로 인해 신품 도어를 떼어낸다.

3 절단 부위 결정

C, D 필러 및 로커 패널 절단 부분에 접착 테이프로
표시한다.

4 스폿 너깃 제거

스폿 드릴을 사용하여 교체할 패널 부분의 바깥쪽 스
폿 너깃을 모두 제거한다.

5 스폿 너깃 제거

6 D 필러 외판 절단

플라스마 절단기를 사용한다.

7 C 필러 외판 절단

플라스마 절단기를 사용한다.

8 로커 패널 외판 절단

플라스마 절단기를 사용한다.

9 상부 스폿 부위 제거

10 하부 스폿 부위 제거

11 후부 스폿 부위 제거

12 쿼터 패널 외판 제거

스폿 너깃 부위의 떼어낸 모든 부분에 거친 표면을 핸드 그라인더로 다듬는다.

13 신부품 준비

14 펀칭기 준비

15 패널 가장자리 펀칭

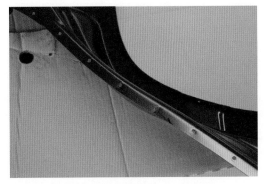

플러그 용접할 부위를 펀칭기로 모두 뚫는다.

16 패널 가장자리 펀칭

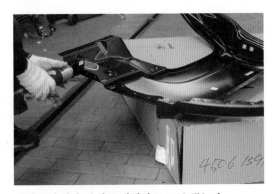

플러그 용접할 부위를 펀칭기로 모두 뚫는다.

17 보강판 제거

구패널에서 보강판을 떼어낸다.

18 보강판 접착면 보수

떼어낸 보강판에 접착제를 도포한다.

19 보강판 부착

조립할 위치에 바이스 그립으로 고정한다.

20 CO_2 가스압력 조정

CO_2 가스유량을 적정 사용압력으로 조절한다.
(20℃에서 0.15~0.20MPa, 15L/min)

21 보강판 용접

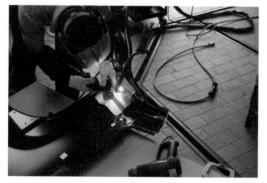

신패널에 보강판을 CO_2 용접한다.

22 용접 부위 방청처리

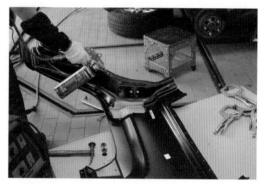

방청도료를 용접 부위와 주변에 골고루 도포한다.

23 절단면 다듬질

C, D 필러 및 로커 패널 절단 부분 모두 샌딩한다.

24 신패널 가조립

각 접촉 부위가 정확히 맞는지 점검한다.

25   접합부 위치 결정

패널 접합 위치가 결정되면 바이스 그립으로 고정하고 탭 나사로 조인다.

26   접합 위치 고정

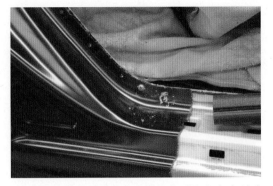

탭 나사를 대칭 위치에서 조여주며 정확한 용접 위치를 설정한 다음에 용접작업을 해야 한다.

27   C 필러 위치 조정

28   D 필러 위치 조정

29   신품 리어 도어 조립

30   리어 도어 틈새 조정

리어 도어를 닫았을 때 상하좌우의 틈새가 정확하게 맞도록 조정한다.

31 C 필러 CO_2 용접

32 D 필러 CO_2 용접

33 각부 플러그 용접

교환패널의 가장자리를 모두 플러그 용접한다.

34 로커패널 CO_2 용접

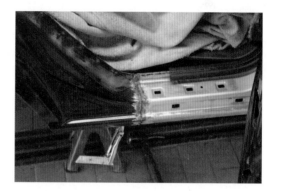

35 리어 도어 장착상태 재확인

플러그 용접 후 리어 도어 틈새를 확인한다.

36 테일램프 가조립

37 휠 하우스 부위 플러그 용접

38 용접 부위 그라인딩 작업

C, D 필러 부위, 로커 패널 부위, 플러그 용접 부위를
모두 깨끗하게 그라인딩한다.

39 휠 하우스 내부 방청 처리

40 용접 부위 퍼티도포 작업

이동식 건조기로 20분 건조시킨다.

41 퍼티 부위 샌딩작업

샌더로 모든 퍼티작업 부위를 #320까지 샌딩한다.

42 작업완료

쿼터 패널 교체작업 완료 후 보수도장한다.

2 사이드 멤버 교환(bonding/riveting 공법)

1 절단 위치 선정

절단 위치를 결정하고 직각으로 선을 긋는다.

2 절단 부위 표시

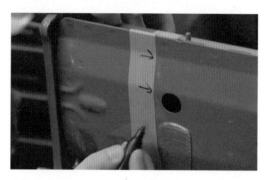

접착 테이프를 절단 부위에 붙이고 위치를 표시한다.

3 절단작업

직각을 유지하여 표시된 절단 부분의 결함 부분을 에어 톱으로 절단작업한다.

4 절단분리

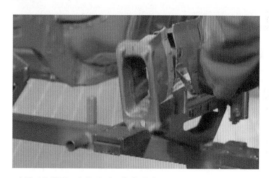

결함 부위를 절단하여 떼어낸다.

5 절단면 샌딩

핸드 그라인더로 절단면을 깨끗하게 샌딩한다.

6 절단면 세척

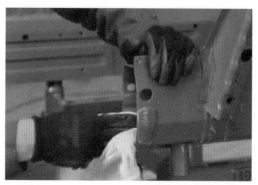

접착제가 도포되는 부위를 세척제로 깨끗이 세척한다.

7   신부품(사이드 멤버) 절단

신부품을 실제 필요 교체 부분의 길이보다 약간 여유
있게 절단한다.

8   보강판 설치 위치 표시

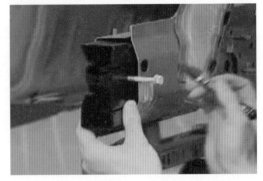

보강판의 고정볼트 위치를 기존 멤버의 표면에 표시
한다.

9   신부품 설치 위치 표시

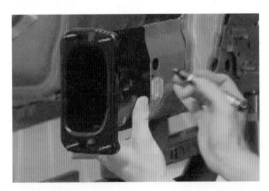

신부품에 보강판의 고정볼트 설치 위치 표시와 동일
한 위치에 표시한다.

10   기존 멤버 볼트 위치 가공

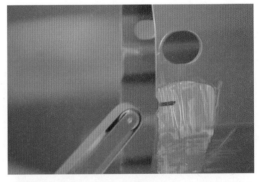

기존 멤버 절단면에 볼트직경과 같은 크기로 구멍 가
장자리를 만든다.

11   신부품 볼트 위치 가공

신부품 절단면에 볼트직경과 같은 크기로 구멍 가장
자리를 만든다.

12   신부품 접착 부분 세척

본드가 접촉되는 내측 부위를 깨끗이 세척한다.

13 보강판 표면 세척

본드가 첩착되는 보강판 외부 접촉면을 깨끗이 세척한다.

14 기존 멤버 접착 부분 세척

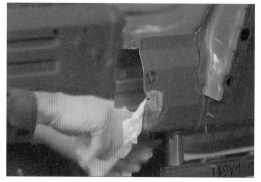

본드가 접촉되는 내측 부위를 깨끗이 세척한다.

15 보강판 접착제 도포

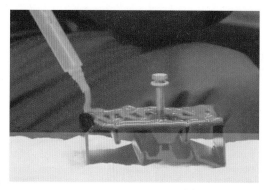

전용 본드(접착제)를 외부 전체에 바른다.

16 보강판 접착제 전체도포

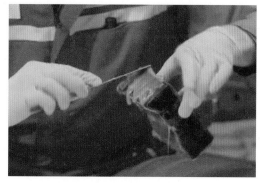

전용 본드(접착제)를 표면 전체에 2~3mm 두께로 고르게 도포되도록 다듬는다.

17 신부품 설치

보강판을 기존 멤버 속에 넣고 절단 가공된 신부품을 끼운다.

18 신부품 고정작업

바이스 그립으로 조립 위치에 정확히 고정하고 규정 치수가 맞는지 다시 한번 확인한다.

19 보강판 내부확장

확장볼트를 돌려서 보강판을 최대확장시켜 접착제가 멤버 내면에 완전히 붙게 한다.

20 접착면 상태 확인

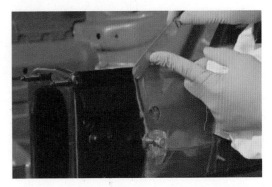

멤버 속에 접촉상태를 확인하고, 외부로 삐져나온 접착제를 표면에 고루 펴서 틈새를 막는다.

21 리벳구멍 가공

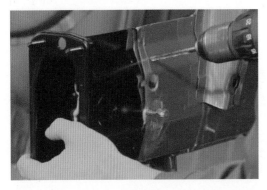

바이스 그립을 제거하고 리벳이 들어갈 구멍을 4군데 드릴가공한다.

22 리베팅

강도보강을 위해 드릴구멍에 4군데 리베팅한다.

23 확장용 볼트 제거

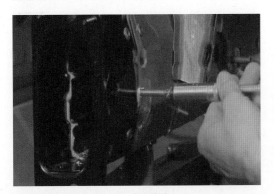

보강판의 확장용 볼트를 제거한다.

24 교체작업 완성

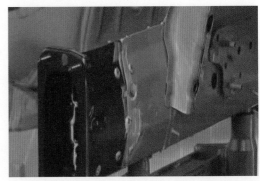

사이드 멤버의 본딩과 리베팅 교체작업을 완료한다.

3 | 부식 패널 성형가공 복원

1 패널 부식 부위 확인
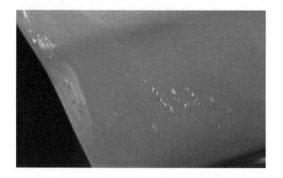

2 교체 부위 도막 제거

#60~#80 샌드 페이퍼를 사용하여 샌딩한다.

3 교체 부위 전체 샌딩

4 절단 부위 확인

비드라인을 이용하여 절단한다.

5 교체 부위 절단

절단라인에 약간 여유를 두고 절단한다(대강절삭 작업(roughly cutting)을 한다).

6 절단작업

외곽을 모두 절단한다(커팅 휠이나 플라스마 절단기를 사용하여 나머지 외곽 부분을 정밀하게 절단한다).

7 교체 패널 부위 제거

대강 절삭한 부위를 제거한다.

8 스폿 너깃 제거

패널 가장자리의 스폿 용접된 너깃을 그라인딩하여 제거한다.

9 스폿 용접 부위 정리

10 내측 부식패널 절단

내측 부식패널 부위를 커팅 휠로 잘라낸다.

11 상부 부식패널 부위 제거

12 하부 부식패널 부위 제거

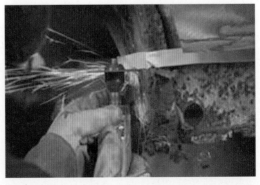

13 내측 부식 부위 완전 제거

14 내측패널 성형가공

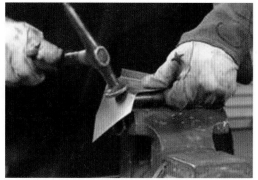

철판으로 내측 절단 부위와 동일형태로 성형가공한다.

15 용접 부위 그라인딩

내측패널 용접 부위의 표면을 조정하고 부식을 제거한다.

16 하부 내측패널 용접

성형가공된 내측 하부패널을 MAG 용접한다.

17 상부 내측패널 용접

성형가공된 내측 상부패널을 MAG 용접한다.

18 내측 패널 성형복원 완성

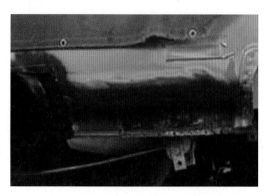

19 외측패널 절단 부위 결정

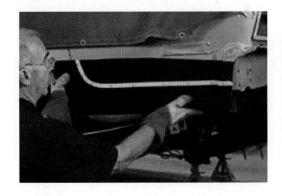

20 외측패널 정밀 절단가공

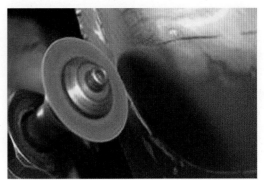

21 내측패널 방청작업

외측패널 정밀절단 후 내측패널에 방청처리를 실시
한다.

22 신품패널 용접 부위 확인

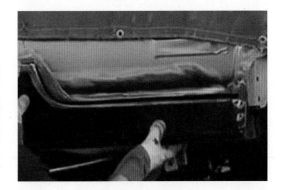

23 패널 고정

정밀한 위치를 확인하고 용접을 위한 클램핑 작업을
한다.

24 가접작업

용접 부위 모든 가장자리에 MAG 용접기로 가접을
실시하여 위치를 잡는다.

25 외측패널 전체 간헐용접

용접 부위 가장자리는 스티치(stitch) 용접을 하고 내측
패널과의 접합 부위는 플러그(plug) 용접을 한다.

26 전체 연속용접

용접 부위 가장자리 스티치 용접한 부위는 모두 연속
(continuous) 용접을 실시한다.

27 용접 비드 부위 그라인딩

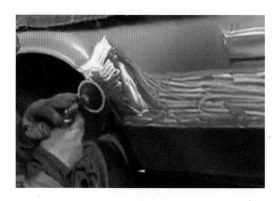

28 교체패널 퍼티도포

29 퍼티샌딩

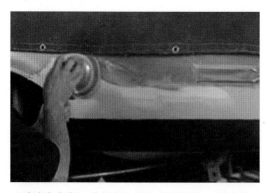

듀얼액션샌더를 사용하여 #80~#320 샌드 페이퍼로
샌딩한다.

30 패널 성형복원작업 완성

퍼티 샌딩작업이 완료되면 동일한 컬러를 사용하여
보수도장작업을 한다.

Vehicle Body Repair Techniques

PART 3

자동차 보수도장

Chapter 01

자동차 도장 개론

1. 도장 목적

도장(塗裝 : coating, painting)이란 물체의 보호나 미관 향상 등을 위하여 물체의 표면을 도료를 사용해서 도막(塗膜 : paint film)을 만드는 모든 행위 또는 액체(또는 고체)의 도료가 경화되어 얇은 도막을 형성하기 위한 작업이다.

도료(塗料 : paint, coat)란 물체의 보호, 미관, 표시 등을 위하여 물체의 표면을 피복(被覆 : coating)할 목적으로 수지, 안료, 용제, 첨가제 등으로 만들어진 액체 또는 고체의 물질이다. 자동차 도장의 목적은 다음과 같다.

① 물체 보호 : 녹이나 부식 방지를 위한 보호 기능
② 미관 향상 : 입체적 색채감 부여
③ 상품성 향상 : 상품의 가치 증대
④ 도장에 의한 표시 : 착색물의 기능, 의미 등의 식별

2. 신차도장

2-1 신차도장(新車塗裝)의 특징

① 경제적으로 적합한 도료와 도장법을 결정한다.
② 대량 연속생산 방식이다.
③ 비바람(風雨)과 햇빛(日光)에 견딜 수 있는 도장 성능을 확보한다.
④ 다양한 색상 적용 및 감성 품질이 요구된다.
⑤ 차체 내부로 물, 먼지, 소음 유입 등을 방지한다.

2-2 신차도장 공정

신차도장의 주요 공정은 자동 라인에 의해 용접된 차체가 도장 라인으로 운반되어 오면 하도도장(下塗塗裝 : primary coating)을 위해 차체 표면을 탈지(脫脂)하고, 화학처리를 한 다음 차체 전체를 방청도료로 전착도장한다. 그리고 접합된 각 패널들의 틈새를 방수처리하기 위한 실링(sealing)작업과 소음 진동을 방지하기 위한 각종 언더코팅을 실시한다.

이후 중도도장(中塗塗裝 : intermediate coating)과 상도도장(上塗塗裝 : top coating)을 거쳐 조립 라인에 보내져서 각 부품을 조립하고, 도장 표면 보호를 위한 왁스작업(waxing)을 한다. 이때 모든 공정마다 철저한 세척과 건조과정을 거친다.

화성처리(化成處理 : chemical conversion treatment)는 화학적 처리로 금속 표면에 안정된 화합물이 생성되게 하는 것으로 인산염 처리(燐酸鹽處理 : phosphate treatment), 흑염처리(黑染處理 : blackening treatment), 크로메이트 처리(chromate treatment) 등이 있다.

① **화성 처리**
　㈎ 탈지-1 : 과잉의 유용제에 의한 탈지(脫脂 : solvent degreasing)
　㈏ 탈지-2 : 약알칼리나 에멀션화제에 의한 탈지, 50~60℃에서 2~3분간
　㈐ 수세(水洗 : washing by water) : 1~2단, 각단 40~50℃에서 1~2분간
　㈑ 화성피막(化成被膜) : 인산아연처리, 2~3분간
　㈒ 수세 : 1~2단, 각단 40~50℃에서 1~2분간
　㈓ 순수세(純水洗) : 탈이온수(5×105 Ω), 5~8분간
　㈔ 건조(warm blow off) : 공기온도 130~140℃에서 5~8분간
② **전착도장** : 통전 3~5분/220V, 150~180℃에서 15분 건조, 도막두께 15~30μm,
③ **소부 건조(oven)** : 공기온도 170~180℃에서 25~30분간
④ **실링** : 방음재, 실러 등 도장
⑤ **전착도장면 보수** : 부분 보수도장, 보수용 프라이머 스프레이 도장
⑥ **소부 건조** : 160~170℃에서 8~10분간
⑦ **중도도장** : 정전도장, 30~40℃
⑧ **소부 건조** : 오븐 내 온도 140~150℃에서 30~35분간
⑨ **수연마(wet sanding)** : 자동 및 수동 샌더, 최종 수세는 탈이온수 사용
⑩ **중도도장면 보수** : 부분 보수도장, 보수용 서페이서 스프레이 도장
⑪ **상도도장** : 색상도료 2회 도장, 30~40μm 클리어 2회 도장, 40~45μm
⑫ **소부 건조** : 135~140℃에서 25~30분간
⑬ **외관 검사** : 외관 보수
⑭ **외장 부품 등의 장식도장**

2-3   정전도장(靜電塗裝 : electrostatic painting)

일반 분무식(air spray) 도장에서는 보통 4~5bar 정도의 공기압이 무화(霧化 : atomized)된 도료입자를 공기압에 의하여 피도물에 도착시키나 피도물이 충돌 후 비산되므로 약 30% 정도의 도착 효율 밖에 얻지 못한다.

정전도장은 접지한 피도물을 양극(+)화하고, 도료 토출장치를 음극(−)화하여 여기에 고전압을 걸어서 양전극에 정전계를 만든다. 토출시킨 도료입자가 전기를 띄게 하면 무화된 입자에 전하를 걸어 주게 되어 정전기적 인력에 의해 피도물에 도료입자가 달라붙게 한다. 이러한 방법은 약 70~80% 정도 도착 효율을 향상시킨다.

정전도장 방법에는 회전분무방식(rotary atomizing electrostatic coating)과 공기분무방식(air atomizing electrostatic coating)이 있다.

2-4   분체도장(粉體塗裝 : powder coating)

분체도장은 분말가루로 이루어진 고형분의 도료(입자의 크기는 대략 $60\mu m$ 정도)를 공기에 의해 피도물(철제품)에 분사하여 붙이는 방법이다. 이때 분사되는 원료에는 (−)이온을, 금속제품에는 (+)이온을 가지게 해주면 철과 도료가 자력(磁力)에 의해 서로 밀착하게 되고 균일한 도막을 형성되며, 150~220℃에서 15분 정도(철판의 두께에 따라 다름) 열을 가해서 도료를 녹여 철에 붙인다.

하도도장이 필요 없어 단지 1회의 도장으로 액체 도료에 비해 두꺼운 도막 두께와 우수한 도막 성능을 얻을 수 있어 도장 공정 단축으로 인한 생산성을 향상시킬 수 있으며, 용제 사용으로 인해 발생할 수 있는 대기오염, 화재위험, 악취, 독성 등을 해결할 수 있다는 점에서 현재 전 세계적으로 크게 호응을 얻고 있다.

용매의 도움 없이 순수한 건식으로 분체 도료를 피도장물에 부착시키는 도장 방법으로서 도장 원리에 따라 정전분체도장법, 유동침지법(流動浸漬法), 정전유동침지법, 용사법으로 구분된다.

2-5   전착도장(電着塗裝 : electrodeposition coating)

수용성 도료 속에 피도물을 침적하여 피도물과 도료 탱크 안에 설치된 전극 사이에 직류전류를 가하여 피도물에 불용성 도막을 석출시키는 방법으로서 ED도장(도막석출 : electro deposition), 전기영동(전기이동 : electrophoresis)도장이라고도 하며, 자동차 하도도장에 주로 사용한다.

도료에는 음(-)이온형과 양(+)이온형이 있으며, 음이온형은 카복시기(carboxy 基)를 가지며 수중에서 음(-)의 전하를 갖고 양극인 피도물에 석출된다. 초기의 도장은 대부분 이 방법이었으나, 피도물이 양극이 되어 금속이 녹아 나오기 때문에 내식성에 있어서 문제가 되었다.

이에 비해 폴리아미노 수지도료로 대표되는 양이온 도료는 아미노기(amino 基)를 가지고, 수중에서 양(+)의 전하를 가지며 음극인 피도장물로 석출하므로 피도물로부터 금속용출이 없어 내식성이 양호하기 때문에 자동차 차체의 전착도장에는 대부분 양이온 전착도장법을 사용한다.

신차도장법의 특성 비교

구분	도장법	장점	단점
정전도장	정전기를 이용하여 도장	• 대량에도 품질이 안정되고 도료 손실이 적다. • 파이프 전체를 균일하게 도장 가능하다.	• 전기 불연체는 불가능하며, 오목한 부위는 도료 부착이 어렵다.
분체도장	분말형 수지도료를 도막에 도장	• 두껍고 고성능인 도막이다. • 세팅시간이 불필요하다. • 복잡한 형상 피복이 용이하다. • 도료 손실이 없고 도장 후 환경 정화가 쉽다.	• 도막의 평활성이 부족하다. • 엷은 도막 형성에는 곤란하다. • 가열온도가 높아 가열할 수 없는 피도물은 적용되지 않는다.
전착도장	수용성 도료용액을 차체에 직류전압을 이용하여 전기적으로 전착하여 도장	• 복잡한 형상 내외부 도장에 용이하다. • 조작이 간단하고 도료 손실이 적다. • 화재의 위험이 적다. • 도장 불량률이 적다.	• 설비 비용이 높고 전력 소모도 크다. • 가열온도가 높고 전도성의 금속에 한정된다. • 1 코팅

3. 자동차 보수도장

3-1 보수도장의 목적

자동차 보수도장(補修塗裝 : automotive refinishing, automotive repair painting, car touch-up painting)은 자동차정비업체에서 변형되거나 손상된 차체를 수정하고, 도막을 원상복원하기 위해 도색 작업하는 방법으로서, 작업자가 직접 수작업(手作業)으로 한다.

자동차 보수도장 필요성은 다음과 같다.

① 사고차의 복원도장
② 낡은 도막의 재생
③ 부식이 생긴 부분 보수
④ 중고차의 상품가치 향상
⑤ 이미지 색상도장

3-2 에어 스프레이도장(air spray painting)

보수도장작업의 목표는 도장실 안에서 압축공기와 보수도료를 사용하여 스프레이 건(spray gun)으로 분무시켜 도막을 형성하므로 에어 스프레이도장이라고 부르며, 작업 후의 도막상태를 신차도막과 동일한 물성과 외관으로 만드는 것을 목표로 한다.

에어 스프레이도장의 특징

장점	단점
• 도장 소재 다양 • 설비와 장비 간단 • 작업 간편 • 도장 속도 신속 • 도장 가격 저렴	• 과잉 분무 발생 우려 • 도료 손실 과다, 도장 환경 열악 • 두꺼운 도막 두께 생성 곤란 • 고점도 도료 사용 곤란 • 심한 요철 부위 도장 불리

자동차 보수도장작업에서 사용하는 에어 스프레이도장 방법은 자동차의 철판이나 플라스틱 및 알루미늄과 같은 소재의 거의 모든 부품을 도장할 수 있으며, 공기압축기, 스프레이 건, 도장 부스(spray booth)만을 사용하므로 설비와 장비가 간단해서 작업이 간편하고, 신속하며, 도장 가격이 저렴하다. 그러나 도료의 과잉 분무로 도료 손실이 많고, 작업현장에서 도장 환경이 열악해질 수 있으며, 두꺼운 도막을 만들거나 고점도 도료를 사용하기가 곤란하며, 심한 요철 부위의 도장은 불리하다.

4. 차체도막 구성

4-1 신차도막의 구성

자동차의 도막은 효능이 서로 다른 도료가 여러 겹의 도막으로 구성되어 있다. 도막상태의 도장 공정에 의한 분류는 다음과 같으나, 보수도장은 작업의 특성상 하도와 중도가 복합되어 작업 공정이 이루어지기도 한다.

① 하도도장(下塗塗裝 : primary coating) : 세정·방청 및 부착성 제공
② 중도도장(中塗塗裝 : intermediate coating) : 충진 및 부착성 제공
③ 상도도장(上塗塗裝 : top coating) : 외관의 아름다움 제공

신차도장은 원칙적으로 하도, 중도, 상도도장 공정으로 이루어진다. 하도는 방청력이 강한 도료로서 도막 전체의 기초가 되며, 중도는 금속표면의 거친 도장면을 매끄럽게 하는 역할을 하고, 상도는 자동차의 상품성을 향상시키고, 아름다운 색채를 만든다.

4-2 보수 도막의 구성

보수도장은 손상된 차체 철판을 보수작업하므로 도막의 상태나 도장범위, 작업공정, 설비 기기 및 도료의 종류가 광범위하지만, 주로 에폭시 프라이머(워시 프라이머)나 퍼티작업을 한 후에 프라이머–서페이서 도장을 하고, 상도도장을 하는 공정으로 이루어지므로 대부분 하도 도장과 중도도장이 복합된 공정으로 이루어진다.

상도	아크릴 멜라닌계	클리어	$30 \sim 50 \mu m$
		베이스	$18 \sim 32 \mu m$
중도	서페이서		$30 \sim 40 \mu m$
하도	프라이머 전착		$18 \sim 27 \mu m$
	인산아연 피막		$3 \sim 5 \mu m$
철판			0.8mm

상도	아크릴 우레탄계	클리어	$30 \sim 50 \mu m$
		베이스	$18 \sim 32 \mu m$
중도	프라이머 – 서페이서		$40 \sim 50 \mu m$
하도	퍼티		$5 \sim 7 \mu m$
	에폭시 프라이머		2mm 이하
철판			0.8mm

신차와 보수 도막 구성 비교

4-3 상도도장 시스템

① **1 coat** : 솔리드 컬러(solid color)

② **2 coat** : 메탈릭 컬러(metallic color) 또는 메탈릭+펄 컬러

③ **3 coat** : 펄-마이카 컬러(pearl-mica color)

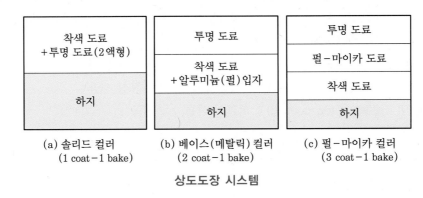

상도도장 시스템

5. 도 장 품 질 평 가

5-1 도장 품질에 영향을 미치는 요인

자동차 보수도장작업은 자동차 정비 현장에서 직접 작업하는 것이기 때문에 훌륭한 도막 상태를 얻기 위해서는 필수적으로 압축공기 속에 수분이나 먼지가 없는 양질의 공기를 사용해야 한다.

자동차 보수도장작업 시 도막 상태에 영향을 주는 주요 원인을 보면 표면처리 약 50%, 도막 두께 약 20%, 도료 성능 약 5%, 기타 도장 환경 및 작업자의 숙련도 약 25% 정도로 영향을 미치고 있다.

따라서 도장할 부위의 도막표면 처리작업과 퍼티작업 및 샌딩작업 등과 같은 도장 전의 표면처리 작업이 대단히 중요하다.

또한 도장 환경과 작업자의 숙련도에서도 큰 영향을 미치므로 항상 도장작업장을 깨끗하게 관리하고, 정확한 도장 방법을 숙련하도록 노력해야 한다.

도장 품질에 영향을 주는 요소

5-2 평활도(tension value)

도막의 외관 품질을 평가하는 방법 중에 하나로서 표면의 평활한 정도를 측정하는 것이다. 이 시험 방법은 시각상의 투명성과 도장의 유동성을 측정하며, 측정기기는 PPG 텐션 미터 (tension meter)와 파면 분석기(wave scan) 등이 사용된다.

(1) PPG 텐션 미터

① **측정 원리** : 광원에서 투사된 빛이 텐션 그리드 (tension grid)를 통과하여 표면에 투사되고 표면 파형(wave)에 의한 반사광이 필름에 현상된다. 텐션 그리드는 9~20까지가 있으며, 그리드당 직선 수는 10개이다. 직선 간 간격은 그리드가 올라갈수록 좁아진다.

② **측정 범위** : 9~20

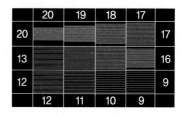

평활도(tension value)

③ **평가** : 직선의 겹침이나 끊어짐이 있어서는 안 된다. 현상된 필름에 의한 육안 판독을 실시한다.

(2) 파면 분석기

① **측정 원리** : 레이저가 표면을 60° 각도로 투과하며, 이와 반대에 위치한 검출기 (detector)가 반사광의 세기를 측정한다. 장파(long wave)와 단파(short wave)로 나누어서 측정하며, 측정 길이는 10cm이다.

② **측정 범위** : GM 텐션(0~21)

③ **평가** : 장파와 단파에 근거를 두어 GM과 PPG가 평활성을 계산한 수치가 디지털 수치로 측정된다. 수치가 높을수록 도막의 평활성은 양호한 수준으로 본다.

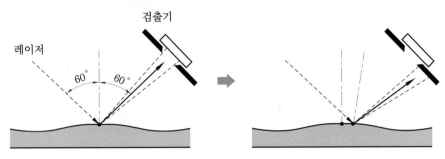

파면 분석 원리

5-3   선명도(D.O.I : distinction of image)

표면에 일정한 각도(20°)로 상을 투과했을 때 반사되는 사물의 투명성(맑음)이 원형에 가까운 정도를 측정하는 것으로, 광택이 높은 표면에서 반사된 영상의 투명성 정도를 나타낸다. 이 값이 낮으면 탁하다(haze)고 본다.

평활도과 광택도는 컬러 종류에 무관하다. 즉 밝기, 메탈릭, 마이카, 솔리드에 상관성이 없으나 DOI는 상관성을 가지고 있다.

일반적으로, 메탈릭의 경우 마이카, 솔리드보다 탁도값이 높고 DOI는 낮다. 밝은 메탈릭일수록 DOI는 낮으며, 알루미늄 입자의 양이 증가할수록 DOI는 낮아진다.

① **판정범위** : 0~100

② **측정기기**

　㈎ ATI DOI/글로스 미터

　㈏ PGD 미터(육안으로 판정 : 0.5 이상 50%를 육안으로 판독 가능 수치 측정)

　㈐ NID 미터(시험편 위를 선형성 측정기(NID계)에 의해 화상해석(畵像解析)을 행하여 PGD 대응치를 읽어 취함)

　㈑ 헌터 DOI 미터

5-4   광택도(gloss)

표면에 일정한 각도로 빛을 투과했을 때, 투과된 빛의 양과 반사되는 빛의 양 비율을 측정하는 것이다(빛의 투과 각도는 20°, 60°, 85°).

일반적으로 상도(top coat)의 경우 빛의 투과 각도는 20°이다.

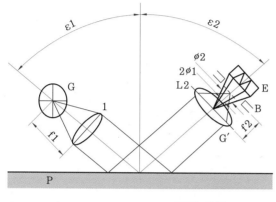

ε1:입사각   ε2:반사각
G:광원   G′:반사광
L1:렌즈1   L2:렌즈2
∅1:초점각1
∅2:초점각2
f1, f2:초점거리
E:광전수신기
B:블레이드
P:반사면

광택 측정

① 측정 원리
② 측정 기기
  ⑦ ATI DOI/글로스 미터
  ⑭ BYK 글로스 미터

5-5   도막 품질(QMS)

도막 품질 측정은 미국의 퍼셉트론 사에서 개발한 측정 기기로 한 번의 측정으로 선명도, 광택, 평활도 및 종합값을 측정할 수가 있다. 종합값은 측정자가 선명도, 광택도, 평활도에 일정한 가중치를 주어 전반적인 외관의 평가를 측정하는 수치이다. 최근 자동차 메이커에서 사용하는 경향이 증대되고 있는 실정이다.

측정 원리는 장파와 단파 수치를 조합하여 평활도를 측정한다.

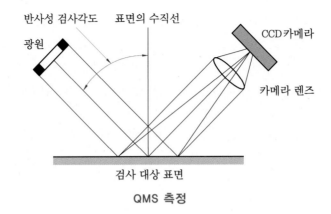

QMS 측정

5-6 도장 외관 품질 평가 방법과 영향 요인 분석

도장 품질 평가와 요인

구분	도장재료 특성	적용 기술
평활도	20%	80%
선명도	80%	20%
광택	50%	50%
영향 요인의 주요 내용	• 흐름(sagging) • 건조시간(wetting성) • 표면장력 • 입자의 무화성 • 도료의 고형분	• 피도체와의 거리/각도 • 적정 범위 내의 균일 막후 • 건조기의 적정온도 유지 • 도장부스의 온·습도 • 적용 도료의 점도

Chapter 02

자동차 보수 도료

1. 도료의 구성

자동차 도장의 다양한 목적에 대응하기 위해 자동차용 도료는 부식을 방지하고, 요철부위를 메꾸며, 상도와 중도 사이의 도료를 차단시키는 기능을 갖고 있다.

또한 상도 도료를 잘 부착시키며 도장 후의 아름다운 표면을 향상시킬 수 있는 우수한 작업성을 갖춘 도료를 사용하고 있다.

자동차 도료는 높은 점도를 갖는 액체 상태이므로 자동차 보수도장작업 시에는 작업성을 향상시키기 위해서 추가로 희석제인 시너(thinner)를 일정 비율로 혼합하여 묽은 상태로 점도를 낮추어서 사용한다.

자동차에 사용되는 도료의 기능

① 부식방지 기능 예 프라이머(primer)

② 메꿈 기능 예 퍼티(putty)

③ 차단 기능 예 실러(sealer)

④ 부착 기능 예 프라이머-서페이서(primer-surfacer)

⑤ 외관 향상 기능 예 베이스 코트(base coat), 클리어 코트(clear coat)

자동차에 사용되는 도료는 안료(顔料 : pigment), 수지(樹脂 : resin), 용제(溶劑 : solvent) 및 첨가제(添加劑 : additives)로 구성되어 있다. 안료는 색상을 나타내는 분말(粉末)이며, 수지는 도막의 광택, 경도, 부착률 등을 결정하는 역할을 한다.

또한 용제는 수지를 녹이고 안료와 수지를 혼합하는 역할을 하며, 그밖에 각 도료의 특정한 성질을 부여하기 위해 도료의 본래 형태를 유지하고, 저장 시 안정성을 유지하는 역할을 하는 첨가제가 포함되어 있다.

자동차 도료 속에는 대개 안료 0~20%, 수지 60%, 용제 30~80%, 첨가제 5%로 혼합되어 있으며, 스프레이도장 시 점도를 낮추기 위해 희석제를 사용한다.

1-1   안료(pigment)

　안료는 색채와 은폐력(隱蔽力 : hiding power)을 나타내는 분말이며, 도장 후 도막 속에서 수지와 함께 남아 있게 된다. 체질안료(體質顏料 : extender pigment)는 주로 퍼티에 사용되고, 움푹 파인 부분을 메우는 능력이 있다.

　방청안료(防靑顏料 : rust preventing pigment)는 프라이머에 사용되며, 부식을 감소시켜 철판이 녹스는 것을 방지한다. 유색안료(有色顏料)는 상도 도료에 적용되고, 색상을 나타내는 역할을 하며, 일반적인 안료인 솔리드(solid) 안료와 메탈릭(metallic) 안료 및 마이카 펄(mica pearl) 안료가 있다.

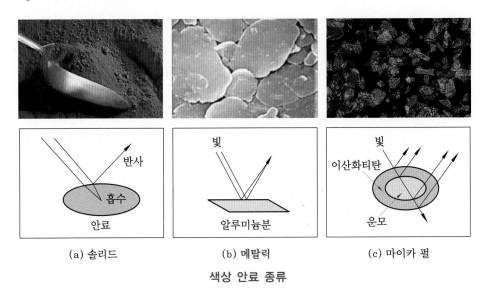

(a) 솔리드　　　　　　　(b) 메탈릭　　　　　　　(c) 마이카 펄

색상 안료 종류

1-2   수지(resin)

　수지는 점도가 높고 투명한 액체 상태이며, 건조되면 딱딱해진다. 천연수지는 식물에서 채취되고, 공업용 도료에서는 사용하지 않는다.

　합성수지는 화합물의 화학반응으로부터 얻으며, 공업용 도료에 사용되고 있다. 열가소성 수지는 열에 의해 부드러워지고, 냉각시키면 경화되는 성질을 반복하며, 아크릴 수지와 불소 수지가 있다.

　열경화성 수지는 초기에는 부드럽지만, 열을 가하면 딱딱해지고 다시 부드러워지지 않으며, 에폭시 수지와 폴리우레탄 수지가 있다.

1-3   용제(solvent)

용제는 다른 물질을 녹여 용액으로 만드는 액체를 말하며, 솔벤트라고도 부른다. 따라서 용제는 안료와 수지가 쉽게 섞일 수 있도록 수지를 녹이는 데 사용되며, 일반적으로 도료용기 속에 미리 혼합되어져 있고, 진용제, 조용제, 희석제로 분류된다.

그밖에 시너(thinner)는 용제의 혼합물로서 도장작업 시 스프레이 건으로 도료를 분무하도록 도와주며 작업이 용이하도록 도료 점도를 희석시키는 역할을 한다.

(1) 용해력에 의한 분류

① **진용제(solvent)** : 단독으로 수지를 용해하는 성질이 있다.

② **조용제(latent solvent)** : 단독으로는 용질을 용해하지 못하고 다른 용제와 혼합하면 용해력을 나타낸다(잠재성 용제).

③ **희석제(diluent)** : 수지에 대한 용해력은 미세하며 도장작업 시 작업자가 적정량을 도료에 혼합하여 작업성과 증발속도 도막 형상 등을 조정한다.

(2) 화학 구조식에 의한 분류

① 식물계 용제

② 탄화수소계 용제 : 파라핀족, 올레핀족, 나프텐족, 방향족

③ 알코올, 에스테르, 케톤, 에테르계 용제

④ 할로겐화 탄화수소계 용제

⑤ 질소화합물계 용제

⑥ 기타

(3) 비점에 의한 분류

① **저비점 용제** : 상압 하에서 비점이 100℃ 이하(아세톤, 케톤, 에탄올 등)

② **중비점 용제** : 비점 100~150℃ 이하(톨루엔, 초산아밀, 초산부틸, 부탄올 등)

③ **고비점 용제** : 비점 150℃ 이상(부틸셀로솔브, 디이소부틸케톤 등)

1-4   첨가제(additives)

자동차 도료에 사용되는 첨가제의 종류는 다음과 같다.

① 가소제(연화제)　　② 자외선 흡수제　　③ 분산제

④ 건조제　　　　　　⑤ 경화제　　　　　⑥ 증점제

자동차용 도료에는 도료의 본래의 형태를 유지하고, 저장하는 동안 안정성을 유지하기 위해 각종 첨가제가 혼합되어 있다.

가소제(可塑劑 : plasticizer)는 도막에 유연성을 주고 굴곡성과 내충격성을 향상시켜 주며, 자외선 흡수제는 자외선에 의한 광택 감소와 변색과 같은 노화를 방지한다.

분산제(分散劑 : dispersant)는 안료가 수지 속에서 잘 분산되게 하며, 건조제(dryer)는 안료에 소량을 넣어 건조를 촉진시키는 역할을 하고, 증점제(增粘劑)는 도막의 점도를 높이기 위해서 사용한다.

용제의 종류

용제계열		용제 종류
알코올류		메틸알코올, 에틸알코올, 이소프로필알코올, 이소부탄올 등
에스테르류		메틸아세테이트, 에틸아세테이트, 부틸아세테이트 등
에테르류		에틸셀로솔브, 부틸셀로솔브 등
케톤류		아세톤, 메틸에틸케톤, 메틸이소부틸케톤, 메틸아밀케톤 등
탄화수소류	방향족	벤졸, 톨루엔, 자일렌 등
	지방족	피트롤리움 에테르, 피트롤리움 벤진, 가솔린 등

2. 도료의 건조

2-1 건조·경화 메커니즘

도료의 건조란 액체도료가 경화되어 딱딱한 도막 층(film)을 이루는 과정을 말하며, 건조 과정에서 용제와 시너가 공기 중으로 증발되고 도막 속에는 남지 않으며, 안료는 도막 속에 남아서 수지와 같이 딱딱한 고체로 변한다. 즉, 도료가 도장된 후 젖음(wet) 도막에서 건조(dry) 도막으로 변하는 경로를 경화 메커니즘이라 한다.

(1) 산화중합형(酸化重合形 : oxidative drying paints)

1액형(1K, one component)의 에나멜류 도료를 말하며, 공기 중에서 천천히 건조하며, 자동차 도료로 사용되지 않는다.

(2) 용제증발형(溶劑蒸發形 : physical drying paints)

화학적으로 반응하지 않고 용제와 시너가 증발하면서 도막이 형성되며, 건조가 빠른 1액형의 아크릴 래커계 도료가 있다. 건조된 도막은 시너로 쉽게 녹으며, 기후에 대한 저항성이 약하고, 빠르게 건조되어 작업성이 좋다. 종류에는 초화면(nitrocellulose) 래커, 초화면 변성 아크릴 래커, 스트레이트 아크릴 래커 등이 있다.

(3) 반응건조형(反應乾燥形, 化學反應形 : chemical curing paints)

반응건조형은 2액형(2K : two component)이라고도 하며, 가열이나 화학적 반응에 의해서 수지가 경화되는 도료로서 경화제를 사용하며, 보수도장 시 약 70℃에서 30분 정도 강제로 열을 가하여 도막을 경화시키는 아크릴 우레탄계 도료가 있다.

(4) 가열건조형(加熱乾燥形 : baking paints)

가열건조형은 신차도장에서 약 180℃에서 30분 정도 열처리하는 고온가열형 멜라민계, 아크릴계, 불소수지계 소부도료(燒付塗料 : baking)가 있다.

도료의 건조 방법에 따른 건조 온도

건조 방법	건조 온도	대상 도료
자연건조(air drying)	20~30℃	래커계
강제건조(반응건조 : forced drying)	60~80℃	우레탄계
가열건조(baking)	120~160℃	소부도료

2-2 건조 상태의 분류

(1) 지촉건조(指觸乾燥 : set to touch)

도막에 손가락으로 가볍게 눌렀을 때 약간의 점착은 있으나 도료가 손가락에 묻지 않는 상태이다.

(2) 경화건조(硬化乾燥 : dry to handle)

강하게 압력을 가하거나 마찰하여도 지문 또는 스쳐간 흔적이 없는 상태이다.

(3) 완전건조(完全乾燥 : full hardness)

손톱으로 도막을 벗기기가 곤란하고, 칼로 자르더라도 충분히 저항을 나타내는 상태이다.

3. 보수 도료의 특성

자동차 도료는 도장의 목적과 도장 효과를 만족시키도록 하도도료에서 상도도료까지를 거듭 칠하여 도막 짜맞춤을 한다.

(1) 하도도료(primary coat)

하도도료는 철판의 녹 발생을 방지하고(防錆塗料 : rust resisting paint), 철판 바탕에 대한 도막층의 부착성을 증가시키는 도료로, 주로 폴리에스테르 퍼티를 사용하지만, 간혹 맨 철판이 노출됐을 경우는 에폭시 프라이머도 사용된다.

① 녹 발생 방지 및 바탕에 대한 도막층 부착성 증가

② 프라이머(primer), 워시 프라이머(wash primer), 플라스틱 프라이머(plastic primer), 아연 프라이머(zinc rich primer), 에폭시 프라이머(epoxy primer)

(2) 중도도료(intermediate coat)

중도도료는 하도와 상도 도막 사이의 부착성 증대와 도막의 평활성 또는 입체성을 개선하는 도료로, 프라이머-서페이서를 사용한다.

① 하도와 상도 도막 사이의 도막 부착성, 평활성(메꿈성), 입체성을 개선시킨다.

② 퍼티(putty), 서페이서(surfacer), 프라이머-서페이서(primer-surfacer), 실러(sealer)

(3) 상도도료(top coat)

상도도료는 중도 도막 위에 색상을 나타내는 베이스 도료와 광택을 위한 투명 도료인 클리어 도료를 여러 번 도장하여 아름다운 도막을 만드는 도료로서 최근에는 아크릴 우레탄계 도료를 사용하고 있다.

① 색상도료와 투명도료를 도장하여 아름다운 도막을 형성한다.

② 색상 도료(base coat) : 솔리드, 메탈릭, 펄 컬러

③ 투명 도료(clear coat)

④ 수용성 도료(water base paint, waterborne)

1액형과 2액형 보수도료의 특징

1액형(1K)	2액형(2K)
• 도장 시 혼합=주제+시너 • 래커계 : 용제증발형으로 사용은 쉽지만 실링 효과는 약하다. • 합성수지계 : 용해력이 약한 용제를 사용한다(플라스틱 부품 도장). • 건조가 약간 늦다.	• 도장 시 혼합=주제+경화제+시너 • 우레탄계 : 도막 성능(실링 효과, 내수성)이 우수하다. • 작업성(건조성, 연마성)이 우수하다.

3-1   퍼티(putty)

자동차에 주로 사용되는 퍼티는 맨소지에 대한 부착 기능, 요철 부위의 메꿈 역할 및 연마에 의한 표면 조정 역할을 한다.

(1) 퍼티의 종류

① 판금 퍼티(smooth putty)
② 폴리에스테르 퍼티(polyester putty)
③ 마무리 퍼티(spot putty)
④ 특수 퍼티(zinc, plastic, aluminum putty)

판금 퍼티는 약간의 탄성을 지니고 약 50mm 정도까지 두껍게 바를 수 있으며, 판금작업 후에 많이 사용한다.

폴리에스테르 퍼티는 경도가 크지만 1~3mm 이하로 얇게 발라야 하므로 표면 마무리 작업에 많이 사용된다. 상도 작업 전에 도막 표면의 미세한 구멍이나 흠집 등을 수정하기 위해서는 속건성 마무리 퍼티가 사용되며, 레드 퍼티 또는 수정 퍼티라고도 한다.

(2) 폴리에스테르 퍼티의 특성

① 주제(불포화 폴리에스테르 수지)와 경화제(유기과산화물)를 혼합하여 사용한다.
② 적정 혼합비율은 주제를 100 : 경화제를 약 1~3(제조사별 차이가 있음)으로 한다.
③ 혼합 시 자체적인 발열반응으로 단단한 도막을 형성한다.
④ 경화제의 양을 조절하여 건조 시간을 조절할 수 있다.
⑤ 두꺼운 부분이 빨리 건조된다.

보수 도장 작업에서 가장 많이 사용되고 있는 폴리에스테르 퍼티는 주제인 불포화 폴리에스테르 수지와 경화제인 유기과산화물의 혼합비를 100 : 1~3으로 배합하여 주걱으로 바른다.

퍼티의 주제와 경화제가 혼합되면 자체적인 발열반응과 함께 단단한 도막을 형성하므로 경화제의 양을 조절하여 건조시간을 조절할 수 있으며, 두꺼운 부분이 빨리 건조되는 특성이 있다.

3-2 프라이머(primer)

(1) 자동차에 사용되는 프라이머의 종류

① 래커 프라이머(lacquer primer)

② 우레탄 프라이머(urethane primer)

③ 워시 프라이머(wash primer)

④ 징크 프라이머(zinc rich primer)

⑤ 에폭시 프라이머(epoxy primer)

프라이머는 철판의 녹 발생을 방지하고, 도장 부위의 도료 부착력 증진을 위해 가장 처음에 도장하는 도료이다. 사용하는 보수도료의 종류와 일치하는 프라이머를 사용해야 하므로 최근에는 래커계보다 주로 우레탄계 프라이머를 많이 사용한다.

특히 워시 프라이머는 일반 강판, 알루미늄 등에 전반적으로 사용되고 있으며, 징크 프라이머는 아연 도금된 강판 등에 사용되고 있는 도료이다.

최근 강력한 부식 방지 및 접착력을 요구하는 철판에 에폭시 프라이머 사용이 증가하고 있다.

3-3 프라이머-서페이서(primer-surfacer)

프라이머-서페이서는 퍼티면과 상도도료 사이의 중도도료이며, 퍼티 도막 표면의 작은 연마 자국이나 요철 부분을 제거시키는 역할을 한다.

도막의 단차를 없애주어 도막의 평활성을 부여하고, 상도도료의 용제 차단 효과가 있으므로 도막의 내구성 향상 및 광택 향상을 위해 사용하는 표면 마무리 도료이다.

(1) 프라이머-서페이서 도장 목적

① **부착 기능** : 상도와 하도 사이의 밀착력을 높인다(밀착성 향상).

② **부식 방지 기능** : 녹이 발생되는 것을 방지한다(방청 효과).

③ **실링 기능** : 상도도료 속의 용제가 하도에 침투되는 것을 방지한다(구 도막 차단).

④ **메꿈 기능** : 미세한 요철을 제거한다(표면상태 조정).

⑤ **외관 향상** : 도막을 두껍게 하여 외부로부터 손상에 대해 도막을 보호한다.

자동차 보수도장에서는 2액형(2K)인 우레탄계를 주로 사용하고 있으며, 도장 시 도료 혼합 비율은 주제와 경화제를 약 5 : 1로 혼합한 후 시너로 점도를 조절하여 사용하고, 시너는 반드시 우레탄용 시너를 사용해야 한다.

최근에는 상도도료 색상과 유사한 계열의 색상을 갖는 프라이머-서페이서인 틴팅 필러 (tinting filler or value shade system)를 사용하며, 그 특성은 다음과 같다.

① 은폐력의 향상 (베이스 색상에 맞게 도장)

② 흰색, 회색, 흑색, 적색, 청색, 황색 6종류의 서페이서 사용

③ 색상대로 만들어 낼 수 있음(색상을 내는 안료만 바꾸면 된다)

④ 베이스 표면의 오렌지 필 최소화

⑤ 상도도료 절감(40~60%) (생산원가 절감)

⑥ 상도도장 작업시간 절감(non-sanding surfacer, wet on wet)

⑦ 스톤 칩(stone chip) 불량 감소

⑧ 컬러 매칭 시간 단축

⑨ 투명 광택 손실 차단(광택 우수)

⑩ 도료의 하이 솔리드화가 되면서 높은 은폐력으로 인해 상용화 저조

3-4 실러(sealer)

실러는 구도막과 보수도료와의 도료 성질이 다른 경우, 퍼티 도막 위에 도장하는 도료로서 바탕도료와 보수도료 사이에서 과도한 흡수현상을 차단하고, 바탕도장으로부터 배어나오는 색상이 상도도장과 섞이지 않는 차단제 역할을 하는 중도도료이다.

즉, 실러는 상도도막의 은폐력 향상, 도막층 사이의 밀착성 향상, 도막의 주름 및 번짐 방지 등을 목적으로 사용하는 것이며, 최근에는 실러 대신에 우레탄계 프라이머-서페이서를 대신하여 사용하는 경우가 많다.

3-5 솔리드 색상 도료(solid color coat)

유색 안료 중에서 일반 안료는 적색, 청색, 황색, 백색, 흑색 등과 같이 일반적인 색상을 나타내는 안료이며, 솔리드 색상 도료에 사용된다.

솔리드 도료는 알루미늄분을 포함하지 않고 착색 안료로만 구성되어 있기 때문에 색상이 도막 표면에 반사광만 나타나며 일반적인 적색, 청색 등과 같이 착색 안료가 나타내는 원색이 그대로 표현되는 도료이다.

3-6   메탈릭 색상 도료(metallic color coat)

메탈릭 안료는 알루미늄의 작은 조각으로 만들어진 안료이며, 도막에서 밝은 메탈릭감이라 부르는 은빛 색감을 나타내고 메탈릭 색상 도료에 사용된다.

메탈릭 도료는 반투명 에나멜에 $10\sim50\mu m$의 알루미늄 입자를 혼합한 것으로서, 도막 속에 있는 알루미늄 입자의 떠오름이나 진열방향에 의해 에나멜 층을 통과하여 금속의 독특한 빛을 발하며, 알루미늄 입자는 빛을 반사시키는 역할만 하고 흡수하지는 못한다. 메탈릭 안료의 입자는 관찰하는 각도에 따라 색상의 밝기 및 색상이 다르게 나타나는 특수 효과가 있으므로 첨가량에 따라 색상의 명암 조절이 가능하다. 메탈릭 색상은 정면이 측면보다 항상 밝게 나타난다.

① **정면 톤(flip)** : 정면에서 관찰했을 때 색상이 가장 밝게 나타난다.
② **측면 톤(flop)** : 측면에서 관찰했을 때 색상이 가장 어둡게 나타난다.

메탈릭 안료 종류   마이카 펄 안료 종류

3-7   마이카 색상 도료(mica pearl color coat)

마이카 안료는 이산화티타늄으로 코팅된 운모조각으로 만들어진 안료이며, 도막에서 진주 빛과 같은 색감을 나타내고 마이카 도료 또는 펄 도료라고 부른다.

마이카 도료는 티타나이즈드(titanized) 마이카 안료가 함유된 것으로서, 진주광택 빛을 발하도록 만들어져 있으며, 알루미늄 입자와 달리 빛의 반사와 흡수를 동시에 하기 때문에 보는 각도에 따라 색상이 달라지는 화려한 색상을 나타내는 도료이다.

3-8 투명도료(clear coat)

투명도료는 안료 없이 수지와 용제로 구성된 무색투명한 도료이며, 메탈릭 색상 도료나 마이카 색상 도료 위에 칠하는 최상층 도료이다. 솔리드 색상이 아닌 도료는 첨가된 금속분의 입자가 크기 때문에 표면 평활성이 부족하고, 충분한 광택이 나지 않는다. 따라서 투명도료를 도장하여 상도도막 층의 색상 투시와 함께 표면 광택을 유지시켜 주며 자외선이나 외부 손상으로부터 도장 면을 보호하는 역할을 한다.

도장 방법 중에서 코트(coat)란 도장 횟수를 말하고, 베이크(bake)란 건조 횟수를 말한다. 따라서 3코트 1베이크란 3번 도장하고, 1번 건조시키는 것을 의미한다.

투명도장 시 도료 제품별 다른 수지의 특성 때문에 각각 경화제를 선택해서 사용해야 한다. 즉, 우레탄 계열의 투명도료에서는 주제와 경화제 비율이 주로 10 : 1, 4 : 1, 2 : 1이며, 경화제 혼합비율이 클수록 도막 성능이 높게 발휘된다.

우레탄 클리어인 경우 주제와 경화제만을 혼합하여 사용하는 데 반해 불소 클리어는 3가지 도료를 지정 비율로 혼합하여 사용해야 한다. 불소 클리어(弗素透明塗料 : fluorine clear coat)는 주제, 경화제, 반응성 시너 3가지 제품을 혼합하여 사용한다. 반응성 시너는 혼합하여 사용할 때 반응에 참여하므로 반드시 전용 시너를 사용해야 한다.

불소 클리어 도장 시 장점은 다음과 같다.

(1) 내산성(acid resistance)이 강하다.

한여름철 산성비가 내리고 난 다음 강한 햇빛에 빗물이 증발하면서 산도가 올라가게 되어 도막이 손상되는 현상이 발생하지만 불소 클리어의 경우 산에 의한 도막 손상을 최소화해 준다.

(2) 슬립성(surface slippage)이 좋다.

도막의 슬립성이 우수하여 먼지 등이 도막 표면에 묻었을 경우 우레탄 클리어 도막보다 먼지의 제거가 용이하다.

먼지떨이로 먼지를 제거할 때 불소 클리어 도막에서 먼지 제거가 잘되는 특징을 가지고 있다. 따라서 우레탄 클리어와 비교하여 먼지떨이만을 사용하는 같은 조건으로 차량을 관리할 경우 불소 클리어 도막이 더 깨끗해 보이고 광택도 높아 보이게 된다.

(3) 내스크래치성(antiscratch)이 좋다.

슬립성이 좋기 때문에 어떤 물체에 비스듬히 부딪혔을 때 우레탄 도막에 비해 미끄러지는 현상이 많이 나타나므로 스크래치 발생이 적다.

이로 인해 깨끗한 도막을 오래 유지할 수 있는 장점이 있다. 결국 내스크래치성과 슬립성은 많은 연관성이 있다. 도막의 성능(내구력)은 우레탄 클리어와 불소 클리어가 비슷한 수준이라고 보아도 된다.

3-9 희석제(시너)

도료에 사용되는 희석제를 일명 시너(thinner)라 부르며, 도료의 점도를 묽게 하여 스프레이 작업을 용이하게 하는 역할을 한다.

도료와 시너를 50 : 50으로 희석한다는 것은 시너를 100% 희석한다는 의미이다. 시너는 도막이 완전 건조 후 도막 속에 남지 않고 증발하며, 도료의 종류와 같지 않은 다른 성분의 시너를 사용하면 도막의 광택 저하, 기포 발생, 얼룩, 건조 불량 및 백화 등과 같은 현상의 발생 원인이 되므로 주의해야 한다.

도료에 시너를 혼합할 때 적정한 도료 점도는 포드 컵으로 측정하여 16~18초 정도에서 사용할 수 있도록 시너량을 조절한다,

시너 희석비율

희석비	시너량		도료량	
25%	○	(1)	●●●●	(4)
33%	○	(1)	●●●	(3)
50%	○	(1)	●●	(2)
75%	○○○	(3)	●●●●	(4)
100%	○	(1)	●	(1)
125%	○○○○○	(5)	●●●●	(4)
150%	○○○	(3)	●●	(2)
200%	○○	(2)	●	(1)

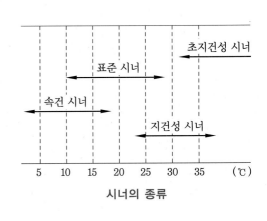

시너의 종류

시너는 에나멜용, 래커용, 우레탄용 시너가 있으며, 도료의 수지 종류에 따라 알맞은 것을 선택해야 한다.

또한 온도 조건에 따라 표준 시너는 봄, 가을에 사용하는 시너이며, 지건성 시너는 여름철에 사용하고, 속건성 시너는 겨울철에 사용하여야 한다.

초지건성 시너는 특수한 경우에 사용하는 블렌딩 시너라고도 부르며, 부분(숨김) 도장 시 사용하고 있다.

또한 도료별 전용 시너를 선택하여 사용하며, 혼용해서 사용하지 않아야 한다.

3-10 기타 자동차 도료

(1) 내치핑 도료(anti-chip primer)

전착 도료의 손상을 방지하고, 방청력을 향상시켜 준다. 내치핑 도료는 중도도장을 하기 전에 주로 차체 아래 부위에 도장해 줌으로써 자동차 주행 시 작은 돌 등에 의한 외부 충격으로부터 상도도료가 깨어져서 떨어지는 현상을 예방한다.

(2) 언더 코팅 도료(under coat)

방음·방진 등의 목적으로 사용하며, 언더 코팅은 차체의 바닥 부위에 PVC 코팅을 실시하여 차량 주행 시 돌, 금속 등의 충격에 의한 손상이나 소음을 억제한다.

(3) 섀시 블랙(chassis black)

섀시 블랙(무광 도료)은 도어 상단 기둥부위 등에 검은색 무광도료를 도장하여 차체색상과의 조화를 이루기 위해 도장한다.

3-11 보수도료 취급 안전

도료는 교반기를 사용하여 완전히 혼합된 것을 사용하여야만 색상의 차이가 없다.

① 오래된 도료를 나누어 사용할 경우에는 뚜껑을 닫고 1~2분 동안 뒤집어 둔다.
② 2액형 도료는 경화제를 혼합 후 약 10분이 지난 후에 도장한다.
③ 도료의 혼합 시에는 교반기나 교반 막대를 사용하여 충분히 혼합하여 여과한다.
④ 각종 도료와 소모 재료는 화기로부터 보호받을 수 있는 공간에 보관하고 밀봉한다.
⑤ 사용한 걸레는 밀폐된 철재 용기에 보관한다.
⑥ 도료 보관 창고는 방폭 전등 및 밀폐 스위치를 사용한다.
⑦ 사용되는 도료 특성(도장 사양, 건조 조건 등)을 파악하여 사용법을 바르게 한다.
⑧ 바닥에 도료 등이 흘렀을 때는 즉시 닦아야 한다.

Chapter 03

도료 조색

1. 색

사람이 물체를 육안으로 식별하기 위한 시각의 3가지 기본 요소를 광선, 물체, 관찰자라고 한다.

색은 광의 일종으로서 가시광선의 빛이 물체에 도달하여 반사되어 나오는 빛이 눈에 들어올 때 일어나는 감상을 말한다. 태양광에서 나오는 빛을 광선이라 하며, 사람이 눈으로 볼 수 있는 광선을 가시광선이라 한다. 380~780nm(나노미터) 사이에 있는 **빨간색**에서 **보라색**까지를 식별가능하다.

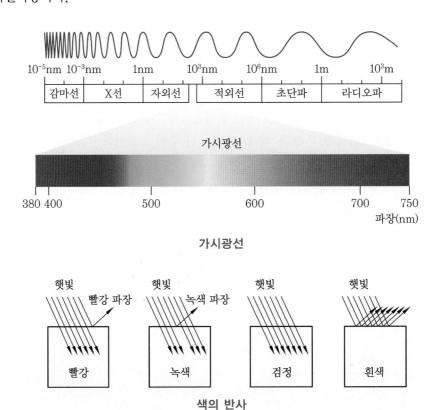

가시광선

색의 반사

1-1 색의 분류

색은 무채색(無彩色 : achromatic colors)과 유채색(有彩色 : chromatic color)으로 분류한다.

① **무채색** : 흰색, 회색, 검정(명도만 있음)
② **유채색** : 무채색을 제외한 모든 색(색의 3속성인 색상, 명도, 채도를 모두 가짐)

색 중에서 무채색은 흰색, 회색, 검정 등과 같이 색상이나 채도가 없고 명도만 있는 색을 말한다. 무채색은 명암의 차이에 의하여 순차적으로 배열할 수가 있으므로 밝고 어두운 정도의 차이로서 구별한다.

검정은 흰색에 비해 빛의 반사율이 적으나 흡수율이 높기 때문에 따뜻하며, 흰색은 빛의 흡수율이 적기 때문에 차가운 느낌이 난다.

유채색은 무채색을 제외한 빨강, 노랑, 파랑 등과 같이 색감이 있는 모든 색이며, 색의 3요소인 색상, 명도, 채도를 모두 갖는다.

1-2 색의 3요소

(1) 색상(色相 : hue)

색의 3요소에는 색상, 명도, 채도가 있다. 색상은 H로 표시하며, 색을 구별하기 위한 색의 명칭 또는 색조라고 하며 유채색에만 있다. 색상의 기본이 되는 3원색은 적색, 황색, 청색이 있으며, 3원색을 중심으로 배합된 6가지 색상이 조색에서 기본이 된다.

즉, 적색과 청색을 합치면 보라색이 되고, 청색과 황색을 합치면 녹색이 되며 황색과 적색을 합치면 주황색이 된다. 단, 적색, 황색, 청색을 모두 합치면 흑색이 된다.

(2) 명도(明度 : value)

명도는 V로 표시하며, 물체 색의 밝고 어두운 정도를 나타낸다. 명도가 가장 낮은 검정을 0으로 하고 명도가 가장 높은 흰색을 10으로 하여 11단계로 표시하며 유채색, 무채색 모두 있다.

즉, 밝을수록 명도가 높고 어두울수록 명도가 낮다. 솔리드 도료에서는 색의 희고 검은 정도를 의미하고, 메탈릭 도료에서는 색의 밝고 어두운 정도를 의미한다. 인간의 눈은 색의 3속성 중에서 명도에 대한 감각이 가장 예민하며, 그 다음으로 색상, 채도의 순서이다.

(3) 채도(彩度 : chroma)

채도는 순도라고도 하며 C로 표시한다. 색의 맑고 깨끗하며 선명하거나 순수한 정도를 표현하므로 색의 강약 정도인 선명함과 탁함 정도를 의미한다. 한 색상에서 채도가 가장 높은 색을 순색이라고 하며, 색상이 있는 유채색에만 있고, 무채색에는 채도가 없으므로 무채색이 많이 섞이면 채도가 낮아진다. 채도의 정도는 1도에서 14도로 구분하며 가장 낮은 채도가 1도이고, 가장 높은 채도는 14도가 된다. 채도가 14도인 색은 노란색과 빨간색이다.

1-3 색상환(色相環 : hue circle)

20가지 유채색을 체계적으로 둥글게 배열한 것을 색상환이라고 부르며 색상환에서 이웃한 색을 유사색이라 하고, 색상환에서 서로 반대쪽에 있는 색을 보색(補色 : complementary color) 또는 대비색이라 부른다.

색상환 내에는 8가지의 색이 있으며 1차색인 청색, 적색, 황색, 녹색을 기본색이라고 하고, 1차색의 혼합으로 만들어지는 2차색인 자주색, 오렌지색, 연두색, 청록색을 혼합색이라고 한다.

색상환에서 하나의 색은 2가지 방향의 색조를 띠며 그 색의 왼쪽 또는 오른쪽 방향의 1차색, 즉 적색은 청색감 또는 황색감을 가질 수 있고 녹색감을 가질 수 없다.

(1) 보색

보색끼리 혼합하면 항상 회색이 나오기 때문에 색상이 탁해지지만, 보색 관계의 두 색은 서로 색상 차이가 커서 강한 대비 효과를 일으키는 선명한 배색이 되므로 눈에 잘 띄는 포스터 등에 많이 활용된다.

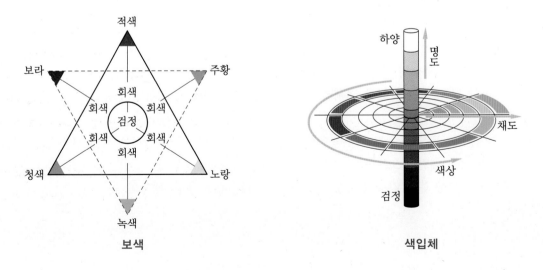

보색   색입체

따라서 조색 시에는 항상 조색 중인 색상의 좌·우측 색상인 유사색을 사용해야만 선명한 색이 생성된다. 예를 들어 빨간색을 조색할 때에는 좌·우의 색상인 보라색과 주황색만을 사용하여야 한다. 적색감을 낮추기 위해서 대비색인 녹색을 사용하거나 청색감을 낮추기 위해서 황색을 사용하면 색이 탁해지므로 가급적 이러한 혼합은 사용하지 않는다.

(2) 색입체(色立體 : color solid)

색입체는 색상, 명도, 채도를 입체로 만든 구조체로서 달걀과 비슷한 모양의 타원형으로 되어 있으며, 색상의 차이와 채도의 차이를 한눈에 알 수 있다.

중심축에서 방사형으로 10개 색상이 배치되며, 가로로 절단하면 명도가 같은 단면이 나타나는데 중심축은 무채색이며, 색상 순으로 둥글게 배열되어 있어서 축에서 멀어질수록 채도가 높은 색이다. 무채색의 중심축은 맨 위쪽이 명도가 높은 흰색이고 차차 아래로 내려갈수록 명도가 낮아지며 검정이 된다.

2. 색의 혼합

혼합할수록 명도가 높아지는 것을 가산혼합(加算混合 : additive color mixture)이라 하며, 색광을 혼합할 때 적용한다. 빛의 3원색은 적색, 녹색, 청색으로서 적색 더하기 녹색은 밝은 황색, 적색 더하기 청색은 밝은 보라색, 녹색 더하기 청색은 밝은 청록색으로 나타난다. 또, 적색과 녹색 및 청색을 모두 혼합하면 흰색, 즉 명도가 10인 백광색이 나타난다.

혼합할수록 명도가 낮아지는 것을 감산혼합(減算混合 : subtractive mixture)이라 하며, 도료를 혼합할 때 적용된다. 색상의 3원색(三原色 : three primary colors)은 적색, 황색, 청색으로서 적색 더하기 황색은 주황색, 적색 더하기 청색은 보라색, 황색 더하기 청색은 녹색으로 나타난다. 또, 적색과 황색 및 청색을 모두 혼합하면 명도가 0인 검정이 나타난다.

하나의 색이 주위색의 영향을 받아서 색상, 명도, 채도 등이 다르게 보이는 현상을 색의 대비현상이라 하며, 계속대비와 동시대비로 분류된다.

2-1 색의 계속대비

계속대비란 한 가지 색을 본 후에 이어서 다른 색을 보았을 때 나중의 색이 달라져 보이는 현상을 말한다. 즉, 빨간색을 보다가 흰색을 보면 청록색기가 띠어 보인다거나 빨간색을 보다가 노란색을 보면 노랑이 황록색처럼 보이는 경우를 말한다.

2-2   색의 동시대비

시간간격 없이 두 가지 색을 동시에 놓고 보았을 때 색이 달라져 보이는 현상을 동시대비 현상이라 한다.

(1) 명도대비(明度對比 : value contrast)

주위색의 명도에 따라 밝기가 다르게 보이는 현상이며, 검정과 흰색 위에 각각 같은 명도 의 회색을 놓았을 때 검정 위의 회색이 흰색 위의 회색보다 더 밝게 보이는 현상을 말한다.

(2) 채도대비(彩度對比 : chromatic contrast)

채도 차가 클수록 곱게 보이는 현상이며, 둘레의 채도가 높을수록 그 색의 채도가 낮아 보 이고, 둘레의 채도가 낮을수록 그 색의 채도가 높아 보이는 것을 말한다.

(3) 색상대비(色相對比 : hue contrast)

색상이 다른 두 색이 서로 대조가 되어 두 색상 사이의 색상 차가 가장 크게 보이는 현상을 말한다. 같은 연두색이라도 파란색 위에 놓았을 때는 노란색 기가 눈에 많이 띄고, 노란색 위 에 놓았을 때는 파란색 기가 눈에 더 많이 띄게 된다.

(4) 면적대비(面積對比 : area contrast)

면적이 클수록 명도, 채도가 높게 보이는 현상을 말한다. 같은 색일지라도 면적이 클수록 명도와 채도가 높아 보이고 면적이 작을수록 명도와 채도가 낮아 보인다.

(5) 보색대비(補色對比 : complementary contrast)

서로 보색일 때 더 곱게 보는 현상으로, 보색끼리의 색은 서로 상대 쪽의 채도를 높아 보이 게 하여 상대편의 색이 뚜렷하게 드러나 보이게 한다.

(6) 연변대비(沿邊對比 : boundary contrast)

경계 부분에서 서로 강조되는 현상으로 경계대비라고도 하며, 색과 색이 인접하는 부분에 서 일어나는 대비 현상이다. 흰색과 접하는 경계 부분이 더 어둡게 보이고, 빨간색과 자주색 의 경계 부분에서 빨간색은 더욱 선명하게 보이며, 자주색은 더욱 탁하게 보이는 경우를 말 한다.

3. 색상 조색 실무

자동차 색상이 변하는 원인

(1) 공통적인 요인

① 자동차 차체에 의한 요인(자동차 제작사)

② 도료에 의한 요인(페인트 메이커)

③ 도장작업 현장에서의 차이(보수도장)

④ 보관 중인 도료의 침전(도료 관리)

⑤ 자동차 연식

⑥ 작업자 숙련도

(2) 차량 요인

① 보수도장이 된 차량

② 차량 노후로 인한 탈·변색

③ 세차 등에 의한 도막 손상

④ 모델 연식에 따른 색상 변화

(3) 보수용 도료 요인

① 조색 배합의 정확도

② 보수도료의 품질 차이(도료 속의 고형분 함유량, 도막 주성분(유성, 수성, 우레탄수지 등) 차이)

③ 상도 도장 방법(1코트, 2코트, 3코트 등)

(4) 보수도장작업 현장

① 정확한 교반

② 계량 저울의 정확성

③ 데이터 업데이트

④ 시너, 경화제 선택

⑤ 도장 횟수, 도막 두께

⑥ 스프레이 건

⑦ 플래시 오프 타임(flash-off time)

⑧ 희석비율

3-2 보수도료 공급 시스템(조색 시스템)

(1) 현장 조색 시스템(field color matching system)

전자저울, 배합 데이터, 원색 조색제, 교반기, 마이크로필름, 필름 판독기 등이 구비되어 있어야 하며, 보수도장작업 현장에서 직접 특정 색상을 만들어 사용하는 방식이다.

(2) 사전 조색 시스템(paint maker color supply system)

도료 메이커에서 특정 색상을 만들어 보수도장작업 현장에 공급하는 방식이다.

3-3 조색 방법

상도도장을 하기 위하여 색상 도료를 원하는 색상으로 조색하는 방법은 다음과 같다.
① **육안 조색** : 가장 일반적인 방법으로 경험과 숙련이 필요
② **계량 조색** : 조색 데이터를 토대로 원색을 정량하여 조색하는 방법
③ **컴퓨터 조색** : 원색의 배합을 컴퓨터로 계산하는 방법

육안(肉眼) 조색법은 목측(目測) 조색법이라고도 하며, 가장 일반적인 방법으로서 작업자가 눈으로 보고 조색하므로 많은 실무 경험과 숙련을 필요로 한다.

계량(計量) 조색법은 조색 데이터를 토대로 도료원색을 전자저울로 계량하여 조색하는 방법으로서 작업이 정확하고 빠르다. 컴퓨터 조색법은 컴퓨터 색상분석기를 사용하며, 원하는 색상의 반사율을 측정하여 원색의 배합을 컴퓨터로 계산하는 방법이다.

3-4 도료 계량법

도료 계량은 제조업체의 추천에 따라 경화제와 첨가제를 투입하여 혼합하는 것을 말한다. 무게비로 혼합할 때는 전자저울에 빈 용기를 올려놓고 '0.0'으로 세팅한 다음 잘 혼합된 도료를 필요한 양만큼 붓고 주제를 혼합한 후에 경화제를 혼합하기 위해 다시 '0.0'으로 세팅한 다음 경화제의 양을 제조업체의 지시에 따라 투입한다.

계량컵을 이용하여 혼합할 때는 10 : 1 비율용 계량컵을 이용하여 주제를 왼쪽의 눈금까지 붓고 경화제를 왼쪽과 이어진 오른쪽 위의 눈금까지 투입하면 된다. 비율자(ratio ruler)에 의한 혼합은 제조업체에서 제공하는 비율자를 이용하여 주제와 경화제를 혼합한다.

3-5 조색작업 환경

색을 보는 방법은 밝음, 어두움, 광원의 성질에 따라 영향이 크므로 조색작업을 하는 장소의 위치와 환경이 매우 중요하다. 조색 작업 시에는 너무 밝거나 어두워도 안 되므로 대개 맑은 날 정오 무렵 북향의 창문에서 50cm 정도 떨어진 장소의 밝기가 적당하다.

또한 직사광선이 비치지 않는 장소, 밝기가 변하지 않는 장소가 중요하므로 시간적으로 볼 때 이른 아침이나 해질 무렵은 적절하지 않다. 작업실 벽의 색상이 아주 희거나 검은 색을 띠지 않아야 하고 베이지색 계통의 무채색이 좋으며, 실내조명은 붉은색 기가 없는 연색성 빛을 발휘하는 형광등을 사용하거나 조색작업 전용 형광등을 사용해야 한다.

① 맑은 날 북쪽 창에서 50cm 정도 떨어진 곳
② 직사광선이 비치지 않는 곳
③ 낮 동안 그다지 밝기가 변하지 않는 곳
④ 주위의 색은 무채색(베이지색 계통)
⑤ 일출 3시간 후부터 일몰 3시간 전까지가 최적시간
⑥ 공기청정기를 설치
⑦ 실내조명은 연색성(演色性 : color rendition)의 형광등을 사용

연색성이란 조명된 물체의 색이 보는 방법에 따라 영향을 미치는 광원의 속성이다(빛의 분광 특성이 색의 보임에 미치는 효과). 또 연색이란 조명광이 물체색을 보는 방법에 미치는 영향을 말한다.

3-6 조색작업 규칙

① 도료를 혼합하면 일반적으로 명도, 채도가 낮아진다.
② 혼합되는 도료 수가 많을수록 채도는 낮아진다.
③ 색상환(色相環)에서 인접한 색들을 혼합하여 조색하면 채도가 높은 선명한 색을 얻을 수 있다.
④ 보색 관계에 있는 색들을 사용하면 탁한 색을 얻고 광원에 따라 이색현상(異色 : different color)이 일어나므로 혼합하지 않는다.
⑤ 한번에 2가지 색을 첨가하지 않는다.
⑥ 혼용색(混用色)을 사용하지 말고 순수한 원색(原色)만 사용한다.
⑦ 색상 → 명도 → 채도(또는 명도 → 색상 → 채도) 순으로 맞춘다.

⑧ 가능하면 조색도료의 절반만 사용하고 절반을 보관하여 나중에 기본 도료로 사용하고 배합률을 기재한다.

<table>
<tr><th colspan="2">색조의 변화</th></tr>
<tr><th>색</th><th>색조의 변화</th></tr>
<tr><td>청색 계통</td><td>녹색감 또는 적색감</td></tr>
<tr><td>황색 계통</td><td>녹색감 또는 적색감</td></tr>
<tr><td>베이지 계통</td><td>녹색감 또는 적색감</td></tr>
<tr><td>금색 계통</td><td>녹색감 또는 적색감</td></tr>
<tr><td>녹색 계통</td><td>황색감 또는 청색감</td></tr>
<tr><td>적색 계통</td><td>황색감 또는 청색감</td></tr>
<tr><td>마룬색 계통</td><td>황색감 또는 청색감</td></tr>
<tr><td>브론즈 계통</td><td>황색감 또는 청색감</td></tr>
<tr><td>오렌지 계통</td><td>황색감 또는 청색감</td></tr>
<tr><td>청록색 계통</td><td>녹색감 또는 청색감</td></tr>
<tr><td>자주색 계통</td><td>청색감 또는 적색감</td></tr>
</table>

<table>
<tr><th colspan="4">조색 전 고려사항(특히 메탈릭 컬러)</th></tr>
<tr><th>구분</th><th>조건</th><th>어두움</th><th>밝음</th></tr>
<tr><td>작업
방법</td><td>피도체와의 거리
스프레이 건 이동속도
플래시 타임</td><td>가깝다
느리다
짧다</td><td>멀다
빠르다
길다</td></tr>
<tr><td>작업
설비</td><td>노즐 구경
스프레이 패턴 폭
공기압
토출량</td><td>크다
좁다
낮다
많다</td><td>작다
넓다
높다
적다</td></tr>
<tr><td>작업장</td><td>작업장 온도</td><td>낮다</td><td>높다</td></tr>
<tr><td>시너</td><td>증발 속도
희석률</td><td>느리다
많다</td><td>빠르다
적다</td></tr>
</table>

조색작업 시 조색 작업자는 조색하려는 색을 자신의 눈으로 측정하여 그 차이나 정도를 판단하고, 자신의 머릿속에 기억되어 있는 조색에 관한 지식과 경험에 입각하여 목표로 하는 색과 가까운 색채를 판단하여 보완하는 방법을 강구하여야 하며, '이 정도에서 색이 맞으면 되겠다 또는 안 되겠다.'라는 판단을 정확히 하는 능력이 요구된다.

이것은 오랜 경험과 많은 숙련을 필요로 하며, 특히 혼색에 관한 지식 및 색채 식별 능력과 더불어 흥미, 끈기, 결단력 등이 많이 요구된다.

3-7 색상 판독 방법

① 대비되는 부분에 광택을 낸다.
② 도막 종류를 점검한다(솔리드, 메탈릭, 마이카 도료인가? 상도, 하도도장인가? 얼룩, 균일한가?).
③ 조색된 도료의 색상 평가를 위해 시험편에 스프레이한다.
④ 젖은 상태의 색상은 본래 색상과 차이가 있으므로 완전히 건조된 후의 색상으로 평가한다.
⑤ 모든 색은 같은 광택의 상태에서 관찰해야 하므로 투명도장을 실시한다.
⑥ 정면과 측면의 모든 각도에서 색상이 일치하는가 점검한다.
⑦ 정확한 색상 평가는 자연의 햇빛을 이용하여 충분히 밝은 곳에서 한다.

조색작업이 끝난 후에는 다음과 같은 내용에 대해 스스로 자문하여 본다.

① 색상을 본인이 다양한 방법으로 조정할 수 있는지의 여부
② 패널 전체 도장이 아닌 경우에 부분 도장작업으로 색상 조정이 가능한지의 여부
③ 색상이 조색에 의해서 충분히 접근했는지의 여부 등

위 질문 중 하나에 "예"라고 대답했으면 더 이상의 조정은 불필요하다.

메타메릭(metameric) 현상이란 선명한 원색도료를 사용하지 않았을 때 어느 조건에서 색이 꼭 맞아 있어도 보는 각도와 조명에 따라 색이 다르게 보이는 현상을 말하며, 알루미늄 입자의 크기를 정한 다음, 조색용 원색으로서 가급적 선명(투명)한 색을 사용해야 한다.

3-8 조색작업 순서

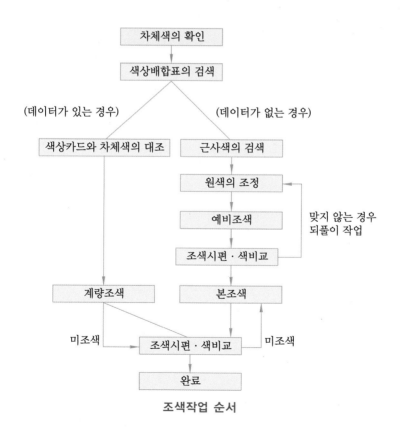

조색작업 순서

3-9 색상의 조정

① **도료 희석**
  (가) 시너 부족 시 : 탁하게 나타난다.
  (나) 시너 과잉 희석 시 : 보다 밝게 나타난다.

② **공기 압력**
  (가) 높을 때 : 보다 밝게 나타난다.
  (나) 낮을 때 : 보다 어둡게 나타난다.

③ **주변 온도**
  (가) 높을 때 : 보다 밝게 나타난다.
  (나) 낮을 때 : 보다 어둡게 나타난다.

④ **스프레이 건**
  (가) 과잉 미립화 : 밝고 곱게 나타난다.
  (나) 미립화 부족 시 : 어둡고 거칠게 나타난다.

⑤ **스프레이 방법**
  (가) 날려 뿌림 : 밝게 나타난다.
  (나) 눌러 뿌림 : 어둡게 나타난다.

⑥ **시너 증발**
  (가) 빠를 때 : 밝게 나타난다.
  (나) 느릴 때 : 어둡게 나타난다.

조색작업을 시작하기 전에 색상에 영향을 주는 요인에 대해 미리 이해하고, 작업하는 것이 효과적이다. 특히, 솔리드 색상보다는 메탈릭 색상이 크게 영향을 미치므로 도료 희석 시 시너의 양, 스프레이 건에 사용하는 공기압력, 작업장 주위의 온도, 스프레이 건의 조절, 스프레이 건의 운용방법 및 시너의 증발속도 등을 고려하여 조색하여야 한다. 색상과 명도 조절 시에는 2가지 방향으로 색상이 변화하므로 색상 차이가 발생할 수 있다.

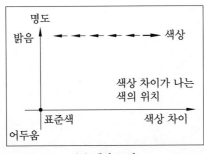

(a) 색상 조절

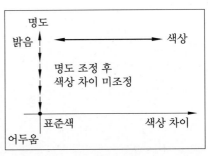

(b) 명도 조절

색상 및 명도 조절

3-10 명도의 조정

(1) 메탈릭, 마이카 도료

차체의 색상은 페인트보다 더 밝거나 어둡다.

① 밝게 할 때

㉮ 메탈릭 도료나 마이카 도료 추가를 필요로 한다.

㉯ 적절한 입자로 수정하여야 한다.

㉰ 정면에서 밝게 하기 위해 백색을 사용하지 않는다.

② 어둡게 할 때

㉮ 어둡고 선명한지, 밝고 탁한지 대비한다.

㉯ 색상이 밝고 선명하다면 주된 어두운 색상을 추가한다.

㉰ 어둡고 탁하다면 흑색을 추가한다.

메탈릭이나 마이카 도료의 명암을 조정하는 과정에서 밝게 할 때는 메탈릭이나 마이카 도료를 추가해야 하나 금색 계통(gold color)은 예외이다.

배합표나 원색 가이드를 보고 입자의 크기와 양을 검사하고, 적절한 입자로 수정하여야 한다. 메탈릭 색상을 정면에서 밝게 하기 위해 백색을 사용하면 측면에서 메탈릭 입자감이 감소되어 색상이 탁하면서 뿌옇게 되므로 주의해야 한다.

어둡게 할 때는 그것이 어둡고 선명한지, 밝고 탁한지 대비하고, 색상이 어둡고 선명하다면 청색 계통의 메탈릭 색상은 청색을, 골드 계통의 메탈릭 색상은 골드를 추가해야 한다. 메탈릭 색상에서 탁한 색은 어둡게 나타나므로 흑색 첨가는 맨 마지막 방법으로 선택해야 한다.

(2) 솔리드 도료

차체 색상이 페인트보다 희거나 검다.

① 희게 할 때 : 흰색을 추가한다(예외 : 적색 계통). 흰색 추가 시 채도가 변화하는 것에 주의한다.

② 검게 할 때 : 검고 선명한지, 밝고 탁한지를 비교한다. 선명하다면 주된 어두운 색소를 추가한다.

솔리드 도료의 명암을 조정하는 과정에서 희게 할 때는 흰색을 추가하면 되지만 적색계통은 예외로 하며, 흰색 추가 시 색의 채도가 변화하는 것에 주의해야 한다. 적색 계통에 흰색을 추가하면 분홍색이 나오므로 배합표를 참조하여 주된 밝은 적색을 추가해야 한다.

검게 할 때는 색상이 검고 선명한지 또는 어둡고 탁한지를 비교하고, 만약 선명하다면 주된 어두운 색소를 추가해야 한다. 즉, 청색 계통을 조색할 때는 청색을, 적색 계통을 조색할 때는 적색을 추가하여야 하며 만약 색상이 검고 탁하다면 흑색을 추가해야 한다. 밝음이나 어두움 조정이 항상 필요한 것은 아니므로 수정이 필요하지 않으면 다음 단계 준비를 한다.

3-11 채도의 조정 (메탈릭, 솔리드 색상)

① 더 탁하게 할 때
 ㈎ 흑색을 첨가한다.
 ㈏ 메탈릭(실버)의 추가는 컬러를 밝게 한다.
 ㈐ 소량씩 추가하면서 점검한다.
② 더 선명하게 할 때 : 새로운 도료로 다시 조색한다.

메탈릭 도료나 솔리드 도료에서 조색의 마지막 단계는 채도 조정이므로 색상이나 명암이 적절하게 조정되었다면 흑색, 백색, 실버를 추가하는 것을 가급적 금지하여야 한다.

채도를 조절하기 위해 흑색을 추가하면 색상은 어둡고 탁하게 되고 실버를 추가하면 색상이 밝게 되므로 채도를 탁하게 하려면 흑색을 소량씩 추가하면서 점검해야 한다.

색상 또는 명도를 맞추기 위해 여러 가지 조색제를 사용하다 보면 혼합되는 조색제 수가 많아져서 색의 채도는 떨어지게 되므로 조색제 수는 4~5가지 이내에서 사용하여야 한다. 따라서 채도를 더 선명하게 하는 것은 대단히 어려우므로 새로운 도료로 다시 조색을 시작하는 것이 좋다.

3-12 미조색(微調色) 방법

자동차의 색상은 도료 원색의 농도 차이나 계량 조색의 부정확, 시간 경과에 따른 차체 색상의 변화, 신차 도장 시 색상의 오차 등으로 인하여 변화된다.

따라서 데이터에 의한 조색 작업 후의 색상과 실제 차량과의 색상 차이를 줄이기 위한 정밀 조색 작업으로서 미조색 작업을 다음과 같은 요령으로 실시하여야 한다. 미조색을 한 후에는 반드시 투명도장작업까지 완료한 후에 색상을 비교하는 것이 중요하다.

① 미조색이 필요한 경우 표준색상과 비교하여 색 차이를 판단한다.
② 배합 원색 중에서 영향이 가장 크다고 생각되는 원색 1을 골라 조금씩 넣어 가면서 접근한다.
③ 원색 1에 의한 수정이 완료되면 영향력이 큰 원색 2를 같은 방법으로 작업한다.
④ 색을 비교할 때는 반드시 투명도장작업까지 완료한 후에 비교한다.

3-13 메탈릭감 변화 조절방법

작업 조건에 따른 메탈릭 컬러 조색방법

도장작업에 따른 변수	현재보다 정면 톤을 더 밝게 측면 톤을 더 어둡게	현재보다 정면 톤을 더 어둡게 측면 톤을 더 밝게
건조온도	높인다	낮춘다
도장실 습도	낮춘다	높인다
도장실 통풍량	증가시킨다	감소시킨다
건의 공기압력	높인다	낮춘다
도료 토출량	낮춘다	높인다
스프레이 패턴	넓게 한다	좁게 한다
노즐 크기	작은 것	큰 것
에어 캡의 형태	구멍이 많은 것	구멍이 적은 것
피도면과의 거리	멀게 한다	가깝게 한다
도장속도	빠르게 한다	느리게 한다
도장횟수	적게 한다	많게 한다
매회 도장 간격	길게 한다	짧게 한다
도료 점도	낮게 한다	높게 한다
희석제	휘발성이 빠른 것 사용	휘발성이 느린 것 사용

3-14 계통별 색상 차이(color mismatch)

작업자는 조색 작업을 하기 전에 3가지 기본적인 사항을 명심할 필요가 있다.

① 이 자동차 색상은 어떤 도료들로 조색되었는가를 분석한다.

② 조색 시 도료는 적게 첨가하는 것이 많이 첨가하는 것보다 더 좋기 때문에 소량씩 첨가하여 색을 맞춘다는 것을 명심해야 한다.

③ 하나의 조색제가 적어도 2가지의 색깔 특성에 영향을 준다. 즉, 색조(色調 : color tone)와 농도 또는 색조와 채도에 영향을 주기 때문에 이 조색제를 첨가함으로써 색이 어떻게 변할 것인가를 생각해야 한다.

위 사항을 염두에 두고 조색규칙에 의거해 조색한다.

계통별 색상 차이

색상 계통	색상의 차이
청색, 황색, 베이지색, 골드색	더 초록색이든지 또는 더 빨갛든지 중의 하나이다.
녹색, 적색, 밤색	더 노랗든지 또는 더 파랗든지 중의 하나이다.
브론즈색, 오렌지색	더 노랗든지 또는 더 빨갛든지 중의 하나이다.
남색, 청색	더 초록색이든지 또는 더 파랗든지 중의 하나이다.
자주색	더 파랗든지 또는 더 빨갛든지 중의 하나이다.
흰색, 회색, 흑색, 은색	어떤 색이든 나타날 수 있다.

3-15   조색 시 주의사항

① 캔을 교체할 경우 충분히 교반될 때까지 교반기를 가동한다.
② 하루 2회, 1회당 5분 교반기를 가동한다.
③ 교반기에 장착된 페인트가 모두 교반되는지 확인한다.
④ 쉽고 정확한 계량을 위하여 교반 뚜껑을 깨끗이 관리한다.
⑤ 조색 데이터에 맞추어 정확한 계량을 한다.
⑥ 색상변이 및 기타 주의사항에 관한 기록을 확인한다.
⑦ 보다 정확한 색상변이를 확인한다.
⑧ 작업 부위 및 온도에 맞는 시너와 경화제를 선택한다.
⑨ 조색 시스템은 가장 경제적이고 가장 빠르게 정확한 색상 견본표를 확인한다.
⑩ 계량된 페인트를 시편에 도장하여 구 도막 부위와 대조 확인한다.
⑪ 가능한 자연광 아래에서 색상을 대조한다(정면, 측면 모두 확인).
⑫ 원색제는 반드시 적정한 실내온도를 유지하여 보관한다.
⑬ 조색실 실내온도는 최소한 +15℃ 이상으로 유지한다.
⑭ 전자저울과 조색기는 항상 청결하게 유지관리한다.

Chapter 04

도장 기자재

1. 공기압축기

1-1 공기압축기(air compressor)의 필요성

(1) 압축공기

① 압축공기는 정비 공장의 동력원이다.
② 에어 라인(air line)은 정비 공장의 혈맥(血脈)이다.
③ 압축공기의 질(質 : quality)은 작업의 품질을 결정한다.

차체수리 및 보수도장작업 시 압축공기의 요구 조건은 다음과 같다.
① 청결(clean : free from dust, dirt, silicone)
② 건조(dry : free from condensate and oil)
③ 충분한 공급량(sufficient volume available)
④ 일정한 압력유지(constant and correct pressure)

압축공기의 질이 불량할 경우에는 각종 공압 장비 및 공기구류의 수명단축과 도막결함의 발생 원인이 된다.

1-2 공기압축기의 종류

공기압축기는 전기모터나 터빈 등의 동력발생장치로부터 동력을 전달받아 공기나 냉매 또는 그 밖의 특수 가스에 압축일(compression work)을 가함으로써 작동가스를 압축시켜 압력을 높여주는 기계이다.

자동차 차체수리에서 필수적인 장비인 공기압축기는 공기를 압축하는 방법에 따라서 다이어프램식, 피스톤식, 스크루식이 있다.

  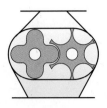

(a) 다이어프램식   (b) 피스톤식   (c) 스크루식

공기압축기의 종류

(1) 다이어프램식 압축기(diaphragm compressor)

① 특징

(개) 다이어프램 형식 압축기 : 용적식, 무급유식

(내) 횡격막(diaphragm)의 운동으로 기계적 구동이나 유압으로 작동되는 것으로 구분되며, 기계적 다이어프램 압축기는 유압식보다 소형으로 제작된다.

(대) 기계식은 가격이 비교적 저렴하고 구조가 간단하며, 대기보다 낮은 압력을 압축하는 장치로 사용될 수 있다.

(래) 기계식이 보통 베어링 하중을 고려해야 하기 때문에 제한이 있는 반면, 유압식은 기계식보다 고압을 더 쉽게 형성할 수 있다.

(매) 기계식에는 보통 합성고무로 된 다이어프램을 적용하며, 유압식은 금속 막을 사용하고 고압을 형성할 수 있다.

(배) 두 가지 형태를 혼합하여 다단압축을 할 수도 있다.

(새) 기계식 다이어프램 압축기에서 고압을 형성하기 위해 압축기와 드라이버를 압력 용기로 밀봉하기도 한다.

② 장단점

(개) 기밀이 정적이므로 안정된 기체를 만들 수 있다.

(내) 기체가 분리되어 운전되기 때문에 100% 오일이 없는 압축공기를 공급한다.

(대) 토출량이 적고 압축비가 제한되어 있다.

(2) 피스톤식 압축기(reciprocating compressor)

① 구조

(개) 전기모터의 회전운동이 크랭크축에 의해 왕복운동으로 바뀌어 실린더 내의 피스톤을 왕복시켜 공기를 압축시키는 형식이다.

(내) 실린더가 1개 있는 것 : 1단형

(대) 실린더가 2개 있는 것 : 2단형(200ps 이상에서 사용)

(래) 왕복동식 압축기의 행정은 흡입, 압축, 배기의 3행정으로 이루어진다.

(매) 구조가 간단하여 취급이 용이하고 효율이 좋다.

왕복 피스톤식 압축기의 공기압력 범위(예)

구분	최적 영역	이론 영역(비경제적)
1단	$4kgf/cm^2$까지	$12kgf/cm^2$까지
2단	$15kgf/cm^2$까지	$30kgf/cm^2$까지
3단	$15kgf/cm^2$까지	$220kgf/cm^2$까지

② **장점**

㈎ 쉽게 높은 압력을 얻을 수 있다.

㈏ 압축효율이 좋다.

㈐ 압력-유량 특성이 비교적 안정되어 있다.

㈑ 가격이 저렴한 편이다.

③ **단점**

㈎ 왕복 부분의 관성 때문에 회전속도에 한계가 있다.

㈏ 관성력 때문에 진동이 발생한다.

㈐ 압축공기에 맥동이 있다.

㈑ 무급유식 이외에는 실린더 내에 윤활유가 필요하게 되고, 압축공기 중에 유분이 포함된다.

왕복 피스톤식

(3) 스크루식 압축기(rotary screw compressor)

① **구조**

㈎ 로터리 용적식 압축기(회전식 압축기)이다.

㈏ 스크루 압축기는 케이싱 내에 맞물려 회전하는 로터(rotor)라고 불리는 숫나사(male rotor)와 암나사(female rotor)를 갖고 있다.

㈐ 암수 로터가 회전하면서 공기를 흡입, 압축하여 토출구를 통해 압축 공기가 배출된다.

㈑ 스크루 압축기는 압축공기 중에 유분을 포함하지 않는 무급유식과 윤활유를 주입하여, 밀봉, 윤활, 압축열을 제거하는 급유식으로 분류된다.

② **급유식 스크루 압축기** : 적당량의 윤활유를 분사하여 압축과정에서 발생하는 열을 제거하고, 압축 공간의 밀폐, 윤활작용을 동시에 하는 것이다.

㈎ 상당량의 윤활유를 직접 냉각함으로써 토출 온도가 낮게 되고 압축 과정이 등온압축에 가까우므로 높은 효율을 얻을 수 있다.

㈏ 윤활유로 직접 냉각하므로 단(段 : stage)당 압력비를 높일 수 있다.

㈐ 주입되는 윤활유에 의해 로터와 로터 사이, 로터와 케이싱 사이의 밀폐가 유지되며, 냉각에 의해 내부의 열팽창이 적어 틈새를 적게 할 수 있으므로 저속으로 높은 효율을 얻을 수 있다.

(라) 저속으로 높은 효율을 얻을 수 있으므로 진동이 적고 저소음화가 가능하다.

(마) 내부 윤활식이기 때문에 숫로터가 암로터를 직접 구동할 수 있다.

(바) 적절한 용량조절방식을 채택하여 효율적으로 운전할 수 있다.

(사) 토출가스에 맥동이 없다.

③ **무급유식 스크루 압축기** : 압축공기 중에 유분이 포함되지 않는 압축기이다.

　(가) 로터와 케이싱 사이, 로터와 로터가 접촉하지 않고 내부윤활을 필요로 하지 않으므로 압축가스 중에 유분이 포함되지 않는 깨끗한 가스와 공기를 얻을 수 있다.

　(나) 토출가스에 맥동이 없다.

　(다) 유지보수가 간단하다.

　(라) 진동이 적다.

　(마) 단점으로는 최고 토출 압력에 제한이 있다.

압축공기는 정비공장에서 사람의 핏줄과 같은 중요한 역할을 하므로 비상시를 대비하여 압축기를 2대 복식으로 설치하는 것이 안전하며, 공기 소비량이 많은 대형 정비공장에서는 회전식을 사용하는 것이 유리하다. 일반적으로 공기압축기는 공기누설, 압력강하 등으로 인해 필요 공기 사용량보다 1.5~2배 이상 여유 있는 기종을 선정하는 것이 효율적이다.

1-3 공기압축기 설치 장소

압축공기 속의 수분 발생량은 주위의 온도가 높거나 습기가 많을수록 증가한다. 공기압축기의 수명을 연장하고 에어라인에서 배출되는 수분을 억제시키기 위해서는 근본적으로 완벽한 환경 조건을 갖춘 장소에 설치하여야 하며, 정기적인 예방 정비와 함께 윤활관리를 철저히 하는 것이 중요하다. 특히 에어라인의 각 연결부에서는 압축공기가 누설되지 않도록 유지해야 한다.

① 직사광선을 피할 것

② 실내 온도가 40℃ 이하

③ 소음 진동을 차단한 장소

④ 먼지나 불순물이 없을 것

⑤ 설치 장소는 단단한 지면에 수평을 유지

⑥ 습기가 적은 장소

1-4 공기압축기(피스톤식) 고장원인 및 대책

현상	원인	대책
압력이 올라가지 않음	흡입구가 막혔다.	조이고 뚫는다.
	언로더 밸브의 밀착 불량	분해해서 청소한다.
	흡입, 배기밸브의 마모, 파손	분해해서 재조립한다.
	공기회로에 누수된다.	공기누수를 막는다.
운전 중의 소음, 진동	피스톤에 카본이 부착되었다.	분해하여 청소한다.
	피스톤 로드 마모, 핀의 이완	교환한다.
	크랭크 축 베어링의 마모	교환한다.
	흡기나 배기의 밸브 파손	교환한다.
	벨트의 중심 이탈, 풀리 이완	모터 중심 및 벨트 장력 조정
	수평으로 설치되어 있지 않다.	수평인 장소로 옮긴다.
	조임 부분이 느슨하다.	나사부분을 증가, 조인다.
과열했을 때	크랭크케이스의 오일 부족	급유한다.
	밸브의 종류가 늘어 붙는다.	분해, 청소하거나 교환한다.
	실린더 헤드에 먼지 누적	청소한다.
	흡기구가 막혔다.	교환한다.
공기에 기름이 혼입되어 있음	피스톤 링이 마모되었다.	교환한다.
	과도한 윤활유의 주유	적당하게 조절한다.
	흡기구가 막혀 있다.	교환한다.
규정압력으로 작동하지 않음	언로더 나사의 이완	압력조절나사를 조절한다.
	언로더 시트 부분의 마모	분해하여 연마하거나 교환한다.
운전이 원활하지 않음	오일의 순환 불량	오일 계통을 청소한다.
	전압이 저하되어 있다.	전원 회복을 대기한다.

🔰 공기압축기의 윤활유는 반드시 제작회사의 추천 오일을 사용할 것

1-5   압축기의 윤활관리

(1) 피스톤식 압축기유

① 급유량 : 과다 급유는 카본을 다량 발생시키고, 과소 급유는 각 작동부를 소손시킨다.

② 압축기 토출밸브나 토출배관에서 카본 생성은 화재, 폭발 위험성이 있다(토출 시 공기
   온도는 약 160℃).

③ 적정 급유량 : 배기밸브를 떼어내어 보았을 때 약간의 유막이 있고, 적청(赤靑 : 녹이
   슨 색깔)이 없을 정도이다.

④ 에스테르계 합성오일이 적당하다(내열성, 내산화성 및 카본의 용해성 우수).

⑤ 적정 점도 : ISO 등급 68~150

(2) 유랭식 스크루식 압축기유

① 스크루식은 토출공기의 온도가 왕복형보다 낮다(약 90℃).

② 적정 점도 : ISO 등급 30~70

③ 수명 : 2000~6000시간

④ 산화방지제, 방청제 함유 알킬나프탈렌계 또는 폴리알파올레핀계 오일이 적합하다.

2. 에어 라인

2-1   드레인(凝縮水 : drain)

드레인이란 에어라인(air line) 속에 발생하는 여러 가지 불순물(오염물질, 습기농축)이 섞
인 액체(응축수)를 말한다.

드레인의 성분은 다음과 같다.

① 수증기가 응축되어 생긴 수분

② 압축기로 부터 나온 윤활유

③ 산화 생성물(녹)

드레인 발생 시에는 도장 시 도막 불량과 공압 설비, 장비 및 공구의 수명 단축이 발생된
다. 따라서 정확한 에어 라인을 설계해서 수분 발생을 최대한 억제해야 하며, 반드시 공기제
습장치인 애프터 쿨러(after cooler)와 에어 드라이어(air dryer)를 설치하는 것이 안전하다.
에어 라인은 벽 속이나 좁은 공간에 설치하지 않는다.

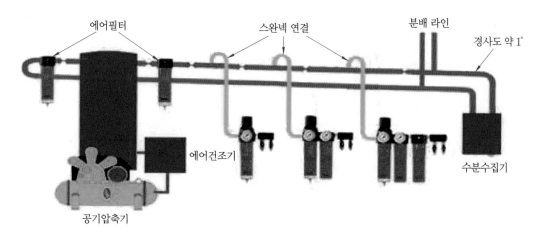

에어 라인 구성도

압축공기 속의 수분 발생량은 흡입공기의 온도 또는 습도가 높을수록 크다. 압축공기 속에 수분 발생을 최소화하기 위한 방법은 다음과 같다.

① 컴프레서의 탱크 물을 정기적으로 뺀다.

② 컴프레서를 습기가 없는 곳에 설치한다.

③ 컴프레서의 냉각을 양호하게 한다.

④ 애프터 쿨러와 에어 드라이어를 설치한다.

⑤ 에어필터(transformer)를 설치한다.

⑥ 배관 끝에 오토 드레인(auto drain)을 설치한다.

⑦ 배관 구배(句配 : slope)는 약 $\dfrac{1cm}{1m}$(약 1%)를 둔다.

⑧ 분지관(分枝管)을 위로 돌려 사용한다(swan neck).

2-2 에어 라인 연결 방식

(1) 환상(環狀)식(ring circuit)

① 메인 라인(main line)끼리 연결한다.

② 압축공기가 두 방향으로 흐른다.

③ 공기소요량이 많은 경우에도 균일한 에어 공급이 가능하다.

(2) 분기식(branch line)

① 일반적인 정비공장에서 사용한다.

② 라인 끝에 수분수집기(water trap)를 설치한다.

(3) 상호 연결식(interconnected system)

① 가로와 세로를 서로 연결한 공기 라인이다.

② 차단밸브를 사용하면 라인을 보수할 때나 사용하지 않을 때 라인을 차단할 수 있다.

③ 공기 누설 점검 용이하다.

④ 대형 공장에서 사용한다.

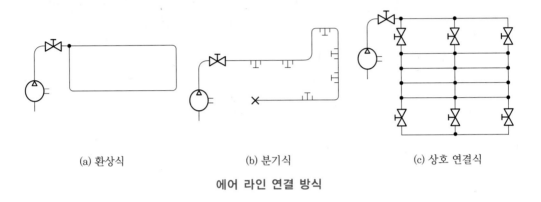

(a) 환상식   (b) 분기식   (c) 상호 연결식

에어 라인 연결 방식

2-3 압축공기 여과 시스템

(1) 압축공기에 생기는 오염 물질

산업 현장에서 사용하는 압축공기에는 많은 오염물질이 포함되어 있다. 먼지 등과 같은 고형 입자를 비롯하여 수분, 오일, 탄화수소, 미생물 등과 같은 오염물질이 공기에 섞여 공기압축기에 의해 압축됨으로써 오염물질의 농도는 더욱 높아진다.

또한 이러한 압축공기가 공장의 배관을 통해 흐름으로써 배관 내에서 발생하는 녹과 같은 이물질이 섞일 수 있으므로 실제 압축공기를 사용하는 장비나 공정에서는 많은 오염물질에 노출될 수 있다.

따라서 압축공기의 품질은 공장의 장비 성능이나 수명뿐만 아니라 공장의 생산성에도 많은 영향을 미칠 수 있다.

(2) 오염물질 종류

① **고형입자** : 대기 중에 포함된 고형입자의 농도는 지역에 따라 많은 차이가 있지만, 정비공장의 경우 100mg/m^3 이상 포함될 수 있다. 대기 중의 고형입자뿐만 아니라 배관 내의 스케일이나 공기압축기에서 유입되는 고형입자까지 고려하면 높은 농도의 입자가 압축공기에 포함될 수 있다.

② **수분** : 수분은 공압 장비의 녹을 발생시킬 뿐만 아니라 회전체나 슬라이딩 부품에 형성되어 있는 윤활막을 씻어냄으로써 공압 장비나 공구를 손상시키고 수명을 단축시킨다. 대기 중의 수분은 베이퍼(수증기)의 형태로 존재하며, 컴프레서에서 압축되어 응축수로 걸러진 후 배관을 따라 유입된다. 따라서 컴프레서에서 나온 압축공기의 습도는 100%라고 할 수 있으며, 에어 탱크나 배관 내에서 온도의 강하에 따라 응축되어 액체로 변한다.

③ **오일** : 오일은 컴프레서에서 유입되는 오일 및 대기 중에 존재하는 오일이 포함된다. 컴프레서 오일은 높은 온도에서 산화되어 압축공기에 포함되어 에어 라인으로 유입되면 공정 및 장비에 악영향을 미치게 된다. 따라서 식품이나 반도체 등과 같이 중요한 라인에서는 오일 프리 컴프레서를 사용한다. 그러나 오일프리 컴프레서를 사용한다 하더라도 대기 중에서 유입되는 오일은 피할 수 없다. 공기압축기 자체에서 공기로 포함되는 오일 양은 대체로 다음과 같다.

공기압축기 자체에서 공기로 포함되는 오일 양

컴프레서 종류	오일 양
피스톤 왕복식	25ppm
오일 스크루 고정식	2~10ppm
오일 스크루 이동식	15~25ppm
로터리 베인	5ppm
오일 프리	0.05~0.25ppm

(3) 압축공기 내의 오염물질의 영향

압축공기에 포함된 오염물질은 정비공장에서 사용하는 시설장비 및 에어공구를 구성하는 각종 공압 기기 각 부분에 아래와 같은 영향을 미칠 수 있다. 특히 장비의 성능이나 수명에 큰 영향을 미치므로 많은 비용 손실을 초래한다.

오염물질 영향

공압 기기 부분	영향
실린더, 로터리 액추에이터	녹에 의한 밸브의 고착, 수명 저하
감압 밸브, 공기압 릴레이	기능 저하 및 성능 불량, 녹에 의한 수명 저하
에어 스프레이	크레이터링 등 도장 불량, 스프레이 노즐 막힘
수송 기기(컨베이어 등)	분체 덩어리에 의한 기능 저하, 오염으로 인한 제품 불량 발생
에어 배관	배관 부식으로 인한 녹 발생, 고형 입자로 인한 배관 내부 손상

2-4   트랜스포머(transformer, service unit)

(1) 공기 여과 기능(air filter)

여과재에 기체를 통과시켜 분진을 포집하는 장치로
서 압축공기 중의 수분, 유분, 먼지 등을 제거하며,
불순물은 여과통의 하부에 설치되어 있는 밸브에 의
해서 배출한다.

(2) 공기압력 조절 기능(air regulator)

고압의 압축공기를 사용 시설 장비, 공구 및 도장
작업에 적합한 압력으로 조절하는 기능이다.

트랜스포머

(3) 윤활유 공급 기능(lubricator)

에어 공구나 장비에 공기와 함께 윤활유를 분무상태로 지속적으로 공급하여 에어 공구 내
부마찰운동 부분에 급유한다. 윤활유(lubricator fluid)는 에어 공구 전용 터빈유 1종, 2종을
사용한다(실(seal)의 손상 방지).

2-5   건조공기 공급장치(dry air supplying equipment)

공기압축기가 공기를 압축할 때 발생하는 수분을 완전히 제거하기 위해서 애프터 쿨러
(after cooler)와 에어 드라이어(air dryer)의 설치가 필요하다(공기제습장치).

즉, 공기압축기에서 생성된 섭씨 40℃에서 50℃ 정도가 되는 압축공기의 온도를 애프터
쿨러에서 실온보다 10℃ 정도 낮추어 수분을 제거한 다음, 다시 에어 드라이어로 보내 영하
20℃ 정도로 낮추어 수분을 모두 제거한다.

이때 차가운 압축공기가 에어 라인을 통해 공장 내부로 들어가면 온도 차이로 인해 에어
파이프 내부에 수분이 발생되므로 에어 드라이어에서 미리 실온으로 가열하여 배출시킴으로
써 수분 발생을 최대한 억제시키는 구조로 되어 있다.

2-6   압축공기 공급 시스템 설계 시 고려사항

필요한 공기량의 결정과 요구되는 압력, 압축공기의 품질을 만족시키기 위한 압축기의 형
식 결정과 압축기 주변기기의 선정 방안으로 압축공기 공급 시스템 설계에서 중요한 것은 배

관 계획과 압축공기 배관을 올바르게 설치하는 것이다. 그래야만 압축공기를 필요로 하는 최종 사용 위치에서 안정적인 압력을 얻을 수 있다.

에어 공구 사용 시 공기 소비량(예)

에어 공구명	공기 소비량 (m³/min)	적정 공기압 (kgf/cm²)
앵글 그라인더	0.6	6.0~6.5
	1.5	6.0~6.5
그라인더	0.3	6.0~6.5
스크루 드라이버	0.28~0.32	6.3~6.5
	0.3~0.5	6.3~6.5
임팩트 렌치	0.5	6.3~6.5
	0.9	6.3~6.5
에어 드릴	0.5~0.7	6.3~6.5
래칫 핸들	0.5	6.3~6.5
샌더	0.6	6.3~6.5
폴리셔	0.8	6.3~6.5

🚗 공기 소비량 : 무부하 조건에서 연속운전 시 소비량

압축공기 공급 시스템을 설계할 때 압축공기를 필요로 하는 공장의 설비 상황에 따라 집중 시스템으로 할 것인지, 분산 시스템으로 할 것인지 결정할 필요가 있으며, 공기압축기 선정 시 필요마력(현장 경험 값)은 대략 다음과 같이 산출한다.

① 스프레이 건 : 5ps/개
② 임팩트 렌치 : 3ps/개
③ 에어 탱크 : 1000~1500L/10ps
④ 에어 드라이어 쿨러 : 300L/10ps

공기 사용량은 반드시 순간 부하 조건으로 하여 계산되어야 한다. 순간 최대 부하 조건이 고려되지 않을 경우 공기압 부족으로 기기의 오작동이 발생할 수 있다. 압축공기를 동력원으로 이용하는 에어 공구에 소요되는 공기량을 산정할 때에는 도표를 참조하여 압축기 용량을 결정한다.

단, 공기 소비량은 에어 공구가 무부하 조건에 있을 때 연속운전 상태를 표시한 것으로 사용자의 사용 조건에 따라 공기 소비량을 달리 할 수 있으므로 사용 조건(1분 중에서 실제로 사용되는 시간)을 검토하여 적정의 소비 공기량을 산출해야 한다.

즉, ① 최종 수요처의 요구 공기압력

② 필요 공기량(자유 공기량으로 환산)

③ 공기사용빈도(부하율 %)

④ 공기의 청정도(드레인 함유량)

압축공기 공급 시스템 설계 시 세부적인 고려사항은 다음과 같다.

① 용도

② 흡입 압력, 토출 압력

③ 흡입가스의 종류, 성질, 온도, 습도

④ 토출 공기량, 유분 조건

⑤ 용량 조정 기능(자동식, 수동식, 다단식)

⑥ 냉각방법(공랭식, 수랭식) : 수랭식은 냉각수 수질, 온도, 압력을 고려한다.

⑦ 전원(사이클, 전압, 전원 용량)

⑧ 설치장소 조건

⑨ 원동기의 종류(회전수, 기동 방식, 보호 등급)

⑩ 압축기 종류(급유식, 무급유식, 왕복식, 회전식, 압축단수, 정치, 이동식)

⑪ 압축기의 수량

⑫ 부대 설비

⑬ 기타(제작 규격, 검사 항목과 방법)

⑭ 납기와 금액(설치 공사 : 기초, 설치, 전기, 급수, 배관, 시운전 일정 고려)

특히 에어 라인 설계 시 배관의 길이는 공기청정기로부터 시작하여 최종 사용처 말단까지의 길이를 산출하고, 허용 가능한 압력 강하(압력 손실)인 배관 길이 상에서 발생되는 압력 손실의 허용량을 결정한다(순수 배관에서만의 압력 손실).

압축공기의 공급 배관 구경의 결정은 배관 내의 압축공기의 유속과 압력 손실을 고려하여 선정하되 공기압력 저장탱크와 사용기기 사이의 배관 압력손실을 0.1kgf/cm^2 이하로 하여 선정하는 것이 바람직하며, 향후의 증설 관계를 고려하여 면밀히 검토해야 한다.

공기압축기의 흡입배관과 토출배관에 관 연결 시 모두 1″ 이상 더 큰 관을 설치하고 배관을 짧게 하며, 밸브(valve)나 벤드(bend), 엘보(elbow), 조인트(joint) 등의 설치 수량을 줄인다. 부득이 굴곡과 저항이 많아지면 충분한 단면적(斷面績)을 고려한다.

피트(pit)를 이용한 지하 배관의 경우 가장 낮은 배관 끝단부 구배의 하단에서 드레인을 상부로 배출한다. 모든 배관은 시작점과 배관 끝단부에 구배를 1~2% 정도 준다.

3. 샌딩실

샌딩실(sanding room)은 도막 제거 작업이나 퍼티 연마작업 시 샌더에서 발생하는 분진으로 인한 작업자의 위생안전을 도모하고, 작업품질을 향상시키기 위해 설치하는 작업준비실이다.

샌딩실은 바닥에서 분진을 빨아들일 수 있는 칸막이 구조로 되어 있으며, 내부에는 샌딩작업에 필요한 압축공기 라인과 전원이 설치되어 있으므로 간단한 도장작업과 함께 도장작업 완료 후 광택작업까지도 처리할 수 있는 시설이 구비되어 있다.

4. 도장실

도장실(spray booth)은 보수도장작업 시 가열 건조 과정에서 발생되는 도료의 분무 입자나 공기 속의 불순물 등이 도장 면에 부착되지 않도록 하며, 도료의 분무입자로부터 작업자와 작업환경을 보호하고, 도장작업 온도를 일정하게 유지시켜 도장 품질을 향상시킬 수 있는 필수적인 설비이다. 도장실에서는 스프레이 작업만 해야 하므로 항상 깨끗한 상태를 유지해야 하며, 분무도장작업 전에 발생하는 모든 공정은 전용 샌딩실에서 완료시킨 후 입고시켜야 한다.

4-1 공기 공급과 배기 방법

① 자연 급기와 강제 배기형
② 강제 급기와 강제 배기형(보수도장용)
③ 강제 급기와 자연 배기형

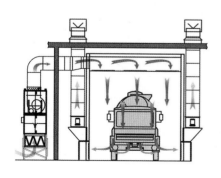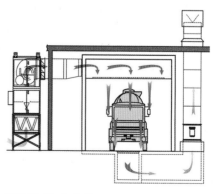

강제 급기와 강제 배기형 도장실 공기 순환

4-2   도장실의 작업 사이클

　도장 사이클은 도장작업을 하기 위해 작동시키는 과정으로서, 공기흡입구에서 1차 필터를 거친 공기가 송풍기에 의해 버너로 보내지면 적정 작업온도로 가열되어 천장필터를 통해 도장실 내부로 들어오는 과정이 연속적으로 이루어진다.

　도장실 내부로 들어온 공기는 바닥필터를 지나 2차 필터를 거치면서 도료 분진이 여과된 후 밖으로 배출된다. 건조 사이클은 도장작업이 끝난 후에 건조를 하기 위해 작동시키는 과정으로서, 버너를 통해 들어오는 공기를 약 70℃ 정도로 가열시키도록 온도가 조절되며, 배출되는 공기의 양을 적게 하여 일정한 온도로 유지하도록 작동된다.

4-3   도장실의 운용

① 도장할 차량이 입고되면 도장실의 실내온도와 자동차 차체의 온도를 20℃ 정도로 비슷하게 유지한 후에 도장작업을 시작해야 하며, 이때 도장실 내부에서 흐르는 공기 이동 속도를 20~30cm/s로 유지하도록 하여 에어 커튼(air curtain)이 작업자의 가슴 아래 부분에 생기도록 에어 밸런스를 조절하여야 한다.

② 도장작업이 완료된 후에는 도막 내부의 용제 증발을 위해 예열건조 과정을 약 40℃에서 10분 정도 작동시킨다. 본격적인 가열건조 과정이 70℃에서 30분 정도가 경과한 후에는 실내에 들어가기 전에 환풍기를 3분 정도 가동하여 실내에 남아 있는 열과 차체 표면을 냉각시킨 후에 출고시켜야 한다.

③ 도장실 내부는 천장과 바닥의 온도가 다르므로 펜더 하부나 로커 패널 사이드 실 부분의 건조 불량에 주의해야 한다.

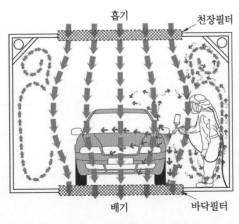

도장실 내의 공기 순환

4-4　도장실의 구비 조건

① 강제 급기, 강제 배기 시설을 구비해야 한다.
② 내화구조로 밀폐할 수 있어야 한다.
③ 급기 필터는 2층 이상의 건식이나 수세식이어야 한다. 단, 급기 쪽은 $3m^2$ 이상, 실내 쪽은 천장의 70% 이상의 면적을 가져야 한다.
④ 건조실 바닥에서 1.5m 위치에서 상온으로부터 60℃까지 온도 조정이 가능해야 한다.
⑤ 외기 온도 20℃일 때 가온(加溫) 후 20분 이내로 목표 온도에 도달해야 한다.
⑥ 조명은 방폭형이거나 유리판으로 격리하여 틈새를 봉하여야 한다.

4-5　도장실 취급 시 주의사항

① 차량 입실 전 바닥을 물청소하고 적정 습도를 유지한다.
② 실내에서 도장작업을 할 때에는 반드시 마스크와 보안경을 사용한다.
③ 실내와 차체의 온도를 20℃ 정도로 유지한다.
④ 도장작업 후 약 10분 정도 세팅 타임을 설정한다.
⑤ 가열 종료 후 3분 정도 냉각 가동하고, 실내의 유독가스를 배출한다.
⑥ 실내를 완전 밀폐된 상태로 유지한다.
⑦ 열풍기를 가동할 때는 도장 도료에 맞는 적정 시간과 온도로 세팅한다.
⑧ 매주 열풍기와 실내외를 점검하여 청소한다.

5. 도장용 공기구

5-1　이동식 건조기

도장작업이 완료된 도막을 가열로 강제건조시키는 이유는 도료 속 잔류 용제의 증발을 촉진하고, 경화제와의 반응이 가속되어 건조 시간을 단축시키며, 공기 중의 습기에 의한 도막 결함을 방지할 수 있기 때문이다. 그러므로 자동차 도장작업 후에는 가열건조 공정을 실시한다.

차체의 작은 면적을 보수도장했을 때 사용되는 이동식 건조기 중에서 열풍식이나 근적외선
식과는 달리 도막의 내부에서부터 건조되어 건조 효율과 도막 결함을 감소시킬 수 있는 원적
외선식 건조기가 많이 사용되고 있다.

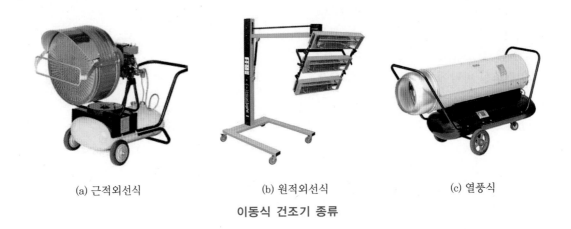

(a) 근적외선식   (b) 원적외선식   (c) 열풍식

이동식 건조기 종류

건조기 열원의 특성 비교

구분	근적외선	원적외선	열풍
열효율	가시광선의 양만큼 손실 발생	양호	간접가열이므로 약간 불량
도료의 열흡수율	색상에 따라 차이 발생	색상에 관계 없이 양호	색상에 관계 없음
기온 영향	거의 없음	약간 발생	다소 크다.
조사거리	100~120cm	70~90cm	2~3m 이상
발광상태	눈에 보임	눈에 보이지 않음	눈에 보임

5-2 조색용 장비

자동차 보수 도장작업 시 현장 조색 시스템에서 사용되는 도료 교반기는 도료가 침전되지
않고 색상이 골고루 섞이게 하는 데 사용하며, 전자저울은 조색하는 도료량을 무게비로 측정
하는 데 사용되는 장비이다.

도막 두께 측정기는 도장작업 후 도막의 두께를 측정하는 데 사용되며, 색상분석기는 구 도
막에 사용된 색상 도료의 성분을 컴퓨터로 분석하여 현장조색 작업에서 유용하게 활용되는
장비이다.

(a) 컬러 캐비닛

(b) 도료 교반기

(c) 전자저울

(d) 인공태양조명

(e) 도막 두께 측정기

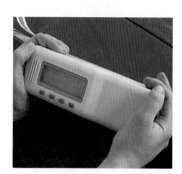

(f) 컴퓨터 색상분석기

조색용 장비

5-3 샌더(sander)

샌딩작업(sanding)은 금속표면의 결함 제거, 도막 결함 제거, 도막의 평활성 부여, 층간 부착력 향상 및 퍼티 자국을 제거하는 데 목적이 있다.

(1) 연마 목적과 방법

① 금속표면 결함 제거
② 페인트 결함 제거
③ 도막의 평활성 부여
④ 층간 부착력 향상
⑤ 퍼티 자국 제거

(2) 에어샌더 종류

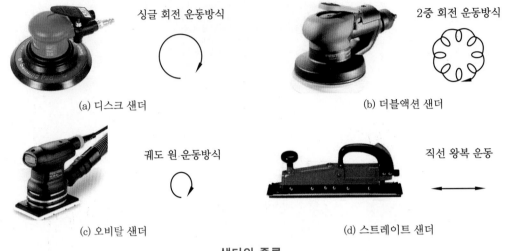

(a) 디스크 샌더   싱글 회전 운동방식

(b) 더블액션 샌더   2중 회전 운동방식

(c) 오비탈 샌더   궤도 원 운동방식

(d) 스트레이트 샌더   직선 왕복 운동

샌더의 종류

디스크 샌더는 연마력이 강하므로 도막이나 철판의 녹을 제거하는 데 사용되며, 오비탈 샌더는 패드의 면적이 넓어서 평면작업에 편리하므로 퍼티면의 1차 연마나 구 도막의 가장자리 연마에 사용된다.

더블액션 샌더는 퍼티면의 마무리 연마나 구 도막과 퍼티면의 접촉 부위 연마 또는 프라이머-서페이서 도장 면의 연마에 사용되며, 스트레이트 샌더는 주로 퍼티면의 평활면을 잡기 위해 사용된다.

(3) 샌더용 패드

샌더에 사용되는 패드는 연마지를 부착하는 부분으로서, 단단한 것과 부드러운 것 2종류가 있으며, 작업 특성이 다르므로 연마면의 상태에 따라 알맞은 것을 선택해야 한다.

패드에 연마지를 접착시키는 방법에는 연마지 뒷면에 접착제를 사용한 스티커 방식과 부드러운 연마 접촉을 발휘할 수 있는 매직 테이프식이 있다. 특히, 연마작업 시 연마 분진이 날리는 것을 억제하려면 패드와 연마지의 구멍을 맞추어 접착시키고, 흡진식 샌더와 진공식 흡진기를 병용해서 사용해야 한다.

(4) 습식 연마용 에어 샌더(wet sander)

샌더는 대부분 물을 묻히지 않고 샌딩 작업하는 공연마용(dry sanding) 샌더가 많이 사용되고 있지만, 도막의 우수한 연마 표면을 얻기 위해서 물을 샌더로 공급하면서 습식작업을 할 수 있는 습식 연마용 샌더도 있다.

습식 연마용 샌더를 사용하지 않을 때는 수작업용 방수 연마지(water proof sandpaper)를 사용하여 물과 함께 손으로 직접 작업(wet sanding)할 수도 있다.

(5) 연마 품질에 영향을 미치는 요인

① 샌더의 오비탈 궤도　② 샌드 페이퍼의 선정
③ 작업자 기술력　④ 도료 건조 상태
⑤ 백업 패드의 경도

(6) 건식 샌딩(dry sanding)에 필요한 공기구

① 먼지 흡진기(vacuum cleaner)　② 샌더(electric, air type sander)
③ 샌드페이퍼(sandpaper)　④ 송진포(tack cloth)
⑤ 가이드 코트(guide coat)　⑥ 핸드 블록(hand block)
⑦ 방진 마스크(respirator)

(7) 건식 샌딩(dry sanding) 작업 시 주의사항

① 샌더를 강하게 누르지 말 것
② 샌더를 한 곳에서 멈추지 말 것
③ 샌드페이퍼를 작업조건에 맞추어 선정할 것
④ 전체를 균등하게 연마할 것
⑤ 페더에지(단 낮추기 작업)는 단차가 없게 연마할 것
⑥ 곡면부나 프레스 라인 부분은 수연마 작업을 할 것
⑦ 공연마가 어려운 부분은 스펀지 패드나 부직포 연마지를 활용할 것

(8) 습식(wet sanding)과 건식(dry sanding) 연마 비교

습식 · 건식 연마 비교

구분	습식 연마	건식 연마
특징	수연마(水硏磨, 手硏磨)	공연마(空硏磨, 機械硏磨)
작업면 닦기 작업 속도	느리다	빠르다
페이퍼 사용량	적다	많다
최종 마무리 작업 상태	만족	약간 미흡
작업성	보통	우수
먼지 발생	적다	많다

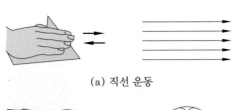

(a) 직선 운동

(b) 랜덤 운동

① 도막제거(공연마)
 • P80 → P180
② 퍼티 샌딩(공연마)
 • P80 → P180 → P280
 • P400(래커 퍼티)
③ 프라-서페 샌딩
 • P600(수연마)
 • P400(공연마)

연마작업 시의 연마 자국과 샌드페이퍼 선정

5-4 스프레이 건(air atomizing spray gun)

(1) 스프레이 건 종류

① 흡상식(suction feed type or siphon type)
 ㈎ 컵이 본체 아래에 부착되어 있다.
 ㈏ 도료의 교환이 편리하다(안정된 작업 가능).
 ㈐ 넓은 범위의 도장이 용이하다.
 ㈑ 중력식에 비해 무겁고, 점도에 따라 토출량이 변한다.
 ㈒ 캡의 위치가 한정되어 있으므로 움직일 수 없다.

② 중력식(gravity feed type or top feed type)
 ㈎ 컵이 본체 위에 부착되어 있다.
 ㈏ 점도에 따른 토출량 변화가 적고, 도료의 낭비가 적다.
 ㈐ 일정 범위 내에서는 분출 방향을 자유자재로 할 수 있다.
 ㈑ 도료가 쏟아지기 쉽고 건의 취급이 불편하다.
 ㈒ 컵 용량이 적기 때문에 여러 번 작업해야 한다.

③ 압송식(compressor type or pressure feed type)
 ㈎ 컵이 독립된 탱크로 되어 있다.
 ㈏ 넓은 범위나 연속도장에 편리하다.
 ㈐ 토출량 조정의 범위가 넓고 어느 각도에서도 작업이 가능하다.
 ㈑ 작업 공간이 작으면 불편하며, 이동이 부자연스럽다.
 ㈒ 작업 후 반드시 세척해야 하며, 시간이 많이 소요된다.

(a) 흡상식

(b) 중력식

(c) 압송식

스프레이 건의 종류

(2) 스프레이 건 구조

흡상식 스프레이 건은 넓은 면적을 도장하기에 적합하며, 중력식은 작은 면적이나 미세하고 정밀한 도장 시 유용하게 사용된다. 압송식은 점도가 높은 방청도료를 도장하기 위해 압송된 도료만 분무시켜서 도장하는 데 사용된다.

최근에는 도료의 손실 저감과 고품질의 도장을 위해 노즐 에어 캡(nozzle air cap)에서 0.7bar 정도의 공기압으로 도료를 분무시키는 HVLP 건이 많이 사용되고 있다.

에어 스프레이 건에서 압축공기의 흐름 순서는 압력공기 연결 부위, 공기압력 조절밸브, 에어밸브, 패턴 폭 조절밸브, 노즐 사이드 홀의 순으로 흐르며, 노즐 센터 홀(center hole or round opening around fluid tip)은 에어밸브를 통하여 흐르게 된다.

또한 스프레이 컵에 담겨져 있는 도료는 도료 파이프, 니들밸브, 센터 홀로 흐르며, 토출량 조절밸브로 도료량을 조절한다. 노즐에서는 도료가 공기압력에 의해 이끌려 센터 홀에 의해 미립화(微粒化)되어 분무(噴霧 : atomization)된다.

이 공기는 사이드 홀(side hole)에 의해 흩뿌려지고 패턴 폭이 조절된다. 보조 홀(auxiliary hole)은 도료를 더욱 작은 입자로 미립화시키는 역할을 한다.

(3) 스프레이 건 조정

스프레이 건의 조정 3요소는 다음과 같다.

① 공기압력(air pressure regulator)
② 패턴 폭(pattern control knob)
③ 도료 토출량(fluid control knob)

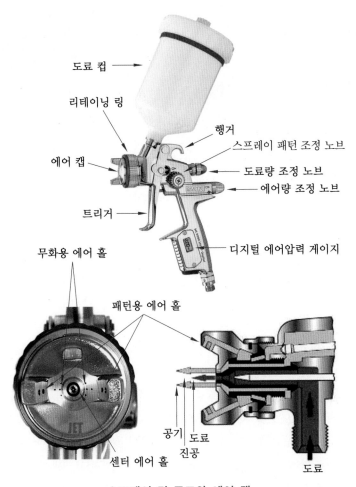

도료 컵

리테이닝 링

행거

스프레이 패턴 조정 노브

에어 캡

도료량 조정 노브

에어량 조정 노브

트리거

디지털 에어압력 게이지

무화용 에어 홀

패턴용 에어 홀

공기   도료

진공

도료

센터 에어 홀

스프레이 건 구조와 에어 캡

스프레이 건 종류와 압축공기 사용 압력(일반적인 예)

스프레이 건 형태		공기 압력(bar)	
		입력 (에어 게이지에서)	분무 압력 (에어 노즐 팁에서)
HVLP	High Volume Low Pressure	2.0~3.0	0.7
RP	Reduced Pressure	2.0~2.5	1.6~1.8
LVLP	Low Volume Low Pressure	최대 7.0	2.0~3.5
HP	Conventional High Pressure	최대 7.0	4~5

스프레이 패턴의 형태는 노즐의 위치를 조절하여 도장물 형태에 따라 변화시켜 작업해야 효과적인 도장을 할 수 있다. 스프레이 건의 노즐은 센터 홀의 지름이 작을수록 도료가 미세하게 분무되므로 도료의 종류나 점도 등에 따라 알맞은 것을 선택해야 한다.

도장작업에서 스프레이 건을 사용할 때 불완전한 패턴이 발생되면 도막 형성에 큰 영향을 미치게 된다. 스프레이 건의 노즐, 공기압력, 도료의 점도가 알맞게 조절되었을 경우에는 정상형의 패턴이 발생하지만, 공기압력이 너무 높거나 도료가 적게 공급될 때에는 분열형 패턴이 발생된다.

스프레이 건에 공급되는 공기압력이 너무 낮을 때는 부채형 패턴이 발생되며, 스프레이 건의 노즐 공기 구멍이 맞지 않을 때는 초승달형 패턴이 발생된다.

| 사선 위치 | 원형 | 수평 위치 | 수직형 | 수직 위치 | 수평형 |

노즐 에어 캡의 위치별 스프레이 패턴 형태

(4) 스프레이 건의 기본 운행(SATA 스프레이 건 기준)

일반적으로 보수도장에서 사용하는 스프레이 건의 노즐 크기는 다음과 같다.

① 1.2mm : 흠집제거도장

② 1.3~1.4mm : 상도도장(색상 및 투명)

③ 1.4mm : 투명도장

④ 1.6mm : 프라이머 도장

⑤ 1.6~1.8mm : 프라이머-서페이서 도장

스프레이 건의 표준운용 조건(건 압력 2bar로 세팅한 상태에서)은 다음과 같다.

① 분무거리 : 도장면과 스프레이 건 사이의 거리 20~30cm(8″) 정도 유지

② 건의 각도 : 노즐의 방향을 도장면에 대해 직각방향(90°)으로 유지

③ 분무 패턴 폭 : 폭 각도는 약 45°에서 30cm

④ 패턴의 중첩 : 패턴과 패턴은 약 $\frac{1}{2}$(50%)~$\frac{3}{4}$(75%) 중첩 유지(overlapping)

⑤ 분무속도 : 약 30~60cm/s(2~3s/m)로 일정한 속도 유지

⑥ 작업장 온도 : 20~25℃

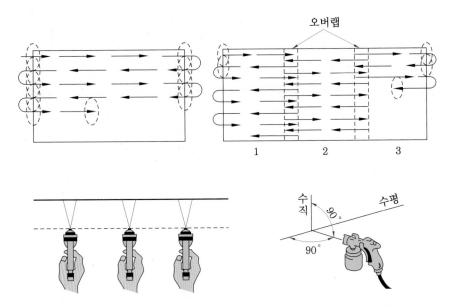

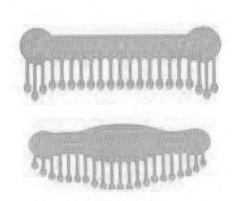

스프레이 건 운용법

스프레이 건은 스프레이 건이 도장 범위 근처에 왔을 때 방아쇠(trigger)를 당겨 도료를 분사시키고, 도장 범위가 끝나는 부분을 약간 지나면 방아쇠를 놓아서 도료 분사가 멈추게 하는 작업을 반복하면서 운행한다.

스프레이 작업 시 도장면과 직각을 이루고 있지 않거나 거리가 일정하지 않으면 도막의 두께가 고르지 않고 색상이 불규칙하게 되므로 도장면이 곡면이면 스프레이 건도 곡면을 따라 직각을 유지하면서 일정한 속도로 작업하는 것이 중요하다.

(a) 양호한 패턴 형태　　　　　　　　(b) 불량한 패턴 형태

스프레이 패턴 형태

(5) HVLP 건(high volume low pressure)

① 낮은 공기압에서 많은 도료 분출

　사용 공기 압력 : 0.2MPa (2bar)

② 분무압력(nozzle air cap pressure : output air pressure)

　㉮ HVLP 건 : 최대 0.07MPa (0.7bar)

　㉯ RP 건 : 0.17~0.18MPa (1.7~1.8bar)

　㉰ 종래의 일반 건 0.3MPa (3bar)

③ 도료 부착 효율 : 약 70%(일반 건 30%)

(6) 스프레이 불량 패턴의 종류와 원인

스프레이 패턴 분석

종류	형상	원인
정상형 (normal pattern)		• 일정하고, 균일한 패턴 폭 수평 유지 형태 • 비대칭 패턴 형태 • 일정한 에어 압력과 도료량 공급
바나나형 (banana pattern)		• 공기 캡의 구멍이 막혔을 때 • 도료 노즐 옆에 티가 묻어있을 때 • 공기 캡의 중앙 공기구멍과 도료 노즐 사이가 막혔을 때 • 공기 캡과 노즐 접촉면에 티가 묻어 캡의 위치가 불량할 때 • 공기 캡과 도료 노즐의 어느 쪽이든 손상되었을 때
단일 분할형 (single split pattern)		• 공기압력이 높을 때 • 도료 점도가 낮을 때 • 캡 모서리의 공기량이 많을 때 • 캡과 도료 노즐 사이에 먼지나 도료가 고착되었을 때 • 도료 분출량이 적을 때
이중 분할형 (double split pattern)		• 사용공기량이 과다할 때 • 공기압력이 매우 적을 때 • 노즐 팁 구멍 클 때

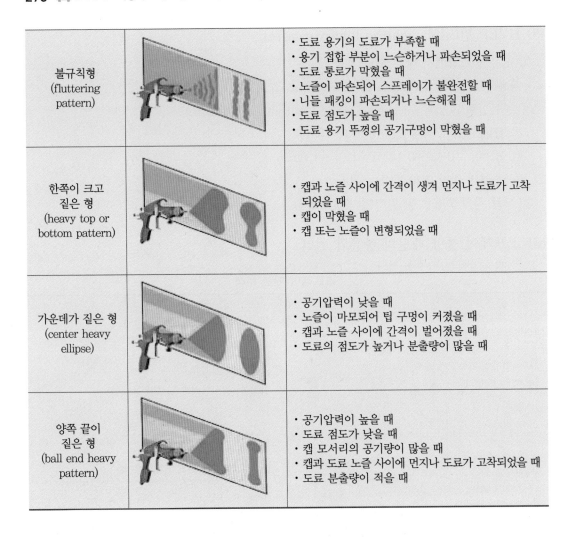

불규칙형 (fluttering pattern)		• 도료 용기의 도료가 부족할 때 • 용기 접합 부분이 느슨하거나 파손되었을 때 • 도료 통로가 막혔을 때 • 노즐이 파손되어 스프레이가 불완전할 때 • 니들 패킹이 파손되거나 느슨해질 때 • 도료 점도가 높을 때 • 도료 용기 뚜껑의 공기구멍이 막혔을 때
한쪽이 크고 짙은 형 (heavy top or bottom pattern)		• 캡과 노즐 사이에 간격이 생겨 먼지나 도료가 고착 되었을 때 • 캡이 막혔을 때 • 캡 또는 노즐이 변형되었을 때
가운데가 짙은 형 (center heavy ellipse)		• 공기압력이 낮을 때 • 노즐이 마모되어 팁 구멍이 커졌을 때 • 캡과 노즐 사이에 간격이 벌어졌을 때 • 도료의 점도가 높거나 분출량이 많을 때
양쪽 끝이 짙은 형 (ball end heavy pattern)		• 공기압력이 높을 때 • 도료 점도가 낮을 때 • 캡 모서리의 공기량이 많을 때 • 캡과 도료 노즐 사이에 먼지나 도료가 고착되었을 때 • 도료 분출량이 적을 때

(7) 스프레이 작업 시 주의사항

스프레이 작업을 할 때는 도료 컵에서 도료가 흘러나오지 않도록 도료 컵이 완전히 닫혀 있는지 확인하고, 컵에 뚫려 있는 통기구멍을 위쪽으로 향하게 하여 스프레이 호스가 도장면에 닿지 않도록 어깨 뒤에 오도록 잡고 작업해야 한다.

1회째 도장하는 기초 도장은 도료가 엷게 뿌려지도록 빠르게 도장하며, 2회째는 일정한 색상과 도막 두께가 유지되도록 도장하고, 3회째 도장은 도막의 평활도를 조정하는 도장을 해야 한다.

도장은 여러 번 나누어 도장해야 완전한 도막이 형성되므로 매회 분무할 때마다 용제가 증발할 수 있는 시간을 5~10분 정도 주어야 한다. 이것을 플래시 오프 타임(flash off time)이라고 한다.

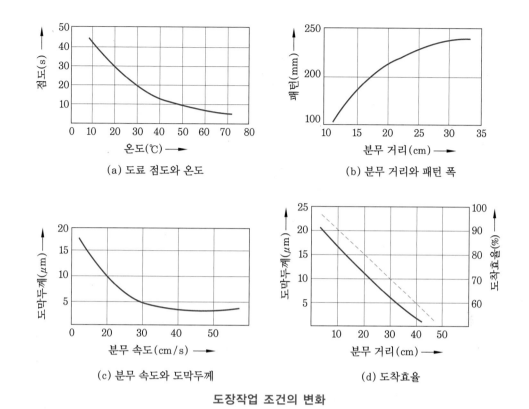

(a) 도료 점도와 온도

(b) 분무 거리와 패턴 폭

(c) 분무 속도와 도막두께

(d) 도착효율

도장작업 조건의 변화

각종 도장 조건에 따른 영향

도장 조건		색상 변화		영향도
		밝음	어두움	
스프레이 건 조정	노즐 구경	작다	크다	보통
	밸브 조절	잠금	열림	보통
	패턴의 폭	넓게 함	좁힘	적다
	공기량	많다	적다	크다
	공기압력	높다	낮다	보통
도장 방법	스프레이 거리	멀다	가깝다	보통
	건의 운행속도	빠르다	느리다	적다
	분무 형태 현상	날려 뿌림	날리지 않음	크다
	분무 간격	길다	짧다	보통

(8) 스프레이 건의 세척작업

스프레이 건을 사용한 후에는 빠른 시간 내에 철저히 세척을 해야 한다. 수동으로 세척할 때에는 남아 있는 도료를 비우고 시너를 소량 넣은 다음, 흔들면서 분무를 시키면 스프레이 건의 내부 회로가 세척된다.

　다시 한 번 새로운 시너를 넣고 에어 캡 앞부분에 헝겊을 대고 분사시키면 도료 파이프 내의 남은 도료가 역류되어 깨끗하게 된다. 이때 에어 캡과 도료 컵을 분해하여 솔로 세척하고, 외부도 함께 세척한다.

　스프레이 건 세척기를 사용할 때는 스프레이 건을 분해하여 시너가 분사되는 노즐에 설치하면 시너가 고압으로 분사되면서 도료 컵 내외부와 스프레이 건 내부 회로를 깨끗하게 세척하게 된다.

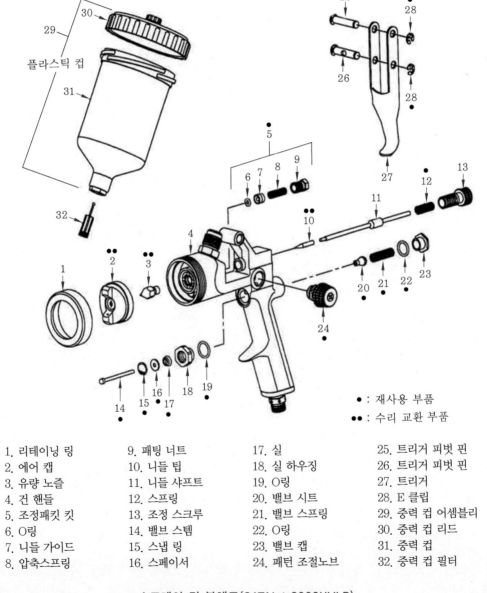

● : 재사용 부품
●● : 수리 교환 부품

1. 리테이닝 링	9. 패킹 너트	17. 실	25. 트리거 피벗 핀
2. 에어 캡	10. 니들 팁	18. 실 하우징	26. 트리거 피벗 핀
3. 유량 노즐	11. 니들 샤프트	19. O링	27. 트리거
4. 건 핸들	12. 스프링	20. 밸브 시트	28. E 클립
5. 조정패킷 킷	13. 조정 스크루	21. 밸브 스프링	29. 중력 컵 어셈블리
6. O링	14. 밸브 스템	22. O링	30. 중력 컵 리드
7. 니들 가이드	15. 스냅 링	23. 밸브 캡	31. 중력 컵
8. 압축스프링	16. 스페이서	24. 패턴 조절노브	32. 중력 컵 필터

스프레이 건 분해도(SATAjet 3000HVLP)

5-5   기타 기자재

(1) 먼지 흡진기(dust extractors & vacuums)

샌딩 작업 시 에어 샌더에서 발생되는 분진을 진공으로 빨아 들여서 집진시키는 장비이며, 도장작업 시 각종 샌더나 도장 소모 재료 등을 효율적으로 보관하고, 작업장 내를 이동할 수 있는 이동작업대가 활용되고 있다.

(2) 폐 시너 재생기(thinner regenerator)

오염된 시너를 재생하여 스프레이 건 세척용이나 일부 하도도장에 사용할 수 있게 하는 장비이다.

(3) 스프레이 건 세척기(paint gun cleaner)

사용한 스프레이 건을 압축공기를 이용하여 안전하고 깨끗하게 세척하는 장비이다.

(4) 도장작업용 편의 기구(convenience apparatus for painting)

보수 도장작업 시에는 각종 패널을 쉽고 안전하게 설치해서 도장작업 할 수 있는 편의 기구가 매우 필요하다. 이러한 편의 기구는 각종 패널에 모두 사용할 수 있도록 다용도의 기능이 필요하므로 작업의 능률을 높이기 위해서는 작업자가 직접 개발, 제작하여 사용하는 것도 좋다.

먼지 흡진기   폐 시너 재생기   스프레이 건 세척기

(5) 퍼티작업용 공기구

퍼티 혼합은 각종 플라스틱 주걱(plastic spatula)이나 고무 주걱(rubber spatula)을 사용하여 퍼티 혼합용 정반에서 작업하며, 퍼티가 경화되면 각종 목재나 고무 또는 알루미늄 샌딩 패드로 손연마작업한다. 특정 부위의 퍼티 홈을 만들기 위해서는 프레스 라인 파일을 사용할

수 있으며, 유 파일(U type file)은 곡면 부위의 표면에 맞도록 조절하여 사용할 수 있다.

좁거나 작은 변형 부분을 연마하기 위해 소형 샌더를 사용하며, 연마공정 중에 수시로 연마면의 불균형 상태를 측정할 수 있는 조도 측정기가 있다. 도장작업 시 사용되는 공기구 중 스프레이 건을 보관하기 용이하게 걸이대를 사용하며, 20리터용 시너를 따르기 쉽게 시너통 받침대를 사용한다. 도료를 조색하기 위해 조색용 비닐용기에 도료를 넣고 도료 혼합용 주걱으로 저으며, 혼합용 비율자로 경화제의 혼합량을 맞춘 후에 여과지로 여과된 도료를 가지고 도장작업을 실시하여야 한다.

(6) 광택 작업용 공기구

광택 작업에 사용되는 광택기는 전기식을 주로 사용하며, 콤파운딩 작업 전에 도막에 발생한 결함을 제거하기 위해 컬러 샌딩을 하기 위한 전용 연마지를 샌더에 붙여서 물이나 비눗물과 함께 연마작업하거나 #1500번 정도의 작은 숫돌로서 작업하기도 한다.

컴파운딩 작업은 처음에 거친 조직으로 된 흰색 양털 패드로 문지르고 난 후에 부드러운 노란색 양털 패드로 문질러서 기계 연마자국인 스월 마크가 없어지도록 하며, 최종적으로 마무리 작업인 폴리싱 작업에는 스펀지 패드를 사용한다.

6. 도장용 부자재

6-1 연마지(sand paper, abrasive paper)

(1) 연마지 등급 표시

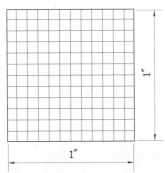

연마 입자 선정 규격 기준

CAMI등급	유럽 P 등급	CAMI등급	유럽 P 등급
600 –	– P1200	150 –	– P150
500 –	– P1000	120 –	– P120
400 –	– P800	100 –	– P100
	– P600	80 –	– P80
	– P500	60 –	– P60
360 –	– P400	50 –	– P50
320 –	– P360	40 –	– P40
280 –	– P320	36 –	– P36
240 –	– P280	30 –	– P30
220 –	– P240	24 –	– P24
	– P220	20 –	– P20
		16 –	– P16
180 –	– P180	12 –	– P12

연마지 등급 비교

(2) 연마지 종류

연마지의 종류는 에어 샌더를 사용하는 건식 연마용 원형 연마지와 손 연마용 습식사각 연마지가 있으며, 원형 건식 연마지는 패드 구멍과 연마지 구멍을 일치시켜야 분진이 먼지흡진기로 잘 빨려 나간다.

사각 핸드 파일을 사용하여 작업자가 직접 손으로 물을 뿌리면서 작업하는 방수용 연마지인 손 연마용 방수용 습식 연마지는 패드의 크기에 맞게 잘라서 사용하여야 한다.

부직포 연마지(nonwoven type sandpaper)는 나일론 섬유에 연마입자를 내장하고 있으며, 굴곡진 면과 구석진 곳의 작업상 어려운 곳을 연마할 때 유용하게 사용한다.

연마지는 샌드 페이퍼라고도 부르며, 자동차 도장작업의 품질 향상에 가장 중요한 역할을 한다. 연마지의 규격을 나타내는 등급은 가로, 세로 각각 1인치되는 크기의 칸 속에 만들어 놓은 그물을 통과하는 연마 입자의 크기를 말한다.

예를 들어, 가로, 세로 1인치에 각각 12개씩 칸을 만들고, 그 칸을 통과한 연마 입자로 만든 연마지를 #12이라고 쓰고, 12 그레이드(grade)라고 부른다. 따라서 칸 수가 적을수록 거친 연마지이고 칸 수가 많아질수록 고운 입자로 된 섬세한 연마지가 된다. 자동차 보수도장에서는 대개 #80에서 #1000 정도의 등급을 많이 사용한다.

(3) 연마지 등급의 사용 예

연마지는 도장작업 공정에 따라 적합한 등급을 사용해야 한다.

즉, 번호가 작을수록 거친 연마지에 속하므로 녹 제거나 도막 제거 시에는 #60 이하를 사용하는 것이 좋으나 도장 공정이 점차 진행될수록 높은 번수의 등급을 사용하는 것이 우수한 도막 표면을 얻는 데 좋다.

최근에는 수질오염 예방 차원에서 물을 사용하여 연마작업하는 습식 연마방법보다는 에어 샌더를 사용하는 건식 연마방법을 권장하고 있다.

① 단 맞추기(구 도막 제거) : #P80 → #P180
② 퍼티 샌딩 : #P80 → #P180 → #P280(또는 #P120 → #P180 → #P320)
③ 프라이머 - 서페이서 샌딩 : #P600(수연마), #P400(공연마)

6-2 도장용 부재료

도장 작업 시에는 방진복(또는 일회용 작업복)과 마스크를 착용하면 편리하며, 조색용 시험편은 조색한 도료의 색상 비교를 위해 시험 도장하여 본래의 차량 색상과 비교하는 데 활용된다.

휠 커버를 타이어에 도료가 묻지 않도록 반드시 부착하고 도장하며, 퍼티작업이나 프라이머-서페이서 작업 시 생기는 작은 상처나 결함은 마무리 퍼티로 신속하게 처리할 수 있다. 도료를 조색한 후에는 반드시 여과지로 여과한 것을 스프레이 건에 넣어서 사용하여야 하며, 도장작업에 사용되는 일회용 종이걸레는 가능한 먼지가 발생되지 않는 것을 사용해야 한다.

6-3 마스킹 재료(masking material)

자동차용 마스킹 테이프(masking tape)의 구비조건은 다음과 같다.
① 초기 접착력이 뛰어나야 한다.
② 유지력이 우수해야 한다.
③ 유연성이 좋아야 한다.
④ 접착제 잔사가 없어야 한다.
⑤ 찢김성이 좋아야 한다.
⑥ 풀림성이 좋아야 한다.
⑦ 두께가 얇아야 한다.
⑧ 페인트 작업 라인이 깨끗해야 한다.
⑨ 내용제성이 탁월해야 한다.
⑩ 회복 저항성이 뛰어나야 한다.

Chapter 05

보수도장 실무

1. 구도막 검사 및 제거

1-1 보수도장 작업 순서

　자동차 보수도장 작업 공정은 하도, 중도, 상도 및 도장 마무리 순으로 이루어지며, 보수 작업할 부위의 구도막(舊塗膜 : previously painted surfaces)을 샌더로 제거하고, 단 낮추기 작업인 페더에지(feather edge) 작업을 한다. 변형된 표면을 퍼티 도포와 샌딩 작업하여 완벽한 평면이 형성될 때까지 반복하며, 각 작업 공정마다의 철저한 탈지작업(solvent degreasing)은 도장 품질에 큰 영향을 미치므로 매우 중요하다.

① 하도(下塗 : primary coating)
　㈎ 구도막 제거(paint removing)
　㈏ 단 낮추기(feather edge)
　㈐ 금속표면처리(epoxy primer coating)
　㈑ 1차 퍼티 도포 및 연마(1st putty & sanding)
　㈒ 2차 퍼티 도포 및 연마(2nd putty & sanding)
② 중도(中塗 : intermediate coating)
　㈎ 마스킹 작업(masking)
　㈏ 프라이머-서페이서 도장 및 연마(primer-surfacer & sanding)
　㈐ 마무리 퍼티 도포(spot putty)
③ 상도(上塗 : top coating)
　㈎ 마스킹 보완(masking)
　㈏ 색상도장(base coating)
　㈐ 투명도장(clear coating)
　㈑ 도막건조(drying)

④ 도장 마무리(polishing)

　㈎ 콤파운딩(compounding)

　㈏ 폴리싱(polishing & waxing)

1-2　손상 부위 검사

도장 손상 부위를 검사하는 방법에는 다음과 같은 것이 있다.

① **육안 확인법** : 형광등을 포함한 조명등을 도면에 비추었을 때 반사되는 빛의 굴곡을 보고 판단하는 방법이다.

② **감촉 확인법** : 면장갑을 끼고 손바닥을 이용하여 도장면의 굴곡 상태를 감지하는 방법이며, 손바닥 중간에서는 비교적 큰 굴곡을 감지할 수 있고, 손가락 부분에서는 작은 요철을 감지할 수 있다.

③ **직선자 검사법** : 도장면에 직선자를 접촉시켰을 때 굴곡진 부분에 빛이 투과되는 상태를 보고 판단하는 방법이다.

1-3　구도막 종류 확인법

① **용제법(溶劑法)** : 헝겊에 시너를 묻혀서 도막을 문질렀을 때 녹아서 색이 묻어나는지를 판단한다.

② **가열법(加熱法)** : 구도막에 열을 주어 도막이 변화하지 않는지를 판단한다.

③ **도막 경도법(塗膜 硬度法)** : 연필에 의해 도막에 상처를 냈을 때의 한 단계 아래 연필심의 굳음을 경도(硬度)로서 판정한다.

④ **초화면 검출액법(硝化綿檢出液法)** : 초화면(nitrocellulose)이라는 화학물질인 검출액을 구도막에 떨어뜨려서 변색 여부를 판단한다.

1-4　보수도장 범위

부분도장은 펜더나 도어의 일부분 등과 같이 비교적 작은 손상 부위의 보수도장작업을 말하며, 보수 부위의 색상이 다른 부위의 색상과 차이가 발생하지 않도록 작업해야 하므로 숨김도장 또는 블렌딩 도장을 한다.

블록도장(구분도장)은 경계선으로 구분되는 펜더와 도어 등 별도의 패널 단위로 보수하는 도장이며, 프런트 펜더에서 리어 펜더까지 측면 전체를 복원 수리하는 경우를 그룹도장이라고 한다. 전체 도장은 차량 전체를 다시 칠하는 도장을 말하며, 도장 부스 내에서의 작업과 건조가 필수적으로 요구된다.

1-5 **표면 조정(구도막 제거)**

표면 조정 작업(surface preparation)이란 보수도장 할 부위의 구도막을 벗겨내어 적합한 기초면(基礎面)을 만들기 위한 작업으로서, 디스크 샌더를 사용하여 구도막을 제거하는 방법 (paint stripping)과 박리제인 리무버(remover)를 사용하는 방법이 있다.

(1) 연마기에 의한 구도막 제거작업

싱글 액션 샌더와 연마지 #20~#40을 사용하여 도장면을 연마하며, 한 곳에 집중하여 작업하지 말고 작업면을 일정한 압력과 속도로 이동하면서 골고루 연마하는 것이 중요하다. 구도막 제거는 보수도장을 하려는 부위보다 넓게 샌딩하고, 더블액션 샌더와 연마지 #60~#80을 사용하여 단 낮추기 작업을 해야 한다.

(2) 박리제(remover)에 의한 구도막 제거

① 박리할 부분보다 2~3cm 안쪽으로 마스킹을 한다.
② 붓으로 박리제를 바른다.
③ 약 20분 정도 기다린 후 도막이 부풀어 오르면 주걱으로 벗겨낸다.
④ 물로 씻어내고 건조시킨 다음 탈지제로 탈지한다.
⑤ 박리제로 벗겨내지 못한 도막 부위는 샌더로 연마한다(#40~#80 사용).

박리제를 사용하는 방법에서는 구도막 표면에 약제가 잘 침투하도록 거친 연마지로 연마한 다음 박리제를 바르고 비닐 시트나 셀로판지를 사용하여 덮어두면 쉽게 도막이 철판에서 떨어지게 된다. 철판에서 분리된 도막은 스크레이퍼로 긁어내고 물로 깨끗이 세척한 후 전반적으로 샌딩 작업하여 표면을 다듬어야 한다. 그러나 박리제는 독성이 매우 커서 취급에 주의해야 하고, 수질오염에 심각한 영향을 미치기 때문에 최근에는 작업환경 개선에 따라 연마기에 의한 박리방법을 주로 사용하고 있다.

2. 단 낮추기

2-1 페더에지(feather edge) 작업

페더에지(단 낮추기)란 기존의 구도막과 새롭게 도장할 보수도막과의 경계 부분을 층이 발생하지 않게 매끄러운 표면을 만드는 단(段) 낮추기 작업을 뜻하므로, 퍼티작업이 가능하도록 구도막과 보수도막(신도막) 사이의 경계선에 층이 발생되지 않아야 한다.

단 낮추기 부위

구도막이 제거된 부분을 더블액션 샌더로 #80~#120 정도의 연마지를 사용하여 될수록 폭이 넓고 가파르지 않도록 경계선을 만드는 것이 좋으며, 대개 단의 너비는 3~4cm 정도가 이상적이다.

양호한 단 낮추기 면이 형성되었다면 철판면에 에폭시 프라이머(epoxy primer)나 워시-프라이머(wash-primer) 또는 프라이머-서페이서(primer-surfacer) 등을 도장하기도 하지만 대부분 퍼티작업을 실시하여 평면을 만든다.

최근에는 퍼티작업을 하기 전에 철판면의 부식 방지를 위해 에폭시-프라이머(epoxy-primer)를 도장하는 공정이 추가되었다.

2-2 연마작업 특성

기본적인 연마작업 방법은 반드시 3단계로 진행되지는 않고 도막의 상태나 다음 공정의 도료 종류에 따라 일부 생략될 수도 있으며, 페더에지 작업은 단독작업이 아니라 기본 공정에서 작업이 이루어지고 있다.

(1) 연마작업의 종류

① **거친 연마작업(기초 연마)** : 퍼티면의 거친 면이나 구도막 제거 작업
② **면내기 연마작업(정형 연마)** : 도장작업할 부위에 평면을 만들기 위한 작업
③ **발붙임 연마작업(조착 연마)** : 도막끼리의 밀착력을 향상시키기 위한 작업

거친 연마는 퍼티의 거친 표면이나 구도막을 제거하기 위해 #40~#80 정도의 연마지로 벗겨내는 작업이며, 면내기 연마는 도장할 부위의 표면을 본래 상태처럼 다듬는 것으로서 보통 #150~#180 정도의 연마지를 사용한다.

발붙임 연마는 원칙적으로 도장할 부위의 모든 표면에 대해 연마하는 것으로서, 얼룩이 없도록 균일한 페이퍼 흔적을 만드는 것이 중요하다.

연마 방법은 작업자가 핸드 파일에 방수용 연마지를 부착하여 물과 함께 수동으로 작업하는 습식 연마 방식과 에어 샌더를 사용하여 작업하는 건식 연마 방식이 있다.

습식과 건식 연마 방식에는 각각의 장단점이 있으나 최근 산업체에서는 수질오염 방지와 작업시간을 단축하는 측면에서 건식 연마 방식을 채택하고 있으며, 일부 고급 마무리 샌딩에서 습식 연마작업을 실시하기도 한다.

3. 퍼티 도포 및 연마

3-1 퍼티 혼합(putty mixing)

단 낮추기 작업을 한 도장면을 압축공기로 불어내고 세척제로 깨끗이 닦은 후 퍼티 주제의 약 1~3% 정도 되는 양의 경화제를 넣고 충분히 혼합한다.

이때 경화제는 과다한 양을 사용하지 말아야 하며, 동절기에는 퍼티작업할 차체 부위의 온도를 높여주어야 경화과정에서 불량이 발생되지 않는다.

퍼티는 한꺼번에 두껍게 작업하지 말고 얇게 여러 번 나누어서 발라야 하며, 퍼티 도막 표면에 기포 자국이 생기지 않도록 주의해야 한다.

퍼티 주제를 통 속에서 충분히 저은 후 1회 작업량만큼만 퍼티 정반에 놓고 경화제의 비율을 권장량(대개 주제의 1~3% 정도 비율)에 맞게 넣고 혼합한다.

경화제와 주제가 잘 혼합되도록 주걱 끝을 이용하여 혼합한 다음 약 $\frac{1}{2} \sim \frac{1}{3}$ 정도씩 떠서 뒤엎으면서 주걱에 있는 퍼티를 퍼티 정반에 눌러서 압착시키듯이 아래로 퍼트리는 작업을 반복해야만 퍼티 내부에 공기가 유입되지 않는다.

경화제가 섞인 퍼티의 색깔이 균일하게 될 때까지 이러한 작업을 반복하여야 하며, 빠른 시간 내에 도포작업을 실시해야 경화되는 것을 방지할 수 있다.

경화제 혼합 비율

혼합비(주제/경화제)	작업 온도 조건(℃)
100/3	5~15
100/2	15~25
100/1	25 이상

3-2 기본적인 퍼티 도포

퍼티 도포 작업을 할 때는 붙이기와 나누기 및 고르기 방법과 같은 기본적인 작업방법을 응용해야 한다. 퍼티를 처음 도포할 때 퍼티의 밀착을 위해 주걱을 $70 \sim 80°$ 정도로 세워서 힘을 주고 얇게 바르는 붙이기 작업을 한 다음, 퍼티의 양을 늘려서 주걱을 $40°$ 정도로 세우고 충분한 두께가 되도록 살을 붙여야 하므로 필요하면 여러 번 나누어 바른다. 최종적으로 주걱을 $15°$ 정도로 눕혀서 퍼티 도막을 도장면 높이보다 약간 높게 평편하게 다듬는 고르기 작업을 하고, 퍼티 도막의 경계면도 얇게 되도록 다듬어 준다.

3-3 평면 부위의 퍼티 도포

평편하고 넓은 패널 부분에 퍼티 도포 작업을 할 때는 처음에는 손상 부위 전체를 힘을 주어 눌러서 얇게 바르면서 손상 부위보다 약간 넓은 면적으로 도포되게 바른다.

퍼티 도막을 두껍게 하기 위해서는 두 번째 바르는 주걱의 폭이 첫 번째 도포된 퍼티 폭 위쪽으로 $\frac{1}{2}$에서 $\frac{1}{3}$ 정도가 겹치게 계속 발라 나간다.

퍼티가 필요한 두께로 도포되면서 단 낮추기 부위가 모두 덮일 때까지 작업하며, 마지막으로 주걱 자국을 없애고 퍼티 가장자리 경계면을 마무리한다.

3-4 프레스 라인(press line)의 퍼티 도포 요령

프레스 라인과 같이 절곡된 부위에 퍼티를 도포할 때는 프레스 라인을 따라 마스킹 테이프를 붙이고 테이핑되지 않은 다른 부위에 퍼티를 바른 다음 퍼티를 손으로 만졌을 때 거의 굳은 상태가 될 때까지 기다렸다가 테이프를 떼어낸다.

그 다음에는 퍼티가 도포된 쪽에 프레스 라인을 따라 마스킹 테이프를 붙이고 마스킹되지 않은 쪽에 퍼티를 바르고 거의 건조되면 테이프를 떼어낸다.

3-5 퍼티의 건조

퍼티는 도막이 얇은 부분보다 두꺼운 부분이 더 빨리 건조되며, 일반적으로는 건조 조건이 20℃에서 약 30분 정도 지나면 연마가 가능하다.

겨울철이나 습기가 많은 날은 퍼티 도막에 열을 가하면 건조 시간이 단축되지만 갑자기 온도를 올리게 되면 퍼티가 갈라지므로 열원을 멀리에 두고 서서히 가열시켜야 한다. 또한 강제 건조 시에는 퍼티 도포 후 용제가 자연적으로 증발하도록 약 10분 정도 세팅 타임을 둔 다음에 60℃에서 약 10분 동안 건조시키면 연마가 가능하다.

3-6 퍼티 연마작업

충분히 경화된 퍼티 도막을 더블액션 샌더를 사용하여 샌딩 작업한다. 사용하는 연마지는 처음에는 #80 정도로 거친 연마작업을 한 후에 #180 정도의 연마지로 면내기(표면을 곱게 다듬는 작업) 연마작업을 한다.

퍼티 연마작업 시 샌더의 패드는 연마면에 강하게 누르지 않으면서 연마 표면과 평행하도록 접촉시켜야 하며, 전체를 균일하게 연마하기 위해서는 한곳에서 정지하지 말고 연마해야 할 전체 부위를 골고루 일정한 속도를 유지하고, 왕복 운동하여야 한다.

만약 평편하고 넓은 부위의 퍼티 도막을 연마한다면 더블액션 샌더보다는 오비탈 샌더를 사용하는 것이 평면 연마작업을 하는 데 효율적이다.

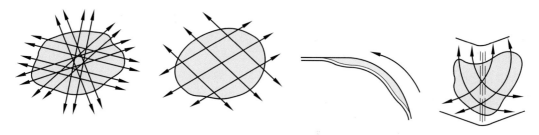

기본적인 퍼티 연마 방법

3-7 퍼티작업 시 고려할 사항

① 퍼티 샌딩 전에 에어 블로어(air blower)를 실시한다.
② 강제 건조 전에 10분 정도 세팅 타임을 둔다.
③ 동절기(기온이 낮을 경우)에는 퍼티작업할 부위의 온도를 높인다.
④ 동절기에 강제 건조를 할 때에는 원적외선 건조기를 사용하며, 온도를 급상승시키지 않도록 하고 표준 조건(약 30℃에서 15~20분 정도)을 유지해야 한다.
⑤ 경화제가 과량 들어가면 주로 밝은 색상에서 상도 컬러를 누렇게 변색시킬 수도 있으므로 계절에 따른 경화제 혼합비를 조절한다.
⑥ 퍼티 도막을 수연마한 경우 수분을 완전히 건조시킨 후 다음 공정으로 넘어간다.

⑦ 퍼티의 점도를 묽게 하기 위하여 시너를 넣으면 부착 불량, 핀 홀 등이 생길 수 있으므로 넣지 말아야 한다.

⑧ 퍼티를 묽게 하고자 할 때에는 화공약품인 SM(스틸렌모노머)을 퍼티에 10% 미만으로 첨가하여 사용한다.

⑨ 퍼티 연마작업을 쉽게 하기 위하여 은분이나 주색제를 넣으면 연마성은 좋아지나 부착성이 급격히 떨어지므로 사용하지 않아야 한다.

⑩ 퍼티에 사용하는 경화제는 반드시 지정된 제품을 사용한다.

4. 프라이머–서페이서 도장

4-1 마스킹 작업

자동차를 보수도장 작업할 때에는 도장을 하지 않을 부위는 마스킹 작업을 하여 도료의 분무 입자가 다른 도장면에 묻지 않도록 한다.

마스킹 작업은 도장 조건이나 도료에 따라서 보기 좋고 깨끗하게 신중히 작업해야 하므로 전용 마스킹 종이와 편리기를 사용하는 것이 좋으며, 접착테이프 부위와 패널 간에 틈새가 생기지 않도록 주의해야 한다.

부분 도장작업에서처럼 도장이 끝나는 경계 부분이 패널의 중간에 있을 경우에는 분무 입자에 의해 발생되는 단차를 방지하기 위하여 마스킹 테이프를 붙인 상태에서 마스킹 종이를 뒤집어서 붙이는 리버스 마스킹(reverse masking) 방법을 사용해야 한다.

4-2 프라이머–서페이서 도장

프라이머–서페이서 도장을 하기 전에 퍼티작업한 부위를 포함하여 그 주변을 공연마는 #320~#400, 수연마는 #240~#320 연마지로 발붙임 연마작업을 골고루 실시하고, 연마된 표면을 압축공기로 불어낸 다음 전용 세척제로 닦아낸다.

2액형 프라이머–서페이서는 해당 도료 제조회사의 사용지침서에서 추천하는 대로 경화제와 함께 희석제로 점도를 맞춘다.

도료는 여과지에 걸러 스프레이 컵에 채우고 스프레이 건의 공기압력을 약 $3{\sim}4$ kgf/cm² (HVLP gun : 2kgf/cm²) 정도로 조정하여 스프레이 도장작업을 한 후 60℃에서 약 10분 정도 건조시킨다.

4-3 프라이머-서페이서 연마

　건조가 완료된 프라이머-서페이서 도장면 상태를 확인하고, 미세한 공기구멍이나 흠집이 있으면 마무리 퍼티를 바르고 연마하여 표면을 수정한다.

　이때는 프라이머-서페이서 도장면을 포함하여 도장하는 전체 부위를 모두 #400~#600 연마지를 선택하여 골고루 발붙임 연마작업으로 표면을 수정한다(공연마나 수연마 작업).

　연마작업 시에는 표면이 매끈하게 작업이 진행되는지를 자주 손으로 만지면서 점검하는 것이 좋으며, 연마 방향은 자동차의 프레스 라인을 따라 연마하는 것이 바람직하다. 연마작업을 마치면 표면을 압축공기로 불어내고 세척제로 깨끗이 닦아낸다.

5. 패널 도장작업

5-1 후드 도장작업

　도장면이 넓은 자동차의 후드는 한 번에 도장하지 않고 나누어 도장한다. 즉, 후드의 윗부분 가장자리를 절반 정도 도장하고, 후드의 아랫부분 가장자리를 절반 정도 도장한 다음, 후드 바깥쪽에서 가운데 쪽으로 절반 정도 도장한다. 도장이 끝나면 반대쪽으로 돌아가서 후드 아랫부분 나머지 가장자리와 윗부분 나머지 가장자리를 도장하고, 마지막으로 후드의 나머지 절반을 가운데에서 바깥쪽으로 도장한다.

5-2 도어 도장작업

　자동차 도어의 도장은 도장하지 않는 부분에 마스킹 작업을 하고, 도료 분무 입자가 잘 부착되지 않는 구석 부분이나 패널과 패널 사이 경계 부분부터 도장해야 한다.

　즉, 처음에는 도어 왼쪽과 오른쪽 가장자리를 도장하고, 위쪽의 몰딩 부분을 따라서 도장하여야 한다. 그 다음에는 패널 전체를 위에서 아래쪽으로 도장하면서 내려온 다음에 끝으로 아래쪽 가장자리를 마무리 도장한다.

5-3	펜더 도장작업

자동차의 펜더를 도장할 때는 도장하지 않을 부분에 마스킹 작업을 하고, 앞 도어와의 경계 부분을 도장한 다음, 펜더 앞부분의 가장자리를 도장한다. 그 다음에는 펜더 윗부분의 가장자리를 도장하고, 위에서 아래쪽으로 도장하면서 휠 하우스(wheel house)까지 도장하면서 내려간다. 휠 하우스의 앞부분을 도장한 후에는 휠 하우스 안쪽을 도장하고, 마지막으로 뒷부분을 도장한 후에 작업을 마친다.

6. 전체 도장작업

자동차 전체를 도장작업할 때 스프레이 건의 이동 순서는 주로 2가지 방법이 사용되고 있다. 예를 들면 지붕에서부터 시작하여 트렁크 리드를 도장하고, 도어 다음에 후드를 거쳐 반대쪽 도어를 도장하는 방법이 있으며, 이와는 달리 리어 도어부터 시작하여 트렁크 리드를 도장하고, 반대쪽 도어를 거쳐 지붕을 도장한 다음, 후드를 도장하는 방법이 있다. 이러한 순서는 작업자가 필요에 따라 순서를 변형할 수도 있다.

전체 도장작업을 할 때 처음 스프레이를 시작한 부분은 마지막 스프레이가 끝나는 부분에서 이미 건조가 진행된 상태가 되어 도료 입자가 겹쳐지는 부분에서 색상에 얼룩이 발생하거나 투명도가 감소되는 현상이 발생한다.

따라서 후드를 분리하여 도장 부스에서 별도로 도장작업을 하고 조립하는 것이 효율적이며, 부득이한 경우 도어 한쪽을 열고, 차실 안으로 도료 입자가 들어가지 못하게 철저하게 마스킹하여 스프레이 시작점과 끝나는 패널로 간주하고 작업하는 방법도 있다.

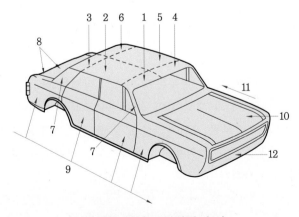

일반적인 전체 도장작업 순서

7. 도막 강제 건조

　도장작업이 끝난 직후에 도장실 내부의 건조 온도를 급격하게 상승시키면 핀 홀이나 리프팅 등과 같은 도막 결함이 발생되는 원인이 된다.

　따라서 스프레이 작업이 완료된 후에는 도막 내의 용제가 자연적으로 증발하는 시간을 주기 위한 약 10분 정도 세팅 타임(setting time)이 지난 다음에 약 40℃에서 10분 정도로 예비 건조시킨 후 마지막으로 약 60℃ 내지 70℃에서 30분 정도로 강제 건조시켜야 한다.

　건조가 끝나면 도장실 내부의 더운 공기를 배출하기 위한 과정이 자동으로 이루어지며 이러한 온도 조정과 건조시간은 도장 부스의 컨트롤 박스에서 조절할 수 있다.

　강제 건조가 완료되면 도장실 밖으로 자동차를 꺼내어 냉각시키고, 마스킹을 제거한 후 각종 부품이나 액세서리를 조립하는 것을 마지막으로 도장 공정이 끝나게 된다.

　건조 조건에서 볼 때 자연 건조는 기온, 시너의 종류, 플래시 오프 타임(flash off time), 건조시간 등에 영향을 받으며, 강제 건조는 기온, 시너의 종류, 플래시 오프 타임, 건조기 종류, 세팅 타임, 온도상승곡선, 차체 색상, 최고도달온도, 온도분포, 가열시간 등에 영향을 받는다.

　세팅 타임이란 도료를 칠한 후 유동성이 없어질 때까지의 시간을 말하며, 도막 속의 용제가 증발할 수 있는 시간을 부여한다.

　색상 도료는 가사시간에 별로 영향을 미치지 않으나, 투명 도료의 가사시간은 최소 1시간에서 최대 3시간 정도까지 허용되므로(도료 제품별 상이), 가사시간 내에서 투명도장이 완료되도록 작업시간을 산정한다.

투명 도료 작업 시 건조시간 예
- 60℃ → 30분
- 50℃ → 60분
- 40℃ → 120분
- 30℃ → 240분
- 20℃ → 480분(8시간~12시간)
- 0℃ → 작업불가

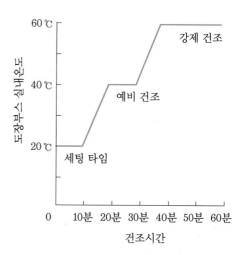

도장 부스 온도 상승 곡선

　투명 도막의 완전 경화는 약 72시간(3일) 이상이 필요하므로 이후 광택작업을 실시해야 한다. 즉, 24시간 정도에서는 손톱으로 눌러서 안 들어가는 정도의 건조 상태이므로 광택작업을 하지 않아야 한다.

도막 강제 건조 작업 시 주의사항은 다음과 같다.

① 차량 입실 전 바닥은 물청소를 하고 적정 습도를 유지한다.

② 실내에서 도장작업 시에는 반드시 마스크와 보안경을 사용한다.

③ 실내와 차체의 온도를 20℃ 정도로 유지한다.

④ 하지 상태가 나쁜 경우는 약간 낮은 온도를 설정한다.

⑤ 도장작업 후 실내의 도료 분진이 완전 제거되도록 환풍기를 3분 정도 연장 가동한다.

⑥ 도장작업 후 약 10분 정도 세팅 타임을 설정하고 가열 종료 후 실내에 들어가기 전에 환풍기를 3분 정도 가동하여 실내의 유독가스를 배출한다.

8. 블렌딩 도장

각종 패널 등을 전체 도장하지 않고 일부분만 도장하여 색상을 맞추는 보수작업을 블렌딩 도장(blending spray technic) 또는 부분도장, 숨김도장이라 부른다.

자동차 외형 복원에서 색상 차이가 예상되는 부분과의 경계면을 작업하거나, 구도막 제거에 의한 도장 범위를 구분하기 어려울 경우 적용하는 방법으로서 부분 보수도장 시 새로 도장할 부분의 색과 구도막 색과의 차이를 자연스럽게 완화시켜 주는 도장 기술이다.

즉, 블렌딩 도장이란 도막의 상태가 불완전하므로 가능한 도장 범위를 줄이기 위해 조색의 정밀도를 높이고 철판의 비드 라인이나 패널이 끝나는 부분을 이용하여 색상의 차이를 못 느끼도록 하는 작업이다. 이와 같은 방법은 동일한 색의 패널이라도 면이 바뀌면 달라 보이는 착시현상을 이용한 것이다.

단일 패널면의 블렌딩

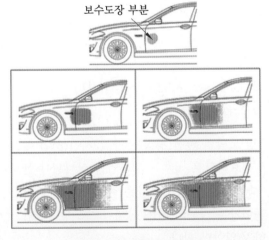

겹치는 패널면의 블렌딩

Chapter 06

친환경 수용성 도장

1. 자동차 도장과 환경

1-1 오존층

전 세계적으로 CO_2 배출량의 20%가 도료 산업에서 발생하며, 이는 지구온난화, 오존층 (ozonosphere, ozone layer) 파괴의 주범이 된다.

오존은 3원자의 산소로 이루어져 특유한 냄새가 나는 푸른빛의 기체로서, 공기 중에서 방전(放電)하여 얻는데, 상온(常溫)에서는 자연히 분해되어 산소가 된다. 산화력이 강하여 산화제, 표백제, 살균제로 쓰이며, 화학식은 O_3이다. 오존층은 많은 양의 오존이 존재하고, 온도 분포가 거의 오존의 복사 성질에 의하여 결정되는 상부 대기층으로서 약 10~50km 고도에 위치하며, 생물에 해로운 강한 태양 자외선을 흡수하는 역할을 한다.

이에 대비하여 전 세계적으로 국제연합 환경계획, 지구환경회의, 대기오염과 기후 변동에 관한 각료 회의(미국 Clean Air Act, 독일 TA-Luft) 등에서 국제적인 연구와 각국의 대응이 이루어지고 있으며 노동안전법, 화학물질 심의법, 소방법(유해 배출물, 악취) 등과 같이 노동안전과 위생에 중점을 두고 있다.

국내에서는 1999년 3월31일 환경부에 의하여 VOCs 배출시설의 종류 및 규모, 배출억제, 방지시설의 설치 등에 관한 법이 제정 고시되었다.

수도권 대기환경 개선에 관한 특별법상의 VOCs 규제

구분	2005년 7월 1일~	2007년 1월 1일~
워시 프라이머	850g/L	780g/L
프라이머-서페이서	650g/L	580g/L
상도(솔리드 컬러)	650g/L	580g/L
상도(베이스 도료)	650g/L	620g/L
상도(클리어 도료)	650g/L	620g/L
특수기능도료	900g/L	840g/L

1-2   VOCs 정의

대기환경 중 유기화합물은 여러 가지 측면에서 분류하고 있으며, 각 물질의 대기 중 존재상태, 휘발성(volatility) 정도에 따라 휘발성(volatile)과 반휘발성(semi-volatile), 비휘발성(nonvolatile)의 3가지로 크게 분류할 수 있다.

휘발성은 증기압과 끓는점으로 분류할 수 있으며, 휘발성은 증기압이 10^{-2} kPa 이상, 반휘발성은 $10^{-2} \sim 10^{-8}$ kPa, 비휘발성은 10^{-8} kPa 이하로 분류되고, 끓는점은 100℃를 기준으로 그 이상이면 휘발성, 이하는 반휘발성, 비휘발성으로 분류한다.

일반적으로 휘발성 유기화합물질(VOCs : volatile organic compounds)은 0.02psi 이상의 증기압을 가지거나 끓는점이 100℃ 미만인 유기화합물로 정의할 수 있다. 결국 VOCs는 다수 화합물의 총칭이다.

휘발성 유기화합물질은 증기압이 높아 대기 중으로 쉽게 증발되어 질소산화물(NO_X)과 공존할 때 태양광의 작용에 의하여 광화학반응을 일으켜 오존 및 PAN(peroxyacetyl-nitrate) 등 2차 오염물질을 생성시킴으로써 광화학 스모그현상을 일으킨다.

1996년 8월 31일 공고한 대기환경보전법 시행령의 개정령 제39조에 따르면 지방족 탄화수소류, 방향족 탄화수소류, 비균질 탄화수소류(알데히드, 케톤, 알코올 등) 중 레이드 증기압이 29.7kPa 이상인 물질을 휘발성 유기화합물질이라고 한다.

환경부 고시 제2001-36호(2001.3.8)에 따라 벤젠, 부타디엔, 휘발유 등 37개 물질 및 제품을 규제 대상으로 하고 있으며, 배출시설(시행령 제45조 제1항) 외 관리대상 휘발성 유기화합물의 종류는 1기압 250℃ 이하에서 최소 비등점을 가지는 유기화합물이다. 다만, 탄산 및 그 염류 등 국립환경과학원장이 정하여 공고하는 물질은 제외한다.

1-3   VOCs의 주요 배출원

대기 오염물질 중 고정원에서 배출되는 황화합물(SO_X), 질소화합물 (NO_X) 및 VOCs 등은 배출량이 많을 뿐만 아니라 인체와 지구환경 및 생태계에 미치는 영향이 지대하여 전 세계적으로 배출 규제가 강력히 요구되고 있다.

일반적으로 통용되는 VOCs는 벤젠(benzene), 톨루엔(toluene), 자일렌(xylene), 메틸에틸케톤(methyl ethyl ketone(MEK)), 아세톤(acetone), 이소프로필 알코올(isopropyl alcohol), 글리콜에테르(glycol ethers), 원유정제화합물, 납사 및 미네랄 스피릿(mineral spirits)이며, VOCs 물질의 종류를 발생원별로 볼 때 대부분의 유기용제가 해당되어 파라핀(paraffin), 올레핀(olefin)과 방향족(aromatics)에는 실제로 많은 종류의 화합물이 포함된다.

① **대표적 VOCs 물질** : 지방족 탄화수소(aliphatic hydrocarbon), 방향족 탄화수소 (aromatic hydrocarbon), 할로겐 탄화수소(halogen hydrocarbon), 케톤류(ketone), 알 데히드류(aldehyde), 알코올류(alcohol), 글리콜류(glycol), 에테르류(ether), 에폭시류 (epoxy), 페놀류(phenols) 등

② **대표적 VOCs 제외 대상 물질** : 메탄(methane), 에탄(ethane), 일산화탄소(carbon monoxide), 이산화탄소(carbon dioxide), 금속카바이드(carbide), 또는 카보네이트 (carbonate), 암모늄카보네이트(ammonium carbonate) 등

자동차 도장작업 시에는 톨루엔, 크실렌, 납사, 알코올, 에스테르 등이 발생된다. VOCs는 연료의 불완전연소와 석유류 제품, 유기용제, 페인트의 증발(사용 및 저장 중), 그 밖에 자동 차, 석유정제 및 석유화학제조시설, 주유소, 세탁소, 도료제조시설, 인쇄용 잉크제조 시설, 소규모 유기용제 사용시설, 도로포장시설, 인쇄 및 출판시설, 각종 도장시설(자동차, 선박, 전기전자 금속제품, 목재가구, 플라스틱 등) 등이 주요 배출원으로 알려져 있으며, 자연환경 (삼림, 토양, 초원, 해양 등)에서도 배출되는 것으로 밝혀지고 있다.

또한 VOCs는 자체의 성질이 유해할 뿐만 아니라 자동차 운행, 유류 및 유기용제의 사용 확대로 대기 중에 배출되어 질소산화물과 함께 광화학 반응성에 기여하는 것으로 알려져 있다.

1-4 VOCs가 인체에 미치는 영향

(1) 급성 장애

VOCs에 의한 중독 증상은 VOCs의 구조, 노출 농도와 기간, 다른 VOCs와의 복합노출, 개 인의 감수성, 표적 장기의 분포 등에 따라 다르게 나타난다.

그러나 고농도 VOCs에 의한 급성 독성 장해는 VOCs의 종류에 따른 차이가 거의 없이 비 슷한 증상을 나타낸다. VOCs에 의한 독성작용으로 가장 보편적이면서 중요한 것은 중추신경 계를 억제하는 마취작용이다.

증상으로는 지남력 상실(시간, 장소, 사람들을 알아보는 정신 기능의 장해), 도취감, 현기 증, 혼돈(일관적인 사고를 하지 못하는 것)에 이어 노출 농도가 점차 심해지면서 의식 상실, 마비, 그리고 사망에 이르게 된다. 이외에 눈, 피부, 호흡기 점막의 자극 증상이 나타나기도 한다.

(2) 만성 장애

만성 장애에는 중추신경계 장애가 있는데, VOCs에 의한 비특이적인 중추신경계 작용으로 급성적으로 나타나는 마취작용에 만성적인 신경행동학적 장애를 들 수 있다. 증상으로는 감각이상, 시각 및 청각 장애, 기억력 감퇴, 작업능률 저하, 수면 장애, 혼돈, 신경질, 불안, 우울, 무관심 등의 정서 장애 그리고 사지무력감, 조화운동의 저하, 피로 등과 같은 운동 장애가 있는데, 급성 중독과 달리 신경세포의 병리조직학적 변화에 기인되는 비가역적인 현상으로 생각되고 있다. 일부 VOCs는 말초신경 장애를 가져온다. 예를 들어 이황화탄소, 노말 헥산, 스티렌 등에 장기간 노출될 경우 말초신경계 장애를 가져 올 수 있다.

2. 수용성 도장 특성

2-1 유용성 도장에 대한 수용성 도장 특징

환경성	매우 우수	・환경법 대응 가능 ・정비업체의 마케팅 수단으로 활용 가능
도장 외관	다소 우수	
도료 사용 비용	거의 변화 없음	・도료 사용 비용이 거의 변화 없음 ・시설, 장비비 투자 필요
설비투자비	약간 증가	
작업성	약간 불리	・전체적 생산성 유지 ・도입 초기 기술지원 필요
작업속도(생산성)	거의 동일	

2-2 수용성 도료 구성

수용성 도료(水溶性塗料 : waterborne base coat)는 무공해, 무독성, 무취 등의 특성을 갖고 도료에 유용성 시너(thinner) 대신 물(이온수 : ionized water)을 첨가하여 사용하는 도료이며, 수지(resin)는 물과 기름에 용해되는 에멀션 형태(emulsion type : 乳狀液)이다. 또한 수용성 도료의 안료(pigment)는 유용성이 분말 형태인데 비해 수용성은 분말에 코팅한 형태로서 높은 채도를 갖는 특성이 있다.

2-3   수용성 도장과 유용성 도장의 작업 공정

수용성 도장과 유용성 도장의 작업 공정상 차이점(예)

항목	수용성 도장	유용성 도장
도료 가격	상대적으로 높음	상대적으로 낮음
추천 도장 횟수	1회 웨트	1회 드라이
	2회 웨트	2회 웨트
	3회 드라이	3회 웨트
	–	4회 드라이
플래시 오프 타임	1회 3분	1회 2분
	2회 3분	2회 3분
	3회 2분	3회 3분
	–	4회 2분
도료 소모량	상대적으로 적음	상대적으로 많음
친환경성	높음	낮음
고형분	상대적으로 많음	상대적으로 적음
은폐력	상대적으로 높음	상대적으로 낮음
필수 장비	도료보관 온장고	불필요
	수용성 스프레이 부스	기존 부스 사용
	수용성 스프레이 건	기존 스프레이 건 사용
	에어 드라이 제트	불필요
	수용성 건 세척기	기존 건 세척기

🟥 1. 웨트(wet) : 젖은 도장, 드라이(dry) : 날림 도장
  2. 플래시 오프 타임 조건 : 수용성(드라이 제트 사용), 유용성(자연 건조 시)

    수용성 도장과 유용성 도장의 작업 공정은 거의 유사하지만 유용성 도료는 용제를 혼합하여 사용하고, 수용성 도료는 물을 혼합하여 작업을 한다는 점이 큰 차이이다. 수용성 도료는 수분이 건조되고 난 후 유기 용제가 반응하여 건조된다. 또한 수용성 도료는 교반시간이 유용성 도료에 비하여 더 많이 소요되며, 부스의 온도 변화에 보다 민감한 반응을 보인다(15℃ 이하 또는 35℃ 이상에서는 작업이 불가하며, 최적 작업온도는 25~28℃이다).

    스프레이 건을 사용한 후 세척할 때 유용성 도료는 용제를 사용하지만, 수용성 도료는 물을 이용한다. 사용 후 남은 도료의 처리는 기존 유용성 도료의 경우 폐도료를 별도로 보관하여 특정 폐기물 처리업자에게 위탁하여 처리하지만 수용성 도료의 경우 응고제(凝固劑)를 활용하여 물과 페인트 슬러지로 분리하여 슬러지(slug)는 고체 상태로 폐기하고, 물은 배출하기

때문에 폐기물 처리 비용을 현저히 줄일 수 있는 장점이 있다. 수용성 도료의 슬러지에는 중금속, VOCs 물질 등이 함유되어 있지 않기 때문에 이와 같은 처리가 가능하다.

3. 수용성 도장 시설 장비

3-1   수용성 도장실

① 도막 건조는 공기 이동(air movement)에 직접적으로 영향을 받으므로 도장실 내부 제어 풍속은 2~6m/s 이상(유용성 도장 0.2~0.3m/s), 공기 유량은 18,000m³/h 이상이 필요하다.
② 공기 유량이 적으면 플래시 오프 타임이 길어져서 작업 속도가 느려진다.
③ 추천 작업장 조건 : 실내온도 20~30℃, 상대습도 30~60%

3-2   수용성 도료 전용 온장고(溫藏庫)

① 추운 날씨에 민감하므로 저장이나 운송 시 물이 결빙하지 않도록 하고, 5~40℃에서 보관해야 한다.
② 도료 보관 기간은 12개월 이내(사용 중인 도료는 3개월 이내)이다.
③ 도료 사용 전에 도료 용기를 여러 차례 흔들거나 또는 교반기를 사용하여 충분히 혼합시킨 후 도료를 사용한다.
④ 특히 외부 보관 시 과도하게 가열되면 색상에 변화가 오거나 제품 사용이 불가능하게 되므로 주의해야 한다.
⑤ 제품은 플라스틱 캔에 공급된다. 제품의 혼합 시 플라스틱이나 나무 재질을 사용하고 보관도 플라스틱 용기에 하는 것이 바람직하다.

3-3   수용성 전용 스프레이 건

① 수용성 전용 스프레이 건으로 교체해야 한다.
② SATA JET 3000 HVLP WSB GUN(1.25mm)
③ walcom GENESI S-GEO(1.3mm)

3-4　에어 블로 건(air blower, air dry jet)

수용성 도료는 건조 시간이 유용성 도료보다 길기 때문에(상온 자연 건조 시 약 10분 이상) 수용성 전용 도장 부스에서 작업하지 않는다면 별도로 에어 블로 건을 사용해야 한다. 에어 블로 건 취급 시 주의사항은 다음과 같다.

① 도장면에서 수분은 반드시 증발되어야 한다.
② 플래시 오프 타임은 도장면과 에어 블로 건의 거리 및 위치에 따라 많이 차이가 발생한다.
③ 에어 블로 건에서 나오는 공기는 스프레이 부스 안의 공기의 흐름보다 빨라야 한다.
④ 따라서 에어 블로 건의 위치는 차량의 도장면보다 높아야 하며, 빠른 공기의 흐름을 위해 각도를 좁혀야 한다.
⑤ 빠른 플래시 오프 타임을 위해 도장면 전체에 공기가 잘 퍼지도록 조절한다.

4. 수용성 도장 작업특성

(1) 도막 표면 세척

수용성 도료는 매우 적은 용제를 함유하고 있기 때문에 도막 표면의 오염물에 매우 민감하므로 준비 작업을 매우 철저히 해야 한다.

수용성 도료는 기존의 유용성 도료에 비하여 표면 장력이 높아서 크레이터링(cratering : 분화구 현상)이 일어날 가능성이 크므로 완전히 탈지하고, 수용성 표면처리제로 다시 한 번 세척한 후 건조시켜야 한다.

(2) 도료 여과지 선택

① 물에 녹지 않는 접착제를 사용하는 수용성 전용 여과지를 선정한다.
② 수용성 도료는 유용성 도료보다 입자가 미세하므로 여과지의 여과망이 더욱 미세한 것을 사용해야 한다.
③ 유용성 도료용 : $180 \sim 200 \mu m$ 사용
④ 수용성 도료용 : $125 \mu m$ 사용

(3) 마스킹 종이(masking paper) 선택

물을 흡수하지 않는 코팅된 마스킹 종이를 사용한다.

(4) 도막의 수정

수용성 도료는 특성상 건조가 느리고 송진포 작업이나 연마 등이 어려우므로 최대한 부스 환경과 작업자의 복장을 깨끗이 유지하여 원천적으로 먼지를 줄이는 방향으로 관리해야 한다. 도막을 수정해야 할 경우 건조 전에는 물로 세척이 가능하며, 건조 후에는 시너로 세척이 가능하다. 샌딩이 필요할 경우에는 반드시 미스트 도장 후 건조를 마친 상태에서 시행해야 한다.

(5) 스프레이 건 세척

모든 세정 작업은 유기용제 성분이 외부로 누출되지 않는 장소에서 실시한다.
① 남은 도료는 별도로 보관한다.
② 수용성 전용 세척제를 사용하여 수용성 세척기로 세척한다.
③ 마지막은 유기 용제를 이용하여 세척한다.

(6) 남은 도료의 처리

사용 후 남은 도료는 밀봉 상태로 상온에서 보관하면 6개월까지는 사용이 가능하다. 단, 부식으로 인한 변색 또는 변질의 우려가 있으므로 금속 용기는 사용하면 안 된다.

따라서 도료를 절약하기 위해서는 가급적 필요량을 혼합하여 사용하고, 남은 도료도 최대한 빠른 시간 내에 사용해야 한다.

또한 스프레이 건 세척 후 수용성 도료와 수돗물이 혼합된 상태의 액체는 응고제를 투입하여 물과 슬러지로 구분하여 폐기한다.

(7) 폐기물 처리

① 폐기물 처리 관련 법령에 따라 처리한다.
② 수용성 제품 관련 폐기물은 유용성 제품 폐기물과 별도 관리하며, 금속 용기들은 플라스틱 용기와 별도 관리한다.
③ 수용성 제품 슬러지 처리용 응고제는 오염된 물 30L에 약 100g 정도를 첨가하여 응고한다.
④ 세척기를 사용할 때에는 세척하고 난 오염된 물의 도료를 응고시키기 위해 별도의 빈 용기가 필요하며, 빈 용기 안의 필터로 응고된 도료의 오염물을 걸러준다. 걸러진 물은 세척기에 재사용한다.

(8) 건강과 안전대책

일반 유용성 도장 시와 동일한 마스크, 장갑, 도장복 등 보호 장구를 착용해야 하며, 눈 보호를 위해 보호 고글이나 안면 보호구를 착용한다.

(9) 수용성 도장작업 시 주의사항

① 동일한 스프레이 건으로 유용성 도료와 수용성 도료를 번갈아 사용할 경우에는 먼저 유용성 도료를 사용한 후 래커 시너로 완전히 세척하여 내부를 말린 다음 수돗물을 소량 담아서 분무한다.

그런 다음에 수용성 도료를 사용하고 모두 사용한 후에는 수돗물로 완전히 세척하여 내부를 말린 다음 시너를 소량 담아서 분무한 후 유용성 도료를 다시 사용한다(유용성 도료→ 수용성 도료 → 유용성 도료).

② 스프레이 건은 가급적 수용성 도료 전용 건과 유용성 도료 전용 건으로 분리하여 사용하는 것이 바람직하다.

③ 원색제 캔 교환 시 수용성 도료는 유용성 도료에 비하여 고농축 도료이므로 교반기를 장착하기 전에 반드시 깨끗한 교반봉으로 완전히 교반(약 2분 정도 소요)한 후 교반기를 장착해야 한다.

④ 작업 중 결함 부분이 발생되면 즉시 물로 세척하고, 말린 후 수용성 전용 탈지제로 닦고 재도장한다.

⑤ 도장면은 유용성 탈지제로 탈지한 다음 수용성 전용 탈지제로 탈지한다.

⑥ 지문결함 발생 방지를 위해 반드시 장갑을 끼고 수용성 베이스 코트를 도장한다.

⑦ 유용성 도료는 어느 정도 육안 조색이 가능하지만, 수용성 도료는 건조되면 원래의 색상과 완전히 다른 색상이 되므로 육안 조색이 불가능하다. 그러므로 반드시 시편 조색작업을 하여 색상을 맞추어야 한다.

5. 유용성 도료와의 작업방법 비교

5-1 작업 특성

수용성 도료는 안료입자가 미세($0.1 \sim 0.5 \mu m$)하므로 은폐력이 뛰어나 1.5~2.5회의 도장 작업으로 완전한 은폐가 가능하다. 유용성 도료의 경우에는 용제를 85% 함유하고 있는 반면에 수용성은 용제를 10% 정도 함유하고 있다.

물은 용제보다 증발속도가 8배 정도 느리며, 수용성 도료의 용제는 물 안에서 더 미세하게 분산되므로 수용성 도료는 유용성 도료보다 훨씬 환경 친화적인 제품이라고 할 수 있다.

보수도장 시 은폐력은 다음과 같은 특성이 있다.

① 은폐력과 도장 횟수 : 은폐력이 낮은 도료는 3~5회, 높은 도료는 기본적으로 2.5회 실시

② 은폐력이 낮은 도료에 컬러 서페이서 적용 시에는 3회 정도로 감소한다.

③ 은폐력이 낮은 도료 : 적색, 황색, 고채도 청색, 고채도 실버

④ 은폐력이 낮은 도료의 소모량 : 은폐력 높은 도료의 약 2배 소모

⑤ 수용성 도료(수지분리형)의 구입 가격이 고가이나 은폐력이 우수해서 유용성 도료보다 도료 소모량이 적으므로(유용성의 약 40%) 도료 가격은 비슷하다고 판단할 수 있다.

유용성·수용성 도장작업 특성 비교

구분	유용성 도장	수용성 도장
은폐력	낮음	높음(평활성 좋음)
도장 횟수	2~4회	1.5~2.5회
도막 두께	20~30μm	12~15μm
도료 도착률	낮음	우수
지촉 건조시간	3분	10분
플래시 타임	dry(2분)+wet(3분)+wet(3분)+dry(2분)	wet(3분)+wet(3분)+dry(2분)

5-2 스프레이 건 사용 조건

표준적인 사용 조건(SATA 스프레이 건 사용일 경우)

구분		유용성 도장		수용성 도장		투명 도료
		젖은 도장 (base coat)	날림 도장 (technical coat)	젖은 도장 (base coat)	날림 도장 (technical coat)	—
패턴 폭		최대 넓게	→	→	→	→
토출량(회전)		2	1.5	1.5	1.5	2
공기압력 (bar)	HVLP	2.0	2.0	1.5	1.5	2.0
	RP	2.0	1.5	—	—	2.0
분무거리(cm)		20~25	50~60	15 이내	30~40	20~25
도료 점도(s)		15	—	30		
사용 도료		—	메탈릭, 펄	—	메탈릭, 펄	—

· 젖은 도장(base coat) = wet spray = 가깝고 빠르게 도장
· 날림 도장(technical coat) = dry spray = 천천히 촘촘하게 도장
· 솔리드 컬러는 메탈릭 입자가 없으므로 날림 도장(technical coat) 안 함

📑 1. HVLP(high volume low pressure) / RP(reduced pressure)
  2. 도료 점도는 대개 포드 컵 점도계(viscometer gardner fordcup visco tester)를 사용하며, 측정값은 최대 유동 시간 150초 이하를 측정할 수 있다. 도료 점도는 도장 두께를 결정하는 데 직접적 영향을 미친다.

5-3 상도 도료 평균 소모량

패널별 색상 도료 평균 소모량 예시(일반 중형승용차 기준)

패널명	유용성 도료(시너 포함량)		수용성 도료(시너 포함량) (g)
	은폐력 좋은 도료 (g)	은폐력 낮은 도료 (g)	
후드	1000	1600	교환 패널 800, 보수 패널 400
펜더	300	600	250
도어	400	700	300
쿼터 패널	400	700	300
루프	1200	1800	1000
트렁크 리드	800	1400	500
범퍼	900	1300	500
시너 혼합비율	70~80%		• 솔리드 컬러 : 10% • 메탈릭 컬러 : 20% • 펄 컬러 : 30%
전체 도장작업 (범퍼 포함)	도료(4L)+시너(70~80%) = 약 6.5~7.0L		도료(2L)+시너(20~30%) = 약 2.8~3.0L

예 색상 도료 600g+시너 400g(60~70%)=총 1000g

5-4 패널별 투명 도료 평균 소모량(예시)

① 투명 도료는 색상 도료의 70% 정도를 소모하는 것으로 계산한다(단, 후드, 트렁크는 약 90% 정도 필요).

예 도료 600g+시너 400g(60~70%)=총 1000g

(시너량 : 시켄스=50%, 듀퐁=600수지(80%), 6000수지(33%))

② 후드는 투명 도료가 약 800g 소모된다(시너 포함, 부피비, RPS cup 사용).

예 PPG(800)=주제 : 경화제 : 시너 = 500(3) : 150(1) : 150(1)

5-5 중형 승용차 전체 도장 시 색상 도료 평균 소모량(범퍼 포함) : 예시

① 유용성 : 도료 4L+시너 70~80%=약 6.5L
② 수용성 : 도료 2L+시너 25%=약 2.8~3L

Chapter 07

도장결함 분석

1. 도장결함의 발생

1-1 보수도장작업 시 발생하는 도막결함

도료는 자동차에 도장되어 건조가 되면서 도막을 형성한 후에야 비로소 그 역할을 완수한다. 따라서 도료는 제조, 수송, 저장, 도장 및 건조의 전 공정을 통하여 결함이 발생되는 일이 없도록 충분히 관리되어야 한다.

보수도장 시 도장결함은 하도나 상도 작업 시 또는 도장 건조 후에 발생하는 것과 출고 후에 발생하는 것이 있으며, 도료의 관리 부족으로 발생하는 결함도 있다.

자동차 보수도장작업 시 도장되는 도막의 품질 상태를 좌우하는 요인은 대단히 많으나 가장 중요한 것은 구도막 제거 및 퍼티작업과 같은 하지 작업이 얼마나 잘 연마되었는가 하는 것이다. 그밖에 요인으로 도료의 선택과 스프레이 건의 운행 방법을 들 수 있으며, 도장작업장 환경도 큰 변수이다. 마지막으로 작업자의 숙련도가 큰 비중을 차지하고 있으므로 각 요인별 불합리한 공정을 개선할 수 있도록 노력해야 우수한 도장 품질을 기대할 수 있다.

도막결함이 많이 발생하는 원인과 현상은 다음과 같다.

① **도료 보관 중에 발생되는 결함** : 침전(settling), 피막(skinning)
② **도장작업 중에 발생하는 결함** : 크레이터링(cratering, fish eye), 오렌지 필(orange peel), 주름(wrinkle), 메탈릭 얼룩(metallic mottling)
③ **건조 후에 발생하는 결함** : 연마 자국(sanding mark), 퍼티 자국(putty mark)
④ **운행 중에 발생하는 결함** : 부풀음(blistering), 크랙(crack), 치핑(chipping)
⑤ **도막이 너무 두꺼울 때 발생하는 결함** : 오렌지 필, 크레이터링, 주름, 핀 홀(pin hole), 흐름(runs, sagging)
⑥ **투명도장 시 발생하기 쉬운 결함** : 투명 광택 소실, 솔벤트 퍼핑(solvent puping), 크레이터링, 오염물질 부착, 부착 불량(특히, 상도와 투명 도막 사이)
⑦ **바탕처리 불량 시 발생하는 결함** : 도막 들뜸(lifting), 부풀음, 부착 불량(peeling)

1-2 보수도장작업 시 도막 성능에 영향을 미치는 요인

① 퍼티 도막 두께
② 퍼티 도막의 경화상태
③ 연마지 등급 선정
④ 도료와 시너의 품질
⑤ 도료 점도
⑥ 도장 횟수
⑦ 분무거리
⑧ 스프레이 건의 운행속도
⑨ 스프레이 건의 규격 선정
⑩ 스프레이 건의 사용 공기 압력
⑪ 스프레이 건의 공기 사용량
⑫ 작업장 주위의 먼지 및 습도 함량
⑬ 작업장 주위의 공기 이동속도
⑭ 압축공기 속의 수분 함량
⑮ 작업자의 숙련도

2. 각종 도장결함 종류와 발생 원인

종류	현상	발생 원인
부풀음 (blistering)	• 도막의 일부가 하지로부터 지름이 10mm 되는 것부터 좁쌀 크기로 부풀어 오르거나 또는 거품처럼 작게 부풀어 오르는 것	• 고온다습한 상태에서 장기간 방치 • 도막 아래의 부식에 의해 부풀음 발생 • 수연마 후 건조 불충분 • 도막면에 땀, 지문 등에 의한 오염 • 하도 도막 건조 부족
연마 자국 (sanding mark)	• 하도표면이 평활하게 덮이지 않은 채 남아 있는 상처	• 거친 연마지 사용 • 중도 도장면의 불충분한 세척 • 부족한 상도 도막 두께
주름 (wrinkling)	• 도장 후 건조 과정에서 도막의 표면층과 내부층이 뒤틀림으로 인해 도막 표면에 심한 주름이 발생하는 현상	• 도막이 두꺼워서 윗부분만 건조되었을 때 • 하도의 건조가 불충분한 상태에서 상도 도장했을 때 • 급격한 건조 온도 상승 • 도료의 수지 성분 부적당 또는 부족 • 건조가 빠른 속건형 시너 사용 • 상도 도료의 시너 용해성이 지나치게 강할 때
리프팅 (lifting)	• 상도 도료가 하도 도료를 들뜨게 하여 상도 도장 표면에 쭈글쭈글한 주름이 발생하는 것(주름, 지지미)	• 상도 도료의 용제가 너무 강할 때 • 상도와 하도의 도료 성질이 다를 때 • 하도와 상도의 도장 간격이 너무 빠를 때
되어짐 (bodying)	• 도료가 용제 증발로 인해 젤리처럼 굳어지는 현상(jellying, livering, fattening)	• 용제 손실 • 도료의 산화

침전 (setting)	•안료와 전색제가 분리되어 안료가 도료 용기 바닥에 가라앉아 딱딱하게 되어버린 상태(caking) •딱딱한 침전(hard settling) •유연한 침전(soft settling)	•도료 저장 기간이 너무 오래되었을 때 •주변 온도가 너무 낮거나 높은 상태에서 저장되었을 때 •도료의 희석점도가 낮거나 희석을 많이 했을 경우 •도료의 뚜껑이 밀폐되어 있지 않을 때(피막현상 발생)
오렌지 필 (orange peel)	•평활한 도막으로 되지 않고 굴껍질과 같은 요철 모양을 이루는 현상	•시너의 증발이 빠를 때 •희석 도료의 점도가 높을 때 •공기압력이 부족할 때 •피도면과 거리가 멀 때 •도장실내 온도가 너무 높을 때 •도장실내 풍속이 너무 빠를 때 •피도물의 온도가 너무 높을 때 •압송공기의 온도가 너무 차가울 때
분화구 모양 (cratering)	•도막이 균일하게 부착되지 않고 분화구 같이 되는 현상(곰보현상) •유사한 현상으로 피시 아이(fish eye)가 있음 •시딩이라고도 함 •소지면에서 발생	•클리어에 물, 기름 등이 혼입 •실리콘유나 왁스 등의 부착 •이종 도료의 스프레이 먼지 부착 •마스킹 테이프의 접착제 잔존 •도장실 순환공기 중에 수분, 유분 등이 함유 •하도의 도막이 단단하고, 평활할 때
물고기 눈 (fish eye)	•도료가 피도면에 잘 부착되지 않고 작고 표면에 둥근 모양의 홈이 생기는 현상 •도막 표면에서 발생	•하도의 불충분한 샌딩 •도장면에 물, 기름, 오물 및 왁스 등이 묻어 있을 때
시딩 (seeding)	•도면이 평활하지 않고 매우 작은 오돌토돌한 입자덩어리가 전면 또는 부분적으로 발생되는 현상	•도장실 내의 먼지 비산 •도료의 과부족 •침전된 도료의 교반 부족 •도료와 아연 반응성 생성 •도료가 저장 중 고산가 수지와 기본 안료와 반응하여 생성함
백화 (blushing)	•도막면이 뿌옇게 되어 광택이 없는 현상	•고습도(습도 80% 이상) 상태에서 작업할 때 •시너의 증발이 빠를 때 •피도물의 온도가 너무 차가울 때
색 분리 (floating)	•도막 중에 안료가 분리하여 전체의 색이 차이가 있는 현상	•도료의 안료 분산이 나쁠 때 •시너의 용해력이 부족할 때 •도막을 지나치게 많이 올릴 때 •도료 점도가 부족할 때
색유리 (flooding)	•도막의 표면에는 똑같은 색이지만 표면과 내부의 색이 다름	•안료의 비중이 차이가 있을 때 •사용 스프레이 건이 이상이 있을 때
메탈릭 얼룩 (mottling)	•메탈릭 색상을 도장할 때 메탈릭 마무리가 균일하게 되지 않고 반점 또는 물결 모양을 만드는 현상 •클라우디(cloudy)라고도 함	•시너의 증발이 너무 늦을 때 •한번에 도막을 많이 올릴 때 •흡입부 압력이 너무 낮을 때 •스프레이 건의 미립화가 나쁠 때 •스프레이 패턴 폭 유지상태 불량

색 번짐 (bleeding)	• 하도 또는 하지의 색이 상도 도막에 용출하는 현상	• 하층 도막의 안료가 상도 도료 용제에 용해되는 경우 • 유기 용제에 잘 용해되는 안료나 염료를 사용한 용기 등을 잘 세척하지 않은 경우
바늘 구멍 (pin hole)	• 도막에 바늘 구멍(핀 구멍) 같은 작은 구멍이 발생하는 현상(핀 홀) • 핀 홀보다 큰 구멍을 피츠(pits)라고 함 • 구멍(pitting)	• 용제가 빠르게 증발되어 도막 내 작은 구멍이나 수포가 발생 • 하지 도막에 핀 홀이 있는 것을 완전히 제거하지 않은 경우 • 도막의 급격한 가열 • 세팅 타임이 적을 때 • 도료 점도가 높을 때 • 스프레이용 공기 중에 수분, 유분이 존재할 때 • 과도한 도막 두께
흐름 (runs or sags)	• 도포한 도료가 흘러 균일한 도막 두께를 유지하지 않거나 외관 불량을 만드는 현상	• 희석 점도가 너무 낮을 때 • 지나치게 두껍게 작업한 경우 • 시너의 증발이 늦을 때 • 도막 특성이 열에 대해 민감할 때
은폐 불량 (lack of hiding)	• 중도 또는 상도 등이 원래 의도하는 색으로 나오지 않는 현상	• 도료의 은폐력 부족 • 도료 혼합이 잘 안되었을 때 • 도막이 부족할 때 • 도료 점도가 너무 낮을 때
건조 불량 (lack of drying)	• 도장 후 일정 기간이 경과해도 도면이 고화되지 않을 때와 표면층은 건조되어도 내부는 건조되지 않을 때	• 유 · 수분이 소지에 잔존할 때 • 건조 온도가 낮을 때 • 압축 공기 속 오일 혼입 • 시너의 부적당 • 단시간에 도막을 많이 올릴 때 • 고습도, 환기 불량 • 도료 보존 기간이 오래된 것 사용 시
균열 (hairline cracks)	• 도막면에 수지의 분자 결합이 끊어져 상도 도막 표면에 머리카락처럼 가느다란 균열이 발생하는 현상	• 하도 도료의 건조가 불충분한 상태에서 상도 도장했을 때 • 약한 하도에 용해력이 강한 상도를 도장했을 때 • 도장작업 후 온도가 급격히 저하되었을 때 • 자외선이 많은 곳에 장시간 주차하는 경우
박리 (scaling)	• 도막의 층간 밀착력이 나쁘고 도막의 일부분 또는 전부분이 쉽게 일어나는 현상 • 소박리(flaking) • 대박리(peeling)	• 하층 도막이 과도한 가열 상태가 되었을 경우 • 하층 도막에 유, 실리콘 등의 불순물로 오염이 된 경우
광택 저하 (loss gloss)	• 도료 자체의 특유 광택이 나타나지 않는 현상	• 하도의 흡수력이 너무 과다했을 때 • 시너 희석량이 적을 때 • 투명도장 횟수 부족

얇은 도막 (thin paint)	• 색상 도장이 불충분한 현상으로서 마무리 색상 도장을 하여도 도막이 얇아서 하도가 보이는 현상	• 스프레이 건에서 분무되는 도료량이 극도로 적을 때 • 도장이 골고루 되지 않았을 때
오염물 부착 (dust, dirt)	• 공기 중의 먼지 혹은 도료 내의 이물질이 도장면에 도막 속에 반점 형태로 붙어 있는 현상	• 도료 분무 혹은 건조 시 도장면에 접착 • 도료가 여과되지 않았을 때

3. 보수도장 작업안전

자동차 보수도장작업은 많은 화학약품에서 생성되는 냄새와 연마 작업 시 발생되는 분진 때문에 작업자의 건강을 해치기 쉽다. 따라서 안전 보호구를 철저히 착용하고, 각종 오염물질의 발생을 최소화하며, 화재발생에 특별히 유의해서 작업해야 한다. 도장작업 중에 안전하지 못하다고 판단되는 부분은 반드시 안전조치한 후 작업하고, 사고가 발생했을 때는 응급조치하고, 즉시 책임자에게 보고하는 것이 중요하다.

① 도료 성질, 패널의 형상 등을 고려하여 적절한 도장 기구를 사용한다.
② 도장 시 도료 용제는 인체에 접촉, 흡입되지 않도록 취급한다.
③ 도장 부스의 바닥과 벽, 천장 및 도장실은 정기적으로 청소한다.
④ 안전보호 장비를 준비하여 양호한 상태로 유지시켜야 한다.
⑤ 도료 및 용제가 묻은 걸레는 밀폐된 철재 용기에 보관한다.
⑥ 저온(5℃ 이하), 다습(85% 이상)한 장소에서는 작업을 피한다.
⑦ 적정 건조온도를 엄수한다.
⑧ 사용되는 도료 특성(조성, 도장 사양, 건조 조건 등)을 파악하여 사용법을 틀리지 않게 한다.
⑨ 작업의 마감 재료는 화기로부터 보호받을 수 있는 공간에 보관하고, 용제와 함께 밀봉되어 있어야 한다.
⑩ 각종 도료 보관 시 규격 및 용도 등의 표시는 정확히 붙어 있어야 한다.
⑪ 각종 도료 보관 창고에는 방폭 전등 및 밀폐 스위치를 사용해야 한다.
⑫ 도장작업 전 반드시 에어라인의 수분 발생 여부를 점검하고 제거해야 한다.
⑬ 도장작업 완료 후 장비 및 공기구 등을 완벽하게 세정하고 보관한다.

자동차 보수도장 현장실무

1 표준 보수도장작업(standard repair painting)

1 도막 표면 세척

전용 클리너를 사용하여 도막표현을 세척한다.

2 구도막 제거

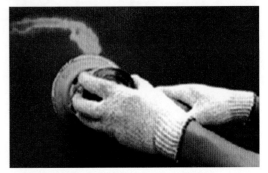

#40~#60 샌드 페이퍼를 사용하여 샌딩한다.

3 단 낮추기 작업(페더에지)

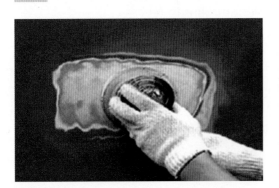

#80~#120 샌드 페이퍼를 사용하여 샌딩한다.

4 퍼티 작업(1차)

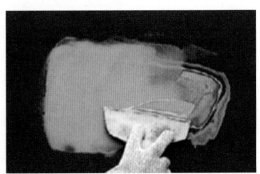

폴리에스테르 퍼티+경화제 1~3%로 혼합한다.

5 퍼티 연마

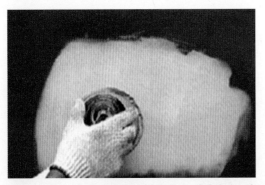

#120~#180 샌드 페이퍼를 사용하여 샌딩한다. 필요시에는 2차, 3차 퍼티 도포 및 연마 재작업을 실시한다.

6 퍼티 마무리 연마

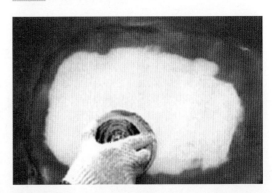

#240~#320 샌드 페이퍼를 사용하여 샌딩한다.

7 프라이머-서페이서 도장

2액형(2K)을 사용한다.

8 프라이머-서페이서 연마

#400~#600 샌드 페이퍼를 사용하여 샌딩하며, 필요시에는 스폿 퍼티를 사용한다.

9 도료 조색

해당 차종 컬러 배합비를 적용한다.

10 색상 도장(base coating)

솔리드, 메탈릭, 펄 컬러 / 1코트, 2코트, 3코트 중에서 선택한다.

11 투명도장(clear coating)

사용되는 투명 도료는 경화제 비율(2 : 1, 4 : 1, 10 : 1)을 정확히 유지한다.

12 광택

콤파운딩, 광택, 왁싱 작업을 한다.

2 패널 도장작업(panel repair painting)

1 손상 형태 검사

2 구도막 제거

싱글액션샌더(#80)로 구도막을 제거하고, 더블액션샌더(#120)로 마무리 연마를 한다.

3 단 낮추기

#180를 사용한다.

4 퍼티 도포

도막 표면을 세척한 후 퍼티 작업을 실시한다.

5 퍼티 도막 샌딩

#80~#120를 사용한다(오비탈, 더블액션샌더 사용).

6 퍼티 도막 2차 수정

7 퍼티 마무리 샌딩

#180~#320를 사용한다(오비탈, 더블액션샌더 사용).

8 프라이머-서페이서 도장

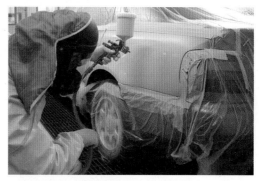

2액형(2K)을 사용한다.

9 가이드 코트 연마

#400을 사용한다.

10 최종 마무리 연마

#600~#1000을 사용한다(수연마 병용).

11 상도 도장

베이스 코트 및 클리어 코트 도장을 한다.

12 작업 완료

70℃에서 30분 강제 가열 건조 후 마스킹을 제거한다.

3 전체 보수도장작업(car repair painting)

1 구도막 제거

#40~#60 싱글액션샌더를 사용한다.

2 단 낮추기(페더에지)

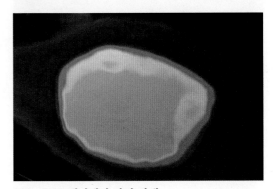

#80~#120 페더에지 작업 상태

3 퍼티 도포

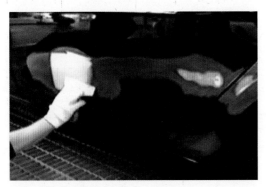

도포 작업 후 가열 건조한다.

4 퍼티 연마

#180~#320 샌드 페이퍼를 사용하여 샌딩한다.

5 퍼티 도포 및 연마(2차, 3차)

각종 도막 평면이 완벽하게 잡힐 때까지 연속 작업한다.

6 중도 마스킹 작업

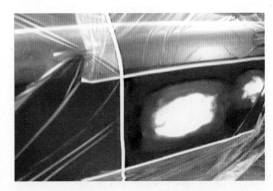

7 프라이머-서페이서 도장

2액형 도료를 사용한다.

8 프라이머-서페이서 연마

#400~#600 샌드 페이퍼를 사용하여 샌딩한다.

9 상도 마스킹 작업

#120~#180 샌드 페이퍼를 사용하여 샌딩한다. 필요시 2차, 3차 퍼티 도포 및 연마 재작업을 실시한다.

10 조색

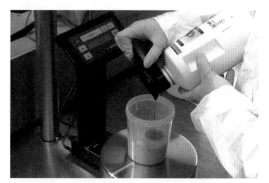

전자저울을 이용한다(수용성, 유용성 도료 사용).

11 상도 도장(색상+투명)

1코트(솔리드 컬러), 2코트(메탈릭 컬러), 3코트(펄 컬러)를 선택하여 실시한다.

12 강제 가열 건조

70℃에서 30분 강제 가열 건조한 후 마스킹을 제거한다.

4 부분 보수도장작업(blending spray tech)

1 손상 부위 확인

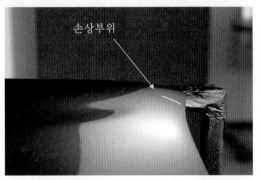

손상 부위를 검사한다.

2 손상 부위 세척

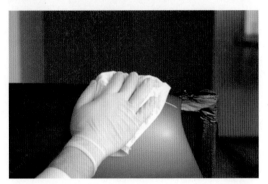

도장 전용 클리너를 사용한다.

3 샌딩

작업 부위의 크기를 최소화한다.

4 세척

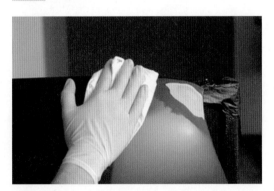

전용 클리너를 사용한다.

5 마스킹

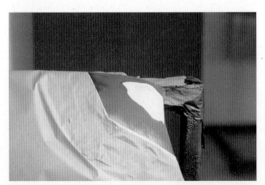

전용 마스킹 페이퍼를 사용한다. 리버스 마스킹 작업을 한다.

6 프라이머-서페이서 도장

2액형 도료로 도장한다.

7 프라이머-서페이서 샌딩

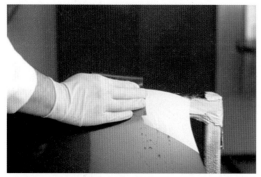

#600~#1000 샌드 페이퍼를 사용하며, 습식 샌딩한다.

8 세척

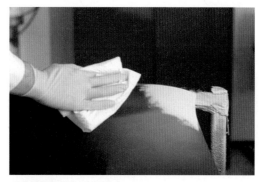

전용 클리너를 사용한다.

9 베이스 컬러 블렌딩 도장

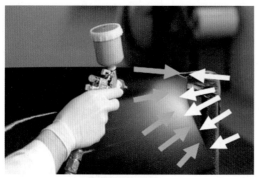

연마한 범위 이내에서만 작업한다.
-베이스 컬러(바깥에서 안으로)
-블렌딩 도장(안에서 바깥으로)

10 클리어 블렌딩 도장

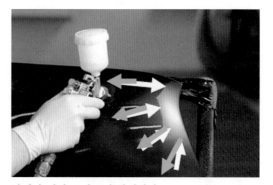

블렌딩 시너로 마무리 작업한다.

11 강제 가열 건조

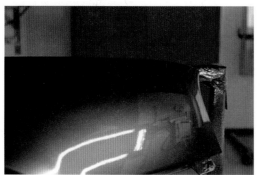

70℃에서 30분 동안 이동식 원적외선 건조기를 사용하여 건조한다.

12 마무리 작업(폴리싱)

콤파운딩, 광택, 왁싱 작업을 한다.

5 수용성 컬러 조색시편 제작

1 조색 시편 준비

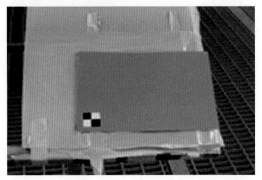

은폐지를 접착한다.

2 수용성 스프레이 건 세팅

스프레이 공기압력 : 1.5bar
도료 토출량 : $1\frac{1}{2}$ 회전

3 베이스 코트(색상 도장)

분무거리 : 20cm 유지

4 1회 도장(wet spray)

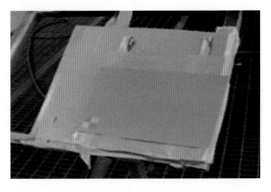

5 에어 블로 건조

드라이 제트를 사용하여 에어 블로를 충분히 실시
한다.

6 2회 도장(wet spray)

분무거리 : 20cm 유지

7 에어 블로 건조

도막의 수분 건조 작업을 충분히 실시한다.

8 수용성 스프레이 건 세팅

스프레이 공기압력 : 1.0bar
도료 토출량 : 1회전

9 3회 도장(technical spray)

안료의 입자감을 균일하게 살리는 스프레이 작업을
한다(분무거리 : 30~40cm).

10 에어 블로 건조

수분을 완전히 제거한다.

11 클리어 코트(투명도장)

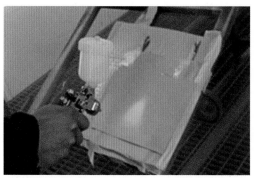

2회 도장한 후 70℃에서 20분 정도로 건조시킨다.

12 조색 표준 시편 완성

가열 건조 후 색상을 비교한다. 맞지 않을 경우에는
처음부터 재작업을 실시한다.

6   도막결함발생 예방작업

1   블리스터(blistering)

도장표면을 완벽탈지하고, 압축공기 속에 물과 오일을 제거한다. 2액형 프라서페를 사용하고, 하도도막을 완전 건조한다.

2   크랙(crack)

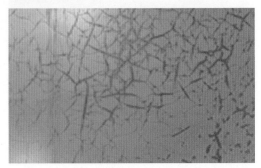

하도도막을 완전 건조하고, 도장실 온도를 상온으로 유지하며, 도료 경화제 혼합비를 정확히 한다.

3   피시 아이(fish eye)

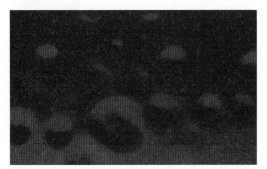

하도도막을 충분히 샌딩하고 도장면을 완벽탈지한다.

4   크레이터링(cratering)

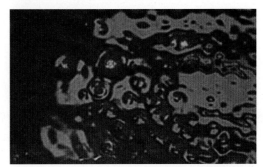

에어라인에 수분과 오일을 제거하고, 도장면을 완벽탈지하며 도장실 근처에서 광택작업을 금지한다.

5   모틀링(mottling)

도장횟수를 적정하게 유지하고, 알루미늄 안료를 교체해 준다. 스프레이 패턴 폭을 유지하며, 건속도는 빠르게 한다.

6   더스트(dust inclusion)

사용도료를 완벽하게 여과하고, 도장부스를 청결하게 유지하며 압축공기 속 이물질 발생을 방지한다.

7 리프팅(lifting)

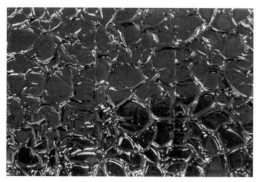

시너는 용해 능력이 약한 것을 사용한다. 도장 공정
별로 같은 종류의 도료를 사용하고 충분한 플래시 오
프 타임을 유지한다.

8 오렌지 필(orang peel)

지건시너를 사용하며, 도료의 점도를 묽게 혼합한다.
스프레이 건 운용법을 개선하고, 도장실 온도를 낮게
유지한다.

9 핀 홀(pin holing)

도장 후 급격한 가열을 금지하며, 도료의 점도를 묽
게 사용하고 도막을 얇게 도장한다.

10 런(runs)

충분한 플래시 오프 타임을 유지하고 과도한 도장횟
수를 조절하며, 건속도를 빠르게 한다.

11 샌딩마크(sanding mark)

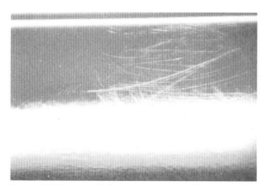

중도 연마를 #600까지 유지하고, 퍼티 연마를 개선하
며, 충분한 상도도막을 유지한다.

12 링클링(wrinkling)

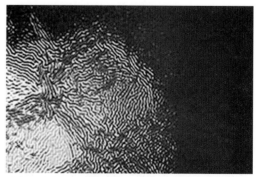

하도는 완전건조하고, 도막 두께를 두껍지 않게 도장
한다. 건조온도가 급격히 상승하는 것을 억제하고,
낮은 용해성 시너를 선택한다.

7   커스텀 페인팅 기본 연습

1   점 만들기(1)

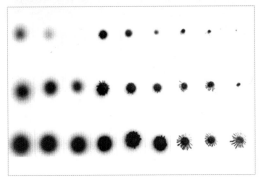

점, 거리 및 에어 브러시 조작 감각을 익힌다.

2   점 만들기(2)

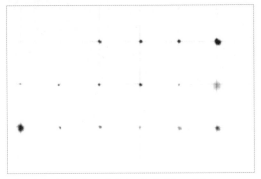

점, 거리 및 에어 브러시 조작 감각을 익힌다.

3   선 그리기(1)

여러 가지 굵기의 선을 그려본다.

4   선 그리기(2)

끝이 넓어지며 약해지는 선, 끝이 좁아지면서 약해지는 선을 그려본다.

5   선 그리기(3)

여러 가지 굵기의 곡선을 그려본다.

6   선 그리기(4)

자유곡선을 그려본다.

7 그러데이션 응용(1)

8 그러데이션 응용(2)

9 그러데이션 응용(3)

10 그러데이션 응용(4)

11 그러데이션 응용(5)

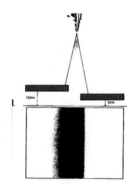

12 그러데이션 응용(6)

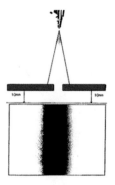

8 입체 직사각형

1 입체면 전체 컬러 스프레이 작업

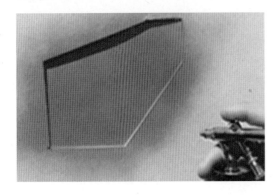

2 단면만 스프레이 작업

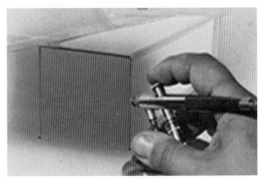

3 단면 마스킹

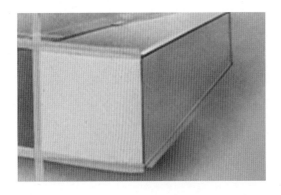

4 측면 약간 어두운 색으로 스프레이 작업

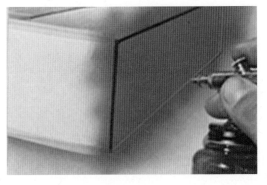

5 최종 그러데이션 작업

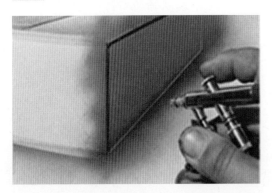

6 완성

9 입체 구형

1 원형 스텐실 제작

2 1차 그러데이션

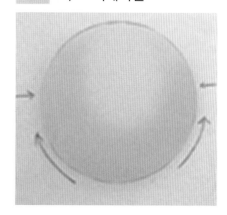

3 2차 그러데이션

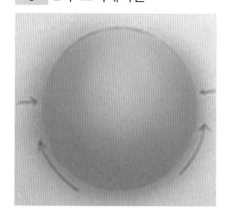

4 3차 그러데이션

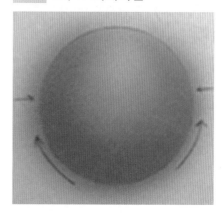

5 4차 그러데이션

6 완성

10 스텐실(프레임)

1 마스킹 테이프 위에 도안 작업

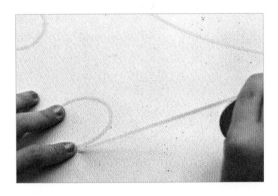

2 도안된 화염 모양 커팅 작업

3 화염 전체 바탕색 스프레이

4 부분적 그러데이션 삽입

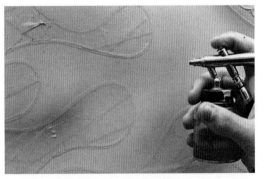

5 화염 테두리에 라인색 삽입

6 완성

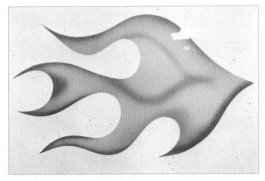

11 스텐실(리본)

1 마스킹 테이프 위에 도안 작업

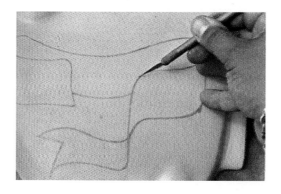

2 도안된 리본 모양 커팅 작업

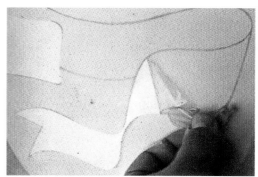

3 리본 전체 바탕색 스프레이

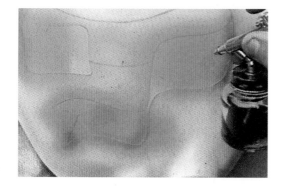

4 리본 양쪽 마스킹 처리

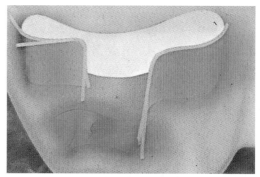

5 그러데이션 작업

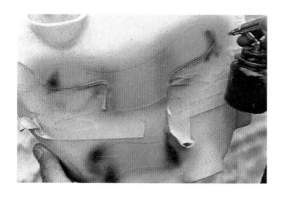

6 완성

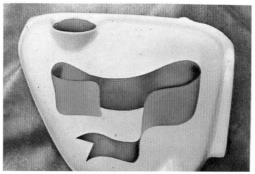

12 스텐실(타이거)

1 타이거 스텐실 제작

2 스텐실 바깥쪽 마스킹 작업

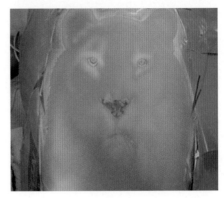

3 타이거 전체 바탕색 스프레이

4 검정색 그러데이션 작업

5 백색 그러데이션 작업

6 완성

13 마블링(marbling)

1 재료 준비

비닐 랩, 실버 컬러, 마스킹페이퍼, 마스킹테이프를
준비한다.

2 마스킹

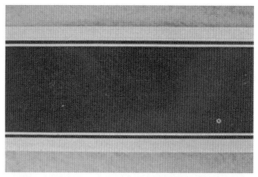

대리석 무늬를 만들지 않는 부위를 모두 마스킹 처리
한다.

3 실버 컬러 도장

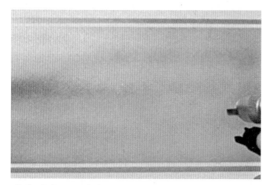

실버 컬러를 두껍게 도장한다.

4 비닐 랩 오버 랩

실버 컬러가 건조하기 전에 비닐 랩을 자연스럽게 붙
인다.

5 비닐 랩 제거

잠시 후에 비닐 랩을 조심해서 제거한다.

6 완성

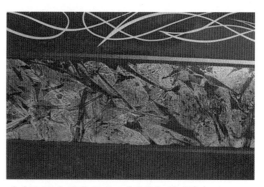

대리석 무늬 위에 투명도장작업을 실시한다.

14 완성차 커스텀 도장(custom car painting)

1 패널 각부 퍼티 보수 및 샌딩

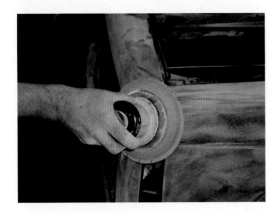

2 차량 전체 샌딩

3 프라이머-서페이서 도장

4 바탕색 도장

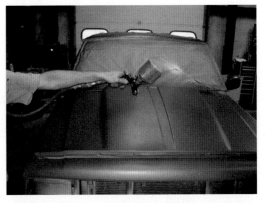

5 불꽃 도안 라인 작업

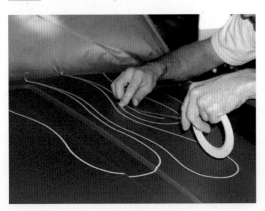

6 도안 부분 마스킹 작업

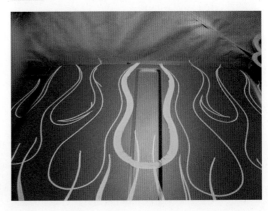

| 7 | 전체 겹침 마스킹 | 8 | 적색 컬러 페인팅 |

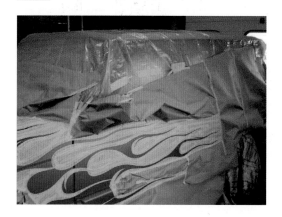 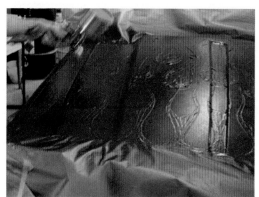

| 9 | 건조 후 마스킹 제거 | 10 | 라인 브러시 처리작업 |

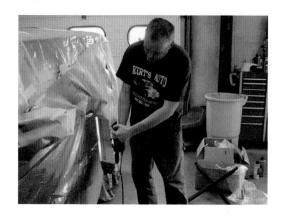 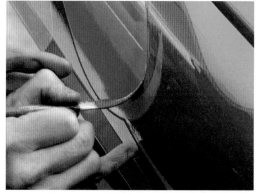

| 11 | 클리어 도장 후 건조 | 12 | 작품 완성 |

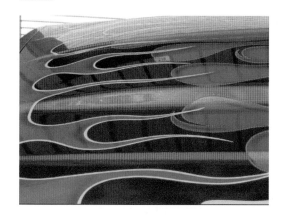 

보수도장 관련 현장용어 오용사례

오용된 현장용어	용어 의미	바른 한글용어	바른 영문용어
가부리	被/かぶり	도막의 백화현상	blushing
갠마	研磨/けんま	연마	grind/polish/whet
곰보	-	분화구현상, 크레이터	crater
기스	傷處/きず	흠집, 긁힌 자국	scratch
나미	波/なみ	도장면 굴곡형상	wave form/roughness
도마리	止まる/とまる	도막의 은폐력	hiding power
무라	(斑)/むら	얼룩, 반점	mottling
방수	番數	그레이드, 페이퍼 등급	grade(sand paper)
보카시도장	暈し/ぼかし	숨김도장, 부분보수도장	blending
빠데(빠다)	パテ	퍼티	putty
뼁끼	ペンキ	페인트	paint
뻬빠	ペパ	연마지, 샌드페이퍼	sand paper
사비도미	錆塗/さびとみ/防靑塗料	방청도료	primer coat
사훼샤	サーフェイサー	프라이머-서페이서	frimer-surfacer
소지	掃除/そうじ	청소, 세척	Cleaning
소지	素地/そじ	철판 바탕	under structure
시다지	下地/したじ	기초도막	primary coat
야끼누리	焼き塗り	열처리 도장	heat treatment coating
지지미	(縮み)/ちぢみ	수축/주름	wrinkling
찍찍이 페이퍼	-	벨크로 페이퍼	velcro sand paper
콤푸	에어컴프레서	공기압축기	air compressor
하지끼	弾き/はじき	피시아이(물고기눈)	fisheye
헤라	箆 / ヘラ	주걱	spreader
후끼	吹 / ふき	스프레이 건	spray gun

PART 4

차체 내외장 관리

Chapter 01   차체 내외장 관리

차체 내외장 관리

1. 차량 장기보관 관리

(1) 차량 보관 장소

① 안전, 건조, 통풍 양호, 직사광선을 받지 않는 평탄한 장소에 보관한다.

② 산업폐기가스, 먼지, 나무 밑, 굴뚝의 그을음이 많은 곳은 금한다.

③ 위 조건이 아닐 때는 차량 커버를 설치하고 정기적인 세차를 실시한다.

④ 차량 커버가 바람에 흔들리면 도장 면이 손상되므로 견고하게 고정한다.

(2) 장기 보관 요령

① 변속 및 각종 조작 레버는 각각 중립 위치로 한다.

② 습기가 많은 지역이나 우천 시를 대비해 공기청정기 입구 및 배기 파이프 출구를 막는다.

③ 각종 오일을 교환한다.

④ 1주일 또는 1개월에 1번 이상은 반드시 워밍업 운전하여 엔진 각부를 윤활시키고, 배터리를 충전시킨다.

(3) 차체 손상 방지

① 깨끗이 세차한 후 물기가 완전히 건조되고 옆 차와 충분한 간격을 유지한다.

② 차체 도장 면이 손상되면 즉시 보수 처리, 부식 방지를 한다.

(4) 축전지 관리

① 비중 측정 시 1.25 미만일 때 빙결되므로 보관하기 전에 내부 전극 변형 방지를 위해 재충전한다.

② 방전이나 배선합선 방지를 위해 축전지 케이블을 분리한다.

③ 축전지 상부의 물기가 없도록(자연방전 원인) 한다.

(5) 브레이크 장치 관리

① 드럼과 라이닝 고착 방지를 위해 주차 브레이크를 풀어 놓는다.

② 부득이 경사진 곳은 주차 시 고임목을 설치한다.

(6) 타이어 관리

① 공기압을 규정보다 20~30% 높게 주입한다.

② 한 달 이상은 타이어 변형 방지를 위해 노면과의 접촉면 위치를 변경한다.

③ 장기 주차 시 타이어가 지면에서 떨어지도록 차체를 고임목으로 높혀 둔다.

(7) 차량 내부 환기

내부 온도 상승으로 인한 실내 부품 변형 방지 및 증발된 냄새가 외부로 방출될 수 있도록 히터장치의 공기 순환 회로를 외부 공기 유입 위치로 한다.

(8) 냉각수 관리

① 부동액 양과 비중을 겨울철을 대비하여 사전에 주입해 둔다.

② 대기온도가 0℃ 이하로 예상될 때에는 부동액을 넣고 눈에 띄기 좋은곳에 '부동액' 표시를 붙인다.

(9) 보관되었던 차량을 재시동 시 주의할 점

① 각종 오일, 냉각수, 에어컨 냉매를 점검한다.

② 바닥에 오일, 냉각수 누설 여부를 확인한다.

③ 타이어 공기압력 규정값을 확인한다.

④ 축전지 점검, 재충전 여부를 판단한다.

⑤ 축전지 케이블 연결부를 확인한다.

⑥ 브레이크 시스템 필요시 공기빼기작업과 액 보충을 한다.

⑦ 에어클리너 오염상태를 확인한다.

(10) 차량의 사용수명 단축과 유지 소모비의 증대를 가져오게 하는 원인 및 대책

원인	대책
• 정비사의 자질 및 기술 부족 • 도로상태 불량 • 차량의 혹사 • 운전자의 기능 미숙 • 차량설계 미흡	• 자동차 제작 시 구조 및 성능 개선 • 운전, 취급자들의 지식 및 기능 향상 • 정비사의 자질과 기술개발 촉진 • 정비시설의 현대화 • 차량재료, 부품재질의 기술개발

2. 외부 세차 관리

(1) 세차 시기

① 옥외에서 장시간 주차했을 때
② 새의 오물이나 벌레의 사체 등이 붙어 있을 때
③ 매연이나 철분 등이 묻어 있을 때
④ 진흙이나 흙, 먼지가 대량으로 묻어 있을 때
⑤ 모래, 시멘트 가루, 도료의 찌꺼기 등이 묻어 있을 때
⑥ 해안지대를 주행했거나 해안에 장시간 주차했을 때

(2) 세차 방법

세차 작업 시 세차에 사용하는 스펀지로 원형을 그리며 이동하지 말아야 한다. 원형을 그리며 하는 것이 작업에 용이하지만, 원형을 그리며 작업하면 그 모양대로 흠집이 남기 쉽다. 그래서 어느 방향에서든 흠집이 눈에 쉽게 띈다. 따라서, 스펀지로 닦는 부위의 길이 방향으로 하여 직선으로 닦는 것이 좋다. 후드(보닛) 윗면은 왼쪽에서 오른쪽으로 가며 직선으로 스펀지를 이동시키고, 바퀴 위의 펜더는 길이 방향으로 직선 운동하는 것이 바람직하다.

(3) 세제 사용

집안에서 청소 목적으로 사용되는 세제는 차량 세척에 도움이 되지 않는다. 비누, 식기세척제, 유리창 세척제 등은 차량 페인트 보호용으로 도포되어 있는 왁스까지 세척할 수 있기 때문에 차량 페인트에 적합하지 않다. 또, 세차 부위에 따라 스펀지를 다른 것으로 사용해야 한다. 특히, 바퀴를 닦던 스펀지로 차량 표면을 닦게 되면 차량 표면에 흠집이 나기 쉽다. 자동차용 전용 세제를 사용하되 아스팔트 도로에서 타르 등이 차량을 오염시켰다면, 별도의 제거용 세제를 사용한다.

(4) 세차 시점

세차 작업에 있어서 유의할 점은 차량 표면이 뜨거울 때는 세차 작업을 하지 말아야 한다. 차량 표면이 뜨거우면 세제나 물이 빨리 증발하여 제대로 세차 작업을 수행할 수 없다.

(5) 건조

가장 먼저 왁싱 작업에 사용할 왁스나 광택제를 선정한다. 광택제와 왁스의 기능이 한꺼번에 들어 있는 상품을 사용할 경우에는 바르기와 문지르기를 한 번만 실시한다. 세차한 다음에

는 건조될 때까지 기다린다. 차체 표면에 이물질이 붙어 있는 상태로 작업을 하면 이물질이 연마제 역할을 하여 차체 표면에 손상을 입힐 수 있다.

(6) 광택내기

차체 표면을 크게 다섯 영역으로 구분하여 ① 후드 ② 지붕(roof) ③ 트렁크 ④ 왼쪽 옆면 ⑤ 오른쪽 옆면 순으로 작업한다. 이때 한 영역에서 광택제를 바르고, 문지르기를 끝낸 다음에 다음 영역을 작업하는 것이 좋다. 먼저 깨끗한 천에 광택제를 묻히고 작은 원을 그리면서 도포한다. 5~10분 정도 지난 다음에 광택제가 묻지 않은 천으로 다시 작은 원을 그리면서 약간 힘을 주면서 문지른다. 광택제를 오랫동안 건조시키면 딱딱해지기 때문에 문지를 때 너무 많이 힘을 주면 차체 표면이 손상을 입을 수 있다.

(7) 왁스 작업

광택내기가 끝나면 곧바로 왁스 작업을 한다. 작업 방법은 광택내기와 같이 각 영역별로 왁스 작업을 끝낸 후에 다음 영역의 작업을 한다. 왁스를 문지를 때는 광택내기 때보다 조금 더 강한 힘을 주면서 문지르지만, 이때에도 표면이 상하지 않도록 조심해야 한다.

(8) 세차 후 브레이크 말리기

세차 후에는 브레이크 드럼과 디스크에 물기가 남아 있어 급제동 시에 밀릴 우려가 많다. 따라서 세차 후에는 천천히 주행하면서 브레이크를 몇 번 밟아서 물기를 말려 주어야 한다.

(9) 김 서림 방지

반드시 환기를 외기 상태로 한다. 그리고 에어컨을 작동시켜 창 쪽으로 틀면 김이 사라진다. 추우면 온도 조절 스위치를 따뜻한 쪽으로 돌린다.

(10) 유리창 스티커 제거

뜨거운 물수건을 잠시 올려놓았다가 제거하고 접착제 자국은 칼로 긁으면 된다.

(11) 차체 스티커 제거

헤어드라이어로 가열한 다음 떼어내면 된다. 안 되면 라이터의 불꽃 세기를 약하게 해서 살짝 가열한 후 떼어낸다.

자동차 세차는 뙤약볕에서 하면 도장 면에 얼룩이 남는 경우가 많으므로 가능하면 그늘진 곳에서 하는 것이 좋다. 세차 직후의 물기 제거는 물기 제거용 주걱을 사용하거나 교환한 중고 와이퍼를 이용하여 닦아낸 후 극세사 걸레로 닦아내면 신속하고 효과적으로 제거할 수 있다.

3. 인테리어 관리

3-1 **자동차 실내에서 발생하는 각종 냄새 제거 기본 원칙**

① 냄새의 원인 부위를 찾는다.
② 가능한 한 많이 원인 물질을 제거한다.
③ 남아 있는 것은 탈취제를 써서 처리한다.

3-2 **냄새가 발생하는 형태에 따라 제거하는 방법**

① **기존 냄새 덮기** : 새로운 냄새를 만들어서 기존의 냄새를 덮는 제품
② **냄새 원인 물질 둘러싸기** : 원인 물질을 둘러싸서 더 이상 냄새가 나지 않도록 하는 제품
③ **산화제** : 화학물의 산화를 촉진함으로써 냄새 발생을 빨리 종료하도록 하는 제품
④ **중화제** : 냄새를 발생시키는 화학반응을 종료시키는 기능의 제품
⑤ **흡착제** : 자체 구조 내부에 냄새를 흡착함으로써 냄새를 제거하는 제품
⑥ **미생물 효소제** : 냄새의 원인 물질인 유기 잔존물을 미생물로 분해하여 냄새 원인 물질을 제거하는 제품
⑦ **살균제** : 냄새를 발생시키는 유기화학작용을 살균제로 중지시킴. 곰팡이 냄새에 효과가 좋음

3-3 **냄새의 원인별 작업 방법**

(1) 카펫, 천

카펫이나 천은 물기를 흡수하는 성질이 강하다. 그러므로 너무 많은 물을 사용하게 되면 그 물기를 다 건조시키는 데에 많은 시간이 소요된다. 또, 물기가 남아있게 되면 곰팡이가 피게 되어 매캐한 냄새가 나고, 어린이에게는 건강에 해롭다. 따라서 가능한 한 물기가 적게 남는 방법을 사용한다. 우선, 진공청소기로 먼지나 쓰레기 등을 깨끗이 청소한다. 얼룩이 있는 것은 얼룩제거제를 천에 묻혀 닦아낸다. 이때, 얼룩제거제가 변색을 일으킬 수도 있으므로 얼룩제거제를 사용하기 전에 미리 안 보이는 곳에 묻혀서 변색 여부를 확인한 후에 사용하는 것이 좋다. 세탁 솔과 카펫용 샴푸를 사용하여 청소한다. 너무 많은 물을 사용하지 않는 것이 중요

하며, 청소 후에 말려 준다. 건조 후에도 완전하게 건조시키기 위해 창문이나 문을 잠시 동안 열어 놓는다.

(2) 비닐

비닐이 가장 손상받기 쉬운 경우는 햇빛과 오염물질에 의한 경우이다. 비닐 청소제나 세탁 솔로 닦아내기는 간단한 작업이지만, 운전석과 동승석 앞쪽의 대시보드는 그 아래에 오디오나 엔진제어장치 등 전기, 전자장치가 설치되어 있으므로 물의 사용에 있어서는 주의를 요한다.

냄새의 원인 물질별 제거 방법

냄새 원인 물질	탈취제	작업 방법
우유, 아이스크림	바이오 효소제	알칼리성 세제 → 바이오 효소제
곰팡이	소독제	소독제로 충분히 닦아냄
담배 냄새	냄새 차폐제	깨끗이 닦고 냄새 차폐제 사용
소변	바이오 효소	산성 세제 → 바이오 효소제
자동차 연료	냄새 차폐제	알칼리성 세제 → 냄새 차폐제

3-4 가죽 시트 관리(leather seat)

(1) 천연 가죽의 특징

① **유연성(flexibility)** : 천연 가죽은 가공성이 양호하여 어떤 모양으로도 성형할 수 있다.

② **내구성(durability)** : 천연 가죽은 고온이나 저온에 잘 견디고 부주의에 의한 표면 긁힘이 적으며, 잘 찢어지지도 않는다.

③ **안락성(comfortability)** : 천연 가죽은 소위 숨쉬기를 할 수 있는 재질이다. 즉, 공기와 습기의 배출이 용이하다. 또 절연재의 역할도 하므로 고온이나 습기의 방지에도 탁월한 기능을 발휘한다.

④ **심미성(beautility)** : 천연 가죽으로 다양한 표면 처리 기술에 의해 다양한 겉모양을 낼 수 있다. 표면 처리에는 디자인적인 요소뿐만 아니라 색감에 있어서도 다양한 색깔을 나타낼 수 있다.

차량실내 온도는 여름철에는 매우 높은 온도까지 상승하며, 반대로 겨울철에는 영하의 온도까지 떨어지므로 매우 큰 폭의 온도 변화를 겪는다고 할 수 있다. 그래서 온도의 변화에 잘 견디는 천연 가죽도 그 수명을 연장하기 위해서는 특별한 관리를 받아야 한다.

우선 천연 가죽을 오랫동안 사용하려면, 소위 컨디셔닝(conditioning)을 정기적으로 받아야 한다. 왜냐하면 일반적인 사용 환경에 있어서도 가죽 내부의 자연 윤활제가 점차 감소하기 때문이다. 천연 가죽의 자연 윤활제가 많이 감소하여 가죽이 건조해지면 가죽이 부러져서 토막이 나기 쉽고, 반대로 너무 많이 습기를 포함하게 되면 가죽이 팽윤하게 된다. 따라서 적당한 습기를 포함할 수 있게 컨디셔닝이 필요하다. 아무런 관리를 받지 못한 가죽은 물이나 다른 액체에 의해 얼룩이 지기 쉽다. 그러므로 처음 구매하였을 때 곧바로 가죽 재질의 부품은 적당한 방법으로 관리를 해야 한다.

(2) 가죽 재질의 기본 관리

① 너무 많은 양의 오일이나 왁스를 바르면 가죽의 숨구멍을 막게 되므로 가죽의 수명을 단축시킨다. 쉽게 사용할 수 있는 가죽 세제로는 식기세척용 세제가 좋다.
② 세제와 물의 비율을 1 : 10의 비율로 혼합하여 사용하면 좋다.
③ 유제품을 가죽에 떨어뜨리면 얼룩이 남는다. 특히, 유제품에 들어 있는 기름은 표면을 닦은 후에도 남을 수 있으므로, 가죽 재질의 제품에는 유제품을 흘리지 않도록 조심해야 한다.
④ 밝은 색깔의 가죽은 자주 닦아줘야 한다. 가죽은 오염물이나 먼지, 천에 의해서도 표면에 흠이 날 수 있으므로 약간 어두운 색깔의 가죽을 선택하는 것이 바람직하다.

(3) 가죽 시트 관리법

① **인조 가죽 부위** : 합성세제를 물에 엷게 타서 부드러운 천에 묻힌 후 가볍게 오염 부분을 닦아낸다. 그리고 천을 물에 헹궈 물기를 짜내고 깨끗이 닦아낸다.
② **천연 가죽 부위**
(가) 일반적 손질법 : 천연 가죽 시트 전용 세정제를 이용하여 부드러운 천으로 닦아낸다.
(나) 수용성 물질 제거 : 부드러운 천을 미지근한 물에 적셔서 물기를 최대한 제거한 후에 오염 부위를 닦아낸다.
(다) 기름 성분 물질 제거 : 중성세제를 물에 농도 2~3%로 타서 부드러운 천에 묻힌 후 오염 부분을 닦아낸다. 그리고 헹군 천을 물기 없이 짜서 깨끗이 닦은 후에 통풍이 잘 되는 곳에서 말린다.
③ **직물 시트의 손질법**
(가) 일반적 손질법 : 자동차용 진공청소기를 이용하여 모 끝이 누운 방향으로 쓸듯이 청소한다.
(나) 수용성 및 기름 성분 물질 제거 : 오염물이 묻은 즉시 티슈나 탈지면 등으로 가볍게 두드려서 닦는다.

4. 패널 덴트 복원 수리

로(low)	가장 흔한 덴트의 하나로서 보통 작업 시 가장 많이 접하는 형태
마이크로 로(micro low)	노를 제거하는 과정에서 발생하는 형태
하이(high)	후드 및 트렁크 아래에 물건 등을 두고 닫거나 물건이 들어 있는 상태에서 방지턱 등을 지날 때 튀어 올라와 발생
마이크로 하이(micro high)	덴트 복원 작업 중에 과도한 힘이 가해졌을 때 발생
크리스(crease)	강판이 접히는 현상(주름)으로 생기는 것이며 덴트 현상 중에서 최악의 형태로 완벽히 제거하기는 거의 불가능하다.
오렌지 필(orange peel)	도장 표면이 오렌지 껍질과 같은 느낌이 나는 형태로서 덴트 현상이 아니지만 덴트 복원 시 고려해야 한다.

(1) 비천공식 덴트 복원 (非穿孔式 : access without drilling)

후드 및 트렁크에 발생한 쉽게 제거할 수 없는 위치에 있는 접근하기 어려운 덴트들을 천공하지 않고 복원하는 방법을 비천공식 덴트 복원이라 하며, 패널별 작업 특성은 다음과 같다.

① **후드(hood)**

㉮ 후드 덴트 부분 아래쪽에 절연 패드를 제거한다.

㉯ 후드 아래쪽에서 덴트 형태가 눈으로 확인이 가능하면 덴트에 가장 접근이 용이한 위치를 선택해서 S형 후크를 건다.

㉰ 후드의 버팀대 가장자리에 덴트가 발생하여 후드 아래쪽에서 눈으로 보이지 않으면 퍼티 칼(putty knife)로 버팀대 부분을 제거한 후 작업한다(본래 자리로 복구만 해두면 작업 후 붙이지 않아도 태양열 및 엔진 열에 의해 붙게 된다).

㈑ 덴트가 버팀대 바로 아래 공간부에 생긴 경우에는 접착제가 없으므로 수공구로 복원 작업한다.

② 트렁크(trunk)

㈎ 후드와 비슷하다. 트렁크는 작업 공간이 협소하며 그에 따른 덴트 발생 부분도 버팀대 아래에 발생할 확률이 많다.

㈏ 화물칸 바 근처에 덴트 부분이 있을 때 조명을 비추면 애매한 그림자가 생길 수 있다.

③ 지붕(roof)

㈎ 선 바이저와 기타 내부 장식 및 실내등을 제거한다.

㈏ 천장 라이너를 제거한다.

㈐ 필요에 따라 선 루프, 도어를 분리한다(2인 공동작업 필요).

④ 리어 쿼터 패널(rear quarter panel)

㈎ 펜더 작업과 유사하다.

㈏ 후미등에서 접근하는 것이 가장 유리하며, 문고리 쪽으로 접근하는 것도 유용하다.

㈐ 주위에 그릴 등이 있으면 분리하고 작업해도 좋은 방법이다.

⑤ 도어(door)

㈎ 도어 끝 부분이 가장 접근이 용이하다.

㈏ 방수 그릴 또는 부식 방지 플러그는 좋은 접근로가 된다.

㈐ 도어 안쪽 패널을 제거한 후 작업하는 방법은 다른 작업이 어려울 경우 선택한다.

(2) 천공식(穿孔式) 덴트 복원(drilling access holes)

구멍을 뚫을 때는 항상 먼저 어디를 작업하면 작업이 편할 것인지 계획을 세우고 사전에 접근로를 잘 고려하여 한 군데만 뚫도록 해야 한다.

① 구멍 뚫을 위치를 세심하게 선정한다.

② 최소한 용접 또는 리벳부분에서 $\frac{1}{2}$인치(12mm) 이상 떨어진 곳을 선정하여 작업한다.

③ 항상 천공 전에 펀칭을 하고 작업해야 표면이 미끄러지지 않는다.

④ 작업 공구에 알맞은 커터를 선정하여 구멍을 뚫는다.

⑤ 덴트 복원이 끝나면 천공구멍을 원래 상태로 복원한다.

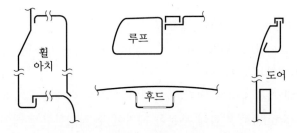

천공 작업의 필요성이 있는 주요 패널들

4-3   덴트용 전용 공구(paintless dent removal tools)

(a) 리플렉터   (b) 글로우 건   (c) 스터드 용접기

(d) 진공컵   (e) 트림 제거 공구   (f) 윈도우 웨지

(g) 철 주걱   (h) s고리   (i) 플라스틱 펀치와 해머

덴트 작업용 액세서리

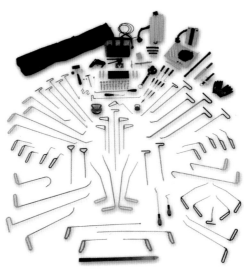

덴트 로드 세트

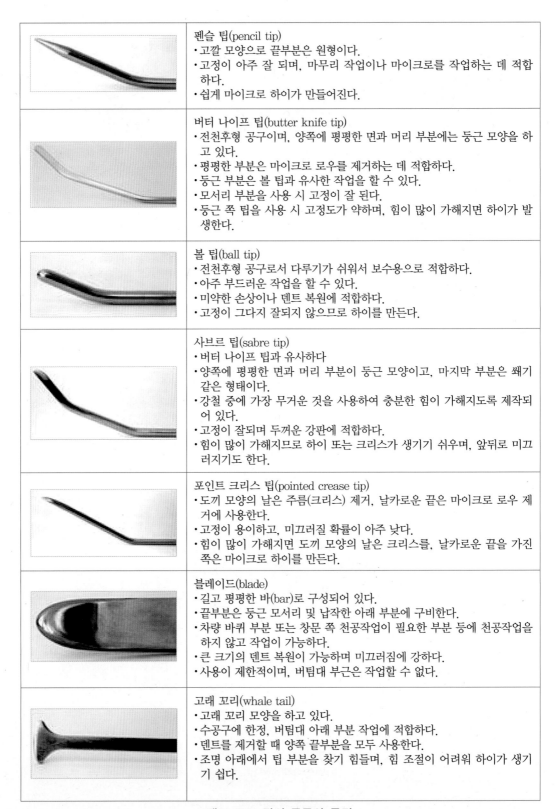

	펜슬 팁(pencil tip) • 고깔 모양으로 끝부분은 원형이다. • 고정이 아주 잘 되며, 마무리 작업이나 마이크로를 작업하는 데 적합하다. • 쉽게 마이크로 하이가 만들어진다.
	버터 나이프 팁(butter knife tip) • 전천후형 공구이며, 양쪽에 평평한 면과 머리 부분에는 둥근 모양을 하고 있다. • 평평한 부분은 마이크로 로우를 제거하는 데 적합하다. • 둥근 부분은 볼 팁과 유사한 작업을 할 수 있다. • 모서리 부분을 사용 시 고정이 잘 된다. • 둥근 쪽 팁을 사용 시 고정도가 약하며, 힘이 많이 가해지면 하이가 발생한다.
	볼 팁(ball tip) • 전천후형 공구로서 다루기가 쉬워서 보수용으로 적합하다. • 아주 부드러운 작업을 할 수 있다. • 미약한 손상이나 덴트 복원에 적합하다. • 고정이 그다지 잘되지 않으므로 하이를 만든다.
	사브르 팁(sabre tip) • 버터 나이프 팁과 유사하다 • 양쪽에 평평한 면과 머리 부분이 둥근 모양이고, 마지막 부분은 쐐기 같은 형태이다. • 강철 중에 가장 무거운 것을 사용하여 충분한 힘이 가해지도록 제작되어 있다. • 고정이 잘되며 두꺼운 강판에 적합하다. • 힘이 많이 가해지므로 하이 또는 크리스가 생기기 쉬우며, 앞뒤로 미끄러지기도 한다.
	포인트 크리스 팁(pointed crease tip) • 도끼 모양의 날은 주름(크리스) 제거, 날카로운 끝은 마이크로 로우 제거에 사용한다. • 고정이 용이하고, 미끄러질 확률이 아주 낮다. • 힘이 많이 가해지면 도끼 모양의 날은 크리스를, 날카로운 끝을 가진 쪽은 마이크로 하이를 만든다.
	블레이드(blade) • 길고 평평한 바(bar)로 구성되어 있다. • 끝부분은 둥근 모서리 및 납작한 아래 부분에 구비한다. • 차량 바퀴 부분 또는 창문 쪽 천공작업이 필요한 부분 등에 천공작업을 하지 않고 작업이 가능하다. • 큰 크기의 덴트 복원이 가능하며 미끄러짐에 강하다. • 사용이 제한적이며, 버팀대 부근은 작업할 수 없다.
	고래 꼬리(whale tail) • 고래 꼬리 모양을 하고 있다. • 수공구에 한정, 버팀대 아래 부분 작업에 적합하다. • 덴트를 제거할 때 양쪽 끝부분을 모두 사용한다. • 조명 아래에서 팁 부분을 찾기 힘들며, 힘 조절이 어려워 하이가 생기기 쉽다.

덴트 로드 팁의 종류와 특징

공구는 카본, 강철, 열처리 스테인리스 및 합금철 등을 이용하여 각각의 용도에 맞는 크기와 지름으로 제작한다. 덴트 로드는 끝부분(tip)이 대개 6가지 종류로서 끝부분이 갈고리 모양인 공구이다. 용도에 따라 길이가 다르므로 어떠한 부위의 작업도 가능하도록 구성되어 있으며, 쉽게 구별할 수 있게 손잡이를 색상별로 분류한다.

4-4 덴트 복원 원리

덴트 복원 순서는 덴트 형상에 따라 가운데부터 시작하거나 바깥 부분 모서리에서부터 시작하는 것이 다르므로 다음과 같은 상태를 파악해야 한다.

① 어느 부분을 누르면 원래 상태로 되돌아오는가?

② 덴트의 어느 부분에 가장 많이 힘이 가해졌는가?

③ 어느 부분에 가장 피로가 많이 쌓여있는가?

(1) 피로점(stress point) 위치 파악하기

① 피로점은 덴트에 2군데가 있다.

② 덴트의 피로점은 중앙과 끝부분에 위치한다.

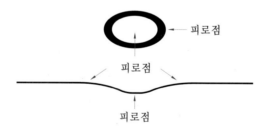

(2) 중앙 부분 반사점 제거 작업

① 깊은 웅덩이를 작업할 때는 가운데 부분 한 곳만 집착하지 말고 외곽부터 작업하여 완만하게 만든다.

② 조명으로 비추어지는 점 부분이 복원 작업할 덴트 부분이므로 작업을 진행하면서 점이 점점 작아지도록 작업한다(덴트 깊이를 줄이고 피로를 경감시켰으나 덴트의 크기는 약간 증가함).

③ 계속 복원 작업하여 반사점을 작게 만든다(덴트 깊이는 더욱 얕아졌으며 피로도 또한 감소한 상태임).

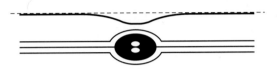

④ 점이 완전히 사라질 때까지 작업한다(반사점이 제거되고 피로 상태가 풀린 상태).

⑤ 만약 계속적으로 바닥 부분만 작업한다면 덴트부 바닥 부분만 평평해져서 덴트 속이 평평한 형태로 형성되므로 바닥이 여러 개의 마이크로 로우로 갈라질 수 있다.

⑥ 외곽 부분을 복원한다.

(3) 외곽 부분의 복원 작업

① 복원 작업하기 위해 작업 전 덴트의 크기를 정확히 알고 있어야 한다.

② 시계의 작동 방향과 같이 덴트 끝부분 가장 위 부분이 12시에서부터 작업을 시작해서 1, 2, 3, 4, 5, 6, 7, 8, 9, 10, 11을 통해 12시로 돌아온다.

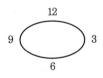

③ 외곽 안쪽 부분을 작업한다(절대 외곽 바깥쪽 모서리는 작업하지 말 것).

④ 각각 외곽 끝부분을 균일하게 작업한다(덴트의 원형을 유지해야 한다).

⑤ 덴트 부분의 $\frac{1}{8}$인치(3mm) 이상 떨어져서 밀어 올리지 말아야 한다.

⑥ 덴트부 중에서 가장 깊은 곳이 중앙부가 되도록 한다.

⑦ 반사된 이미지가 작아졌을 때는 덴트 크기도 작아진다. 바깥 부분 작업을 한 후 아직 덴트 속에 백색 부분이 있다면 다시 시계방향으로 재작업한다.

⑧ 외곽부의 덴트가 작아졌다고 해도 아직 피로가 중앙부에 쌓여 있으므로 아직 바깥부분은 휘어져 있는 상태이다.

⑨ 점이 없어져도 바깥쪽은 아직 휘어져 있으므로 계속 작업한다.

⑩ 바깥쪽에서 안쪽으로 스트레스 레벨이 거의 같으면 덴트 복원 작업이 완료된 것이다. 다시 가운데 부분부터 시작해서 완전히 평면이 되도록 작업한다.

⑪ 선이 직선이 될 때까지 계속 반복하여 작업한다(복원 작업 완료 상태).

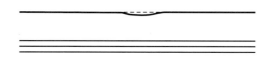

(4) 외곽 부분 피로부 복원 작업

① 덴트 바깥 부분에 피로도가 많이 쌓인 덴트 복원 작업은 외곽 부분 복원 작업방법과 비슷하게 작업한다.

② 비추어지는 원 모양이 작아졌으면 바깥 부분 라인에 조심하면서 아직 라인이 휘어져 있다면 다시 시계방향으로 작업한다.

③ 검은 점이 다시 생기면 중앙으로 돌아가 다시 작업한다. 만약 이 점을 무시하고 계속 작업을 한다면 문제가 발생하므로 깊이를 기준으로 작업할 것이 아니라 원형의 외곽부를 기준으로 작업해야 한다. 만약 점 부분을 조여버리면 거의 작업이 불가능하게 된다.

④ 점이 사라졌다고 해도 바깥쪽은 휘어져 있으므로 다시 시계방향으로 작업한다.

⑤ 바깥쪽으로 작업하는 것은 동일하나 피로 부분을 바깥쪽에서 중앙 부분으로 몰아가는 작업이며 점은 발생하지 않는다. 그러나 아직 덴트 외곽 부분은 휘어져 있는 상태이다.

⑥ 바깥쪽 선은 직선으로 평편한 상태이므로 전체적인 강판의 피로도가 비슷해졌기 때문에 가운데 부분만 작업하면 된다.

⑦ 선이 똑바로 될 때까지 계속 반복하여 작업한다.
⑧ 덴트의 크기에 따라 수차례 반복 작업을 해야 한다.

4-5 **마이크로 계통 복원**

(1) 마이크로 하이 제거작업

마이크로 하이 부분에 조명을 대고 전용 펀치 및 해머를 사용하여 직접 마이크로 하이 부분을 가볍게 여러 번 나누어 타격하면서 복원한다. 너무 힘이 강하면 마이크로 로가 발생할 수 있다.

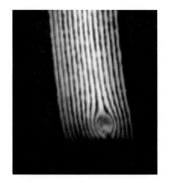 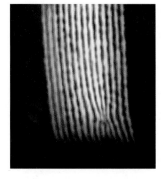 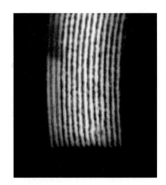

마이크로 하이 작업

(2) 마이크로 로 제거작업

마이크로 하이를 제거한 후 날카로운 포인트를 가진 공구(펜슬 팁)로 마이크로 로를 제거한다. 공구를 마이크로 로 정중앙으로 조심스럽게 밀어 넣어 작업한다. 너무 많은 힘이 가해지면 마이크로 하이가 발생할 수 있다.

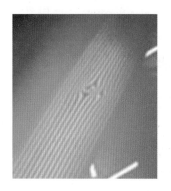 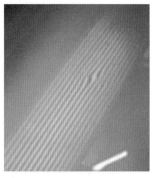 

마이크로 로 작업

4-6 복원 작업 중 결함발생 시 조치 방법

(1) 플랫(flat)

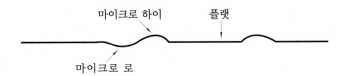

① **현상** : 마이크로 하이 및 로를 복구하는 과정에서 마이크로 로보다 큰 평평한 부분
② **조치** : 날카로운 포인트를 가진 공구를 사용하여 직접 가운데 부분을 평편해질 때까지만 눌러준다. 너무 힘이 강하면 크링클이 생길 수 있다.

(2) 플랫 보텀(flat bottom)

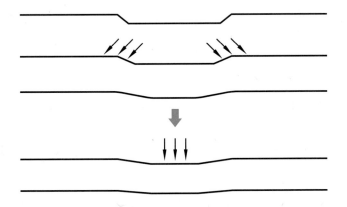

① **현상** : 덴트 작업 중 중앙부만 작업하고 주위를 충분히 작업하지 못했을 경우에 발생하는 현상
② **조치** : 전용 펀치를 사용하여 덴트의 어깨 부분을 두드린 다음 가볍게 가운데 쪽을 작업하며 평면을 제거한다.

(3) 크링클(crinkle)

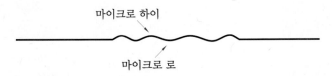

① **현상** : 마이크로 계열 덴트의 과다한 작업에 따른 결과로 강판이 힘을 잃었을 경우 발생하는 잔주름 현상

② **조치** : 복구가 불가능하므로 #2000 정도의 샌드 페이퍼로 연마해야 한다(세심한 작업이 필요함).

(4) 스플릿 덴트(split dent)

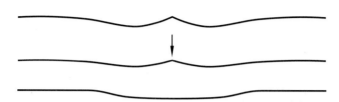

① **현상** : 아주 큰 로 작업 시 중간 부분부터 작업했을 때 발생하는 현상
② **조치** : 전용 펀치를 사용하여 덴트 중앙 부분을 치면서 작업한다. 정상적인 덴트로 만든 후 작업한다.

(5) 크리스(crease)

① **현상** : 보통 날카로운 공구로 작업할 때 공구가 미끄러진 경우 발생한다.
② **조치**
  ㈎ 보통 보수할 가능성이 희박하다. 상처를 최소화하거나 외관에 표시가 조금 나도록 하는 정도로 마무리한다.
  ㈏ 전용 펀치로 덴트 중앙 부분을 몇 번 가볍게 쳐주고 다시 그것을 반복한다. 너무 강하게 작업하면 마이크로 로가 발생하므로 조심한다.

(6) 브이(V)

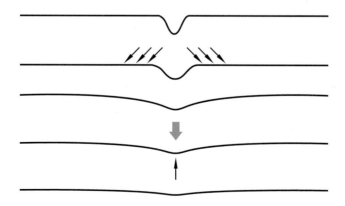

① **현상** : 로 작업 시 바깥 부분을 너무 급하게 작업하여 한쪽으로 너무 몰려 V자 형태로 발생하는 현상

② 조치

 ㈎ 첫째 덴트의 어깨 부분에 해당하는 부분을 해머로 작업한다.

 ㈏ 중앙 부분을 움직이지 않을 때까지 작업한다.

5. 자동차 광택

5-1 광택(gloss)이란?

 신차를 구입한 후 몇 개월간 애지중지 관리하다가 조그마한 스크래치(scratch)나 흠집 (crack)이 생긴 이후부터 조금씩 차량에 대해 관심이 무뎌지는 경험은 대부분 겪는 일일 것이 다. 조그마한 흠집을 제때에 정확하게 복구할 수 있었다면 그러한 애정은 보다 길게 갈 수 있 었을 것이다.

 화장을 할 때도 피부의 종류에 따라 단계적인 사용방법이 있듯이 이제 우리도 자동차의 금 속 도장 면도 살아 있는 피부로 인식하고 차량 상태를 과학적으로 분석한 후에 적절한 처리 방법을 채택하여야 항상 신차 같은 상태를 유지할 수 있다.

 기본적인 단계는 세차, 도장 상태 확인, 작업 준비, 도장 면 결함 제거, 클리닝(콤파운딩), 폴리싱(글레이징), 검사 및 보호의 7단계 과정을 거쳐야 한다.

 광택이란, 광학적인 의미로서 빛을 반사시키는 표면의 능력을 묘사한 말이다. 페인트 표면 의 이물질은 빛을 흡수하거나 산란시켜 광택을 감소시키며 표면을 무디게 한다. 즉, 빛을 반 사하는 능력인 광택 기능이 저하되면 차가 지저분해 보이고 낡아 보이게 된다. 이를 신차처럼 복구하는 것이 광택 작업(polishing)이며 차량 외부 표면을 원래의 색상과 깨끗한 면으로 복 원시키는 기술을 말한다.

 즉, 신차 출고 시 깨끗한 차량 상태가 각종 외부적인 요인(자외선, 산성비, 산업낙진, 나무 수액, 시멘트 물, 염해 등 자연적인 요인과 긁힌 자국, 재도장 등 인공적인 요인의 결합)으로 인해 차량의 상태가 변화된 것을 최대한 원래의 상태로 복원시키는 것이다.

5-2 광택 이론

 자동차 도막의 광택(光澤)은 도장의 최종 품질을 향상시키는 작업으로서, 보수도장 작업 후 에 발생되는 각종 도막 결함 부분을 수정하는 작업에서부터 외관을 향상시키는 광택 작업까 지를 모두 포함하는 도장 마무리 작업(repair paint finishing)을 말한다.

광택의 측정은 빛의 입사각(入射角)과 반사각(反射角)이 같을 때를 정반사(正反射)라 하며, 입사각과 반사각이 다를 때를 난반사(亂反射 : diffused reflection)라고 한다. 따라서 도장 마무리 작업은 난반사 현상을 일으키는 도막 표면을 깎아내고 정반사되게 하기 위하여 도막 표면을 콤파운드로 평탄하게 연마하고 각종 약제로 도막을 보호하며, 수명을 연장시키는 작업이다.

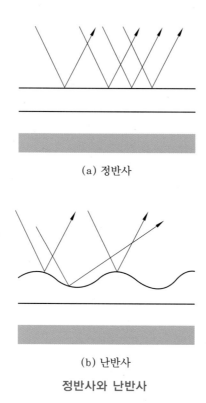

(a) 정반사

(b) 난반사

정반사와 난반사

5-3 작업 특성

(1) 광택 작업과 왁스 작업의 차이점

자동차 제조회사들이 두 단어의 의미를 혼용시키면서 광택과 왁스 작업에 대해 많은 혼동이 발생하고 있다(광택 작업을 연마작업이라 해서 부정적으로 의미를 부각시킴). 전문가들은 두 단어에 대하여 명확한 차이점을 알고 있다.

광택 작업은 왁스 작업에 비하여, 좀 더 페인트에 필요한 오일성분을 보강하며, 작은 이물질과 스크래치를 제거하고, 왁스 작업으로는 불가능한 고광택을 재생해주는 작업이다.

순수한 광택 작업은 왁스 작업이 수반된다. 이외 일반 환경 중에 존재하는 무수한 오염 물질과 차량의 배기가스로부터 나온 물질들은 차량의 표면 위에 침투되어 도장의 손상을 초래한다.

(2) 왁스와 코팅(coating) 작업의 차이

자동차가 최상의 외관을 유지하기 위해 유지 관리가 필요하다. 이를 위해서 왁스(wax) 작업을 하게 된다. 왁스 보호막이 차의 표면을 보호하는 역할을 한다. 그리고 이러한 왁스의 보호막을 코팅막이라 하며, 그 중에서 지속성에 작업의 비중을 두는 것이 코팅 작업이다.

왁스 작업은 광택 작업 후에 수반되는 보호를 목적으로 하는 작업이며, 코팅 작업은 보호 작업을 목적으로 하며 작업 중에 약간의 광택 작업이 수반된다. 오직 지속성만 강조되는 코팅 작업은 실제로 의미가 없으며, 지속성에 집착하면 진정한 보호 작업이 어렵게 된다.

5-4 도장 면 오염물질

오늘날 대부분 차량은 페인트가 산화(酸化 : oxidization)되는 것을 막기 위하여 클리어 코트를 사용하며, 햇볕에 의한 변색을 막기 위해 UV(자외선 : ultraviolet) 차단 성분이 포함되어 있지만 산성비, 오염된 공기 등의 수많은 요인으로 인해서 변색(變色 : discoloration)이 발생한다. 2006년 기준 한국의 산성비(acid rain)는 평균 pH 4.4로 포도산(racemic acid)보다 강한 정도이며, 표면 부식은 산성비로만 부식되는 것이 아니라 공해 낙진, 배기가스 및 기타 오염물질에 의해 생성된다.

도막층에는 산(酸 : acid)이나 알칼리(alkali)로 인한 에칭(etching) 또는 스며들어서 도막층을 부식시킴으로 인해 도장 면의 광택도를 떨어뜨리는 경우가 많이 발생한다. 물론 제거한다 하더라도 스며든 에칭 또는 부식에 대해서는 해결되지 않으므로 전문 광택 시공을 통해 이를 제거해야 한다. 주기적인 왁스, 코팅 작업은 이러한 오염물질에 대한 탁월한 물성과 내구성으로 산화 부식을 방지하여 차량 도장 면을 항상 깨끗한 상태로 유지시킬 것이다.

(1) 자연계 이물질 종류와 제거(예 : 맥과이어 사)

① **나무수액**

　㉮ 디테일링 클레이 작업 또는 #2500 샌딩을 하며, 심한 경우 재도장한다.

　㉯ 클레이 작업으로 제거되지 않는 낙진은 샌딩 후 광택 작업을 한다.

② **새 분비물**

　㉮ D105 세이프 디그리셔 또는 #2500 샌딩을 하며 심한 경우 재도장한다.

　㉯ 엔진 룸 세정제(D105 세이프 디그리셔)를 타월에 적신 후 약 1분 정도 해당 부위에 올려 중화시킨 다음 물로 충분히 씻어낸다.

(2) 석유계 이물질 종류와 제거

① **콜타르** : D130 보디 솔벤트 또는 석유, 타르 제거제로 1차 제거 후 광택 작업을 한다.

② **페인트**

㉮ 디테일링 클레이 작업 또는 시너를 제거하며 심한 경우 #2500 샌딩을 한다.

㉯ 클레이 또는 시너로 1차 제거 후 광택 작업을 한다(시너로 제거되지 않는 페인트는 샌딩 후 광택 작업을 한다).

③ **벙커C유(bunker fuel oil C)**

㉮ #2500 샌딩을 하거나 재도장한다.

㉯ C중유라고도 하며 점착도가 50cSt(50℃) 이상의 물질로서 가벼운 경우에는 샌딩 후 광택 작업을 하지만 그 외는 재도장해야지만 해결 가능하다.

(3) 광물계 이물질

① **시멘트 낙진**

㉮ D140 휠 클리너 원액 또는 식초, 심한 경우 재도장

㉯ 휠 클리너 원액을 타월에 적신 후 약 1분 정도 해당 부위에 올려 중화시킨 후 밀칼로 제거하고 광택 작업을 한다.

② **쇳가루 낙진**

㉮ 디테일링 클레이 작업을 하고 심한 경우 #2500 샌딩을 한다.

㉯ 클레이 작업으로 제거되지 않는 낙진은 샌딩 후 광택 작업을 한다.

5-5 | 재도장 결함

(1) 먼지(이물질)

① **현상** : 서로 다른 모양과 크기의 불순물이 상도에 박혀있거나 돌출되어 있는 상태

② **해결책**

㉮ 일반 경우 : #2000~#2500 샌딩→광택

㉯ 심한 경우 : #1000~#1500 1차 샌딩→#2500 2차 샌딩→광택

(2) 흐름 도장

① **현상** : 수직으로 흐르는 자국이나 방울이 불규칙적으로 나타나는 현상

② **해결책**

㉮ 일반 경우 : #2000~#2500 샌딩→광택

㉯ 심한 경우 : #800~#1000 1차 샌딩→#2000~#2500 2차 샌딩→광택

(3) 거친 오렌지 필

① **현상** : 건조된 도막 모양이 오렌지 껍질같이 나타나는 현상

② **해결책**

㉮ 일반 경우 : #2000~#2500 샌딩→광택

㉯ 심한 경우 : 메탈릭 마감에 이런 경우는 투명층 샌딩 후 재도장

5-6   컬러 샌딩(color sanding)

자동차 보수도장을 했을 때 본래의 도막을 크게 확대하면 매우 거칠게 나타난다. 그러므로 일반적인 도장 마무리작업 공정은 울퉁불퉁한 도막표면을 컬러 샌딩(color sanding) 작업으로 제거하고, 입자가 굵은 콤파운드(compound)로 1차 연마한 후 미세한 콤파운드로 2차 표면을 다듬은 다음, 마지막으로 각종 광택제를 사용하여 폴리싱(polishing)한다.

표면이 점차 매끄럽게 작업됨으로써 정반사시킬 수 있는 환경조건을 만드는 과정이 광택 작업 공정이다.

자동차 도막에 흠집이 발생한 표면에 왁스를 바르면 거의 사라지는 것을 볼 수 있으나 이러한 상처는 세차 후에나 시간이 지날수록 다시 나타나게 된다. 그 이유는 왁스가 단지 상처를 일시 메꾸어 버리는 작용만 하기 때문이다.

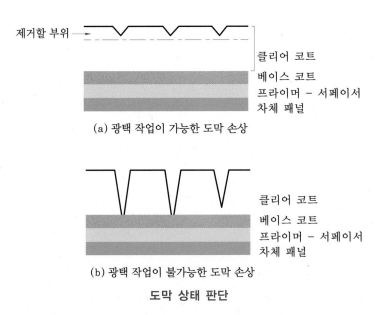

제거할 부위

클리어 코트
베이스 코트
프라이머 – 서페이서
차체 패널

(a) 광택 작업이 가능한 도막 손상

클리어 코트
베이스 코트
프라이머 – 서페이서
차체 패널

(b) 광택 작업이 불가능한 도막 손상

도막 상태 판단

따라서 정확한 제거 방법은 상처를 근본적으로 제거하여 세차를 하거나 시간이 경과해도 다시 발생하는 일이 없게 하는 것이다. 그러나 광택 작업의 목표는 클리어 층만 깎아내고 광택을 내야 하므로 베이스 층에 상처를 낼 정도의 깊은 상처는 수정이 불가능하기 때문에 도막을 연마하고, 재도장해야 한다.

보수도장 작업 후 각종 결함은 콤파운드로 제거할 수 없으며, 우선 거친 표면을 연마지나 연마숫돌로 평편하게 제거 작업해야 한다. 이것을 컬러 샌딩 작업(color sanding)이라 부르며, 물과 함께 연마 작업하므로 수연마(wet sanding) 작업이라고도 부른다.

도료가 흐른 자국이나 큰 티 자국을 샌더나 손으로 작업하는데, 반드시 연마지에 물이나 비눗물을 묻혀서 작업하며, 이때 사용하는 연마지의 등급은 샌더를 사용할 경우 밝은 색상 도막은 #1500, 어두운 색상 도막은 #2000을 사용한다. 작업 시 무리한 힘을 가하지 말고 수정하는 부분 주위에 연마 자국이 발생하지 않도록 주의해야 한다.

5-7 콤파운딩 작업(compounding)

콤파운딩 작업은 컬러 샌딩 작업에서 발생된 연마 자국을 없애고 어느 정도 광택을 내기 위해 액상의 콤파운드로 도장 결함을 없애주는 작업이다. 콤파운딩 작업을 하기 전에 불필요한 부위는 마스킹 작업을 한 다음 광택기에 거친 양털 패드(wool pad)를 부착하고, #1000번 콤파운드를 골고루 묻힌 후 무리한 힘을 가하지 않고 연마 자국이 없어질 때까지 문지른다. 이때 버프(buff) 전체를 도막 면과 완전 접촉시켜야 한다.

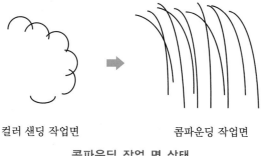

컬러 샌딩 작업면   콤파운딩 작업면

콤파운딩 작업 면 상태

작업 면적은 가로, 세로 각각 50cm 정도되는 면적을 $\frac{1}{2}$씩 겹쳐서 문질러야 한다. 연마 자국이 없어지면 고운 양털 패드로 바꾸고, #3000 콤파운드를 사용하여 스월 마크(swirl mark)를 완전히 제거한 후 깨끗한 융 걸레로 묻어있는 콤파운드 가루를 닦아낸다.

콤파운드 중에서 비윤활 연마제는 도장 면을 필요 이상으로 깎아내지만 특수 윤활 연마제는 특수 윤활작용으로 도장 면을 수평으로 다듬어준다.

비윤활제의 특성은 다음과 같다.

① 왁스, 코팅제를 제외한 모든 광택제는 실리콘이 함유되지 않은 수용성 타입으로 도장 부스 내 사용이 가능하다.

② 모든 광택제의 특수 윤활 시스템으로 패드 완충 효과를 가지며, 분진이 발생하지 않는 친환경적 시스템이다.

③ 분쇄식 입자 구조로 스월 마크를 최소화하며 초기 연마에서부터 광택도(스크래치로 인한 흐린 현상이 발생하지 않음)가 살아나 스크래치 제거 여부를 정확히 확인 가능하다.

5-8   폴리싱(polishing) 작업

폴리싱 작업은 콤파운딩 작업에 의한 스월 마크를 완전히 없애 주는 최종 작업이므로 광택기에 스펀지 패드(sponge pad)를 부착하고, 밝은 색상은 백색 폴리싱 연마제, 어두운 색상은 진한 회색 폴리싱 연마제를 발라주고 가볍게 연마한다. 폴리싱 작업에서 없어지지 않는 스월 마크는 다시 콤파운딩 작업을 하여야 하며, 필요하면 물을 분무기로 뿌리면서 작업하면 도장면이 매끄럽게 된다.

마지막으로 손으로 광택제를 바른 후 어느 정도 건조되면 깨끗한 융 걸레로 광택제가 없어질 때까지 골고루 닦아준다. 이때 사용하는 광택제는 왁스 성분이 없는 종류를 선택하는 것이 좋다.

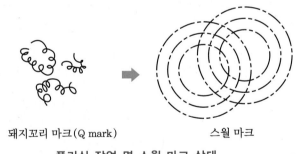

돼지꼬리 마크(Q mark)   스월 마크

폴리싱 작업 면 스월 마크 상태

5-9   광택 작업 실무

(1) 폴리셔(전동식)

① 기계 자체의 무게를 이용하여 광택을 낸다.

② 힘을 가하여도 회전하는 속도가 크게 변화하지 않는다.

③ 적정 회전수 : 1500~1700rpm

(2) 버프 종류

① **타월 버프** : 연마력이 강하다. 거친 콤파운드와 사용, 래커 도막의 최초 광택이나 흠집 제거에 사용한다.

② **양털 버프** : 깃털이 굵고 단단한 것, 깃털이 가늘고 연한 것

③ **스펀지 버프** : 초미립자 콤파운드와 사용한다. 우레탄의 최종 마무리용으로 숨김 도장 면이나 광택의 조정 등에 적합하다.

(3) 광택 작업 시 영향을 미치는 요인

① **외부적 요인** : 기후적 요인(온도, 습도, 먼지 등)

② **내부적 요인**

$$광택기의 \ 연마 \ 성능(Q) = rpm \times A \times P \times \mu$$

여기서, rpm : 모터 회전수

A : 패드의 크기(재질에 따라 다름)

p : 누르는 힘(작업자의 힘에 따라 정해짐)

μ : 마찰계수(콤파운드 번수(입자)에 따라서 정해짐)

(4) 열 발생에 따른 도막반응

일반적으로 빠른 기계 회전 속도와 강한 힘이 시공을 빠르게 하는 것 같아 보이지만 실제적으로는 공정에 맞는 기계 회전 속도, 패드를 누르는 힘, 적정한 약제와 패드가 갖추어졌을 때 가장 좋은 결과를 얻을 수 있다.

차체 표면이 60℃ 상승할 경우 약 0.05mm 이완 현상이 일어나는데, 냉각되면서 수축되면 작업 전의 스월 마크가 다시 나타나게 된다. 표면 온도가 너무 높게 상승한 경우 옆 패널 부분을 시공한 후 재시공한다.

시공 전 차체 표면온도가 15~20℃ 범위 내인 상태에서 시공하는 것이 가장 효과적이며, 시공 시에도 표면온도가 40℃ 초과하지 않는 범위에서 시공한다.

5-10 광택 작업 시 주의사항(공통 사항)

① 작업 전 도장 면에 묻어있는 이물질을 반드시 제거한다(세차).

② 상도 도료가 완전히 경화된 상태에서 작업한다.

③ 광택 작업 시 직사광선 아래에서 작업을 금지하고, 차체가 뜨거울 경우 냉각하여 식힌

후 작업을 실시한다(권장 표면온도 : 15~20℃).

④ 모든 약제는 상온에서 보관하고, 사용 전 반드시 흔들어 사용한다.

⑤ 양털 패드는 콤파운드 등급 종류별 각각 별개로 사용한다.

⑥ 버프는 사용한 후 항상 깨끗이 씻어 보관하며, 세척 시는 중성세제를 사용하지 말고 미 지근한 물이나 버프 클리어를 사용해야 한다.

⑦ 광택기 선은 어깨에 걸쳐 차체를 보호한다.

⑧ 패드와 도장 면은 항상 수평 상태로 균일하게 접촉시켜 작업한다.

⑨ 작업 시 광택기에 너무 힘을 가하지 말고 한 곳만 집중적으로 작업하지 말아야 한다.

⑩ 보호 장비를 철저히 한다(보호안경, 방진 마스크, 작업복 등).

⑪ 날린 페인트, 낙진, 쇳가루 등 거친 이물질은 기계 작업 전 클레이 등을 이용하여 제거 한 후 기계 작업이 이루어져야 한다.

⑫ 광택 작업을 하지 않는 부분이나 작업 후 광택제 제거가 어려운 부분은 마스킹 작업한다.

⑬ 도막이 벗겨질 우려가 있는 위험한 부위는 남겨두고 수작업으로 마무리한다.

⑭ 1회 적정 작업범위를 가로, 세로 각각 약 50cm(50cm^2) 정도로 한다(예 후드 부분은 6 ~8, 도어는 2~4, 트렁크는 2~4 등분해서 작업한다).

⑮ 작업방향은 좌에서 우로(또는 우에서 좌로) 반복 작업한다. 균일한 연마 작업을 위해 세 로방향으로 작업 시 더욱 효과적이다.

⑯ 작업자는 항상 안정된 자세로 작업한다(예 루프 부분 작업 시 보조의자를 사용하고, 하 단 부분 작업 시 무릎을 지면에 고정한다).

⑰ 광택기 회전속도는 작업 초기에 1000rpm, 작업 중에는 2000rpm, 마무리 작업은 1000rpm으로 사용한다(광택기 속도는 1800rpm 이하로 사용).

⑱ 숨김도장 부분의 도막은 얇기 때문에 밀착력이 약하고, 표면상태도 좋지 않으므로 강하 게 누르지 않도록 하고, 보수도막 면에서 구도막 쪽으로 한 방향으로 광택기를 움직인다.

3M 광택 작업 공정

(1) 1단계 : 수연마 공정(컬러 샌딩 공정)

보수도장 면의 거친 표면을 연마(표면 평탄화 작업)하는 작업이다.

① 작업 부위를 선정한다(도료 흐른 자국, 큰 먼지 등을 색연필로 표시).

② 연마할 부분을 비눗물이 섞인 분무기로 분무한다.

③ 연마지나 연마지에 상당하는 숫돌로 가볍게 수연마한다.

  (개) 연마지를 선택한다(밝은 색상일 때 #1500, 어두운 색상일 때 #2000).

  (내) 무리한 힘을 가하면 클리어 층이 벗겨지고 베이스 층이 나타나므로 주의한다.

  (대) 수정 부위 이외에 샌딩 자국이 생기지 않도록 주의한다.

④ 수시로 표면을 확인하면서 평활해질 때까지 수연마한다.

(2) 2단계 : 콤파운딩 작업 공정

도장 면을 액상 연마제(콤파운드)로 연마하는 작업이다. 수연마 공정에서 발생된 연마 자국을 제거하는 공정(어느 정도의 광택 발생)은 다음과 같다.

① 폴리셔에 거친 버프를 부착한다(3M : 5712 흰색 양털 패드).

② 작업 면에 #1000 콤파운드를 골고루 묻힌다.

③ 폴리셔를 정지한 상태에서 버프를 이용하여 콤파운드가 작업 면에 골고루 묻도록 한다.

  (개) 콤파운드를 너무 많이 묻히면 폴리셔 구동이 잘 안되므로 적정량을 사용한다.

  (내) 1회에 연마하는 범위는 50cm² 정도로 한다(도막 위에 콤파운드를 방치하면 콤파운드에 포함되어 있는 용제가 도막에 침투하여 도막이 변색될 수 있다).

  (대) 굳은 콤파운드를 버프에 사용하면 도막에 깊은 스크래치가 발생할 수 있으므로 주의해야 한다.

④ 무리한 힘이 가해지지 않도록 하면서 폴리셔를 작동시킨다.

  (개) 폴리셔를 도막에 접촉시킨 다음, 스위치를 넣으면 스크래치가 발생하기 쉽다.

  (내) 폴리셔 구동이 잘되지 않을 때는 표면에 분무기로 비눗물을 뿌려주며 작업한다.

  (대) 폴리셔는 한곳에 정지시키지 않도록 한다.

⑤ 수연마에 의한 연마 자국이 없어질 때까지 수시로 확인하며 작업한다.

  (개) 연마 자국을 완전히 없애지 않으면 #3000 콤파운드 작업(또는 폴리싱 작업)에서 없애기 어려우므로 완전히 없애야 한다.

  (내) 프레스 라인(press line) 부분, 가장자리 부분, 숨김도장 부분(블렌딩 부분)은 도막이 얇아서 벗겨지기 쉬우므로 테이프로 마스킹하고 주의하여 작업한다.

⑥ #1000 콤파운드로 수연마 자국이 없어지면 고운 버프(3M : 5713 노란색 양털 패드)를

사용하여 #3000 콤파운드로 스월 마크(#1000 콤파운드 자국)를 동일한 작업 방법으로 없앤다.

  ㈎ 각 공정이 진행됨에 따라 폴리셔의 누르는 힘도 적게 하여야 한다.
  ⑦ 콤파운딩 작업이 완료되면 깨끗한 융 걸레로 흩어진 콤파운드를 닦아낸다.
  ㈎ 종이타월은 작은 스크래치가 발생하므로 사용하지 않아야 한다.

(3) 3단계 : 폴리싱 작업 공정

콤파운딩 작업에서 발생된 스월 마크나 미세한 흠집, 가벼운 산화, 지워지지 않는 물자국을 없애는 작업이다.

  ① 폴리셔에 스펀지 패드를 부착한다.
  ② 작업 면에 폴리싱 연마제를 골고루 묻힌다.
  ㈎ 밝은 색상 : 백색 폴리싱 연마제
  ㈏ 어두운 색상 : 진한 회색 폴리싱 연마제
  ③ 폴리셔를 작동시키지 않은 상태에서 스펀지 패드를 이용하여 콤파운드가 작업 면에 골고루 묻도록 해준다.
  ㈎ 1회에 연마하는 범위는 약 $50cm^2$ 정도로 한다.
  ④ 무리한 힘이 가해지지 않도록 하면서 폴리셔를 작동시킨다.
  ⑤ 프레스 라인 부분, 가장자리 부분, 숨김도장 부분(블렌딩 부분)은 도막이 얇아서 베이스 코트가 드러나기 쉬우므로 너무 힘이 가해지지 않도록 한다.
  ㈎ 프레스 라인 부분, 가장자리 부분, 숨김도장 부분(블렌딩 부분)은 도막이 얇아서 벗겨지기 쉬우므로 테이프로 마스킹하고 주의하여 작업한다.
  ㈏ 폴리싱 작업에서 없어지지 않은 자국은 다시 콤파운딩한다.
  ㈐ 폴리셔가 잘 구동하지 않으면 분무기로 비눗물을 뿌려주면서 작업하면 쉽게 구동되며 도장 면도 매끄러워진다.

(4) 4단계 : 코팅 작업 공정

도장 면을 보호하는 역할(광택 향상)을 한다.

  ① 융 걸레를 사용하여 도장 면에 코팅제를 골고루 바른다.
  ㈎ 종이타월, 장갑은 스크래치가 발생하므로 사용하지 않아야 한다.
  ② 코팅제가 어느 정도 건조되면 깨끗한 융 걸레를 사용하여 전면을 골고루 닦아주면서 코팅제가 없어질 때까지 문지른다.
  ㈎ 융 걸레에 먼지, 티가 묻어 있으면 도장 면에 스크래치가 발생하므로 깨끗이 털어서 사용한다.
  ③ 보통 보수도장 후 90일 이전에는 왁스 성분이 포함된 코팅제를 사용하지 않는다(도료가

완전히 경화되지 않아 시너 성분이 완전히 증발하지 못해 수개월 뒤 도막 하자가 나올 우려 있음).

3M 사 광택 공정 요약

도장 상태	1차 콤파운딩	2차 콤파운딩	폴리싱	도장 보호 및 코팅
오너 차량 관리 일반 사용자	–	–	–	리퀴드 코팅제(초강력 코팅제) 왁스(프리미엄 리퀴드)
세차, 스월 마크 빗물자국(물때) 미세한 스크래치	–	–	화이트 글레이즈 다크 글레이즈	폴리시(오너용 콤파운드) 핸드(핸드 글레이즈) 리퀴드 코팅제(초강력 코팅제) 왁스(프리미엄 리퀴드)
가벼운 스크래치 새차(임시 넘버) 경미한 산화	–	#3000 #3500 #4000	화이트 글레이즈 다크 글레이즈	폴리시(오너용 콤파운드) 핸드(핸드 글레이즈) 리퀴드 코팅제(초강력 코팅제) 왁스(프리미엄 리퀴드)
거친 스크래치 일반 차량 심한 산화 날린 칠	#1000 #2000	#3000 #3500 #4000	화이트 글레이즈 다크 글레이즈	폴리시(오너용 콤파운드) 핸드(핸드 글레이즈) 리퀴드 코팅제(초강력 코팅제) 왁스(프리미엄 리퀴드)
재도장 차량 오렌지 필 먼지 결함 흐른 칠	#1000 #2000	#3000 #3500 #4000	화이트 글레이즈 다크 글레이즈	폴리시(오너용 콤파운드) 핸드(핸드 글레이즈) 리퀴드 코팅제(초강력 코팅제) 왁스(프리미엄 리퀴드)
사용 패드	양털 화이트 (흰색)	양털 옐로 (노란색)	검정 스펀지	수작업 코팅 전용 스펀지(5inch) 마이크로 파이버(광택 타월)

맥과이어 광택 작업 공정

(1) 1단계 : 세차(세정)

거친 오염물을 제거하고 광택작업을 준비하는 작업이다.

① 물얼룩 발생 방지를 위하여 그늘에서 세차 및 세정 후 건조시킨다.

② 좋은 윤활성을 유지하기 위해 세차 스펀지가 항상 충분한 전용 세제와 물을 함유하도록 한 후 위에서 아래로 세차한다.

③ 한 번에 한 섹션별로 닦은 후 린스하여 세제가 건조해지지 않게 한다.

④ 압축공기로 손잡이 틈새 등에 남아 있는 물을 완전히 제거한다.

⑤ 일부 얼룩이 남아 있는 부분은 M34 파이널 인스펙션을 사용하여 제거한다.

(2) 2단계 : 도막 상태 확인

도장 면의 결함을 정확히 파악하여 견적서에 작성한다.

① 시각적 확인 방법

㉮ 표면 상태를 확인하기 위해서는 밝은 조명 또는 태양광선 아래에서 확인하고자 하는 부분을 오른쪽 45° 측면에서 도장 상태를 확인한다.

㉯ 오렌지 필, 얼룩 및 도장 면 아래의 결함 등을 확인하여 패널별 견적서에 기록하여 작업 시 주의한다.

② 촉각적 확인 방법

㉮ 차체 표면에 손을 뻗어 손바닥을 부착시킨 후 나머지 손가락도 부착시켜 약간의 힘을 준 상태에서 몸 쪽으로 당겨 낙진상태를 점검한다.

㉯ 스크래치의 경우 손톱으로 긁었을 때 쉽게 걸릴 정도의 스크래치는 클리어 코트 손상으로 판단한다.

③ 기계적 확인 방법

㉮ 도막 측정기를 이용하여 각 패널별로 2회 이상 측정하여 기록한다.

㉯ 정상적인 도장 : 평균($120\sim140\mu m$), 검정색($100\sim120\mu m$)

㉰ 재도장 : $150\mu m$ 이상, 교환 도장 : $100\mu m$ 이하

(3) 3단계 : 작업 준비

몰딩이나 가장자리 보호를 위해 마스킹한다.

① 차체에 손상을 줄 수 있는 모든 장신구(시계, 벨트, 단추 등)는 제거한 후 작업복을 착용하여 준비를 한다.

② 작업 부위 주변의 몰딩, 엠블럼, 사이드 램프 등을 제거할 수 있는 장신구는 제거한 후 작업하여 원활한 작업이 이루어질 수 있게 한다.

③ 클리닝 작업 시 손상의 원인이 될 수 있는 범퍼 사이드 미러, 전조등, 제동등, 유리도 마스킹 및 커버링으로 면을 보호한다.

④ 점검한 견적서를 재확인하여 샌딩 및 클레이 작업할 부분을 체크한다.

(4) 4단계 : 도장 면 결함 제거

외부 오염물질, 깊은 스크래치 및 재도장 결함을 제거한다.

① 샌딩 페이퍼 작업 시 샌딩 페이퍼를 15분간 물에 담근 후 사용한다.

② 심각한 손상이 아닌 이상 #2500 샌드페이퍼로 작업하여 샌딩으로 인한 손상을 최소화한다.

③ 샌딩 작업 시 무리한 힘을 주지 않고 E7200 샌딩 백 패드를 밀착하여 8~10회 직선 방향으로 문지른다.

④ 샌드페이퍼 작업 시 M34 파이널 인스펙션을 분사하면서 사용하면 트레이서(trace) 방지가 가능하다.

오버 스프레이 작업 방법은 다음과 같다.
① 촉각적 확인 방법에서 거친 오버 스프레이가 있을 경우 작업 부분에 M34 파이널 인스펙션을 골고루 분사한다.
② C2100 디테일링 클레이를 손바닥에 평평하게 펼친 후 작업 부분에 3~4회 문지른다.
③ 다음 패널 작업 시 클레이가 오염되어 있으면 한 번씩 주물러서 돌려가며 사용하여 클레이 성능이 저하되지 않도록 한다.
④ 작업 후 깨끗한 매직타월로 닦아낸 후 작업 결과를 확인한다.

(5) 5단계 : 클리닝(콤파운딩)

샌딩 마크, 잔 스크래치, 찌든 오염물질을 제거한다.
① 도장 면의 내구성을 확인하기 위해 1차적으로 가벼운 콤파운드로 부분적으로 테스트한 후 점차 강한 콤파운드로 올려서 작업한다.
② 표면 상태가 심각할 경우 태양광선을 많이 받는 후드, 루프, 트렁크 위주로 M85 다이아몬드 컷 콤파운드와 W4000 울 패드를 적용하여 평면 또는 샌딩 시공 부분 위주로 작업한다.
③ 작업 반경(약 50×50cm)에 제품을 일직선으로 도포(약 4~6g)하고, 처음 2~3회 왕복 시는 약간의 힘을 준 뒤 나머지는 가볍게 작업한 후 M34 파이널 인스펙션으로 분사 후 매직타월로 닦아낸다.
④ 양모 패드는 패드 브러시 또는 세척기를 이용하여 자주 닦아 패드에 묻어있는 오염물을 제거한다.
⑤ 부분적 시공이 끝난 후 M84 콤파운드 파워 클리너와 W7000 커팅 패드를 적용하여 전체적으로 시공한다.
⑥ 샌딩 마크가 잘 제거되지 않은 부분은 다시 한 번 반복 작업한다(형광등 아래에서 깊은 스월 마크와 스크래치 위주로 검사를 한다).

(6) 6단계 : 폴리싱(광택)

콤파운드 자국과 스월 마크를 제거한다.
① 작업 전 클리닝 작업 시 손상의 원인이 될 수 있는 범퍼, 사이드 미러 등 부분의 마스킹을 제거한다.
② 클리닝 작업 후 남아있는 약제를 M34 파이널 인스펙션으로 깨끗이 제거한 후 작업한다.
③ M83 듀얼 액션 클리너/폴리시와 W8000 폴리싱 패드를 주로 사용하며, 도장 상태에 따라 W7000 커팅 패드를 사용한다.

④ 작업 반경(약 50×50cm)에 제품을 일직선으로 도포(약 2~3g)하고 지그시 눌러 작업한 후 M34 파이널 인스펙션으로 분사 후 매직타월로 닦아낸다.

⑤ 콤파운드 시공을 하지 않은 범퍼, 사이드 미러, 스포일러 등도 같이 작업하며, 광택이 소멸된 브레이크등, 전조등도 작업하면 효과적이다.

⑥ 작업 후 데일라이트, 수은등, 할로겐과 같은 특수 조명 아래에 스월 마크(swirl mark)를 표면에서부터 45° 측면에서 확인한다(이때, 형광등에서는 스월 마크가 보이지 않아야 한다).

(7) 7단계 : 글레이징(고광택)

홀로그램 현상을 제거하고 고 광택을 형성한다.

① 작업 전 차체에 남아있는 모든 마스킹을 제거한 후 틈새 남은 약제를 브러시 또는 고압으로 모두 제거한다.

② 폴리싱 작업 후 남아있는 약제를 M34 파이널 인스펙션으로 깨끗이 제거한 후 작업한다.

③ M82 스월 프리 폴리시와 W9000 피니싱 패드를 주로 사용하며, 도장 상태에 따라 W8000 폴리싱 패드를 사용한다.

④ 작업 반경(약 50×50cm)에 제품을 일직선으로 도포(약 1.5~2g)하고 지그시 눌러 작업한 후 가볍게 매직타월로 닦아낸다.

⑤ 작업 시 약제 잔여분이 틈새에 들어가지 않게 중심 위주로 작업하며, 틈새 주변은 패드에 남아있는 약제로 마감한다.

⑥ 작업 후 데일라이트, 수은등, 할로겐과 같은 특수 조명 아래 또는 정확한 검사를 위해 태양광선 아래에서 스월 마크(swirl mark)를 표면에서부터 45° 측면에서 확인한다.

(8) 8단계 : 작업 검사 및 보호

작업 결과 확인 및 표면을 보호하는 작업이다.

① 전체적으로 표면 검사를 하여 미비된 W0004 코팅 스펀지에 M20 폴리머 실런트 또는 M21 신스틱 실런트를 약 1.5~2g 묻힌 후 최대한 원형을 작게 그려 전체적으로 도포한다.

② 기계 작업 시 로터리 폴리셔가 아닌 샌더기 또는 듀얼 액션 폴리셔에 W9000 피니싱 패드를 장착 후 패드 면적이 50%씩 중첩되게 작업한다.

③ 코팅 시공 후 2회 코팅을 원할 때에는 도포 후 약 30분 후에 재도포한다(2회까지는 효과가 증대되나 3회 이상 코팅은 효과가 증대되지 않는다).

④ 건조시간은 18~20℃ 기준으로 10~20분 가량이 소요(초기 경화)되며 세차는 일주일 경과 후 손가락으로 코팅제 도포면을 부드럽게 닦았을 때 왁스 도포면이 맑게 닦이면 표면 건조가 된 것이고 왁스 표면이 끌리듯이 나타나면 좀 더 기다린 후 작업한다.

⑤ 고무, 플라스틱, 휠, 타이어, 유리 등 맥과이어스 디테일러 제품을 적용하여 마감한다.

맥과이어 광택 공정 요약

(1) 작업 전 점검
  ① 샌딩 작업 여부 판단
  ② #1500-#3000 사용, 백 패드 사용+물샌딩
  ※ 디테일러로 표면세척

(2) 1단계
  ① 거친 도막 표면에 작업(순수 연마제)
  ② M85+W4000 양털 패드 사용 또는 M84+W7000 스펀지 패드 사용
  ③ M85+W7000과 M84+W4000 사용 가능
  ④ M85(다이아몬드 컷 콤파운드)
  ⑤ M84(콤파운드 파워 클리너)
  ⑥ 패드 표면에 약제를 적게 바르고 자주 세척
  ⑦ 패드 작업 시 기계선 조심
  ⑧ 차체와 평면 접촉 상태 유지
  ⑨ 패드 작업 시 50% 겹침 작업 실시
  ⑩ 작업 시 직선 작업 실시(좌우 운동 효과 낮음)
  ⑪ 작업 초기(1000rpm)
  ⑫ 작업 중(3000rpm)
  ⑬ 작업 마무리(1000rpm)
  ※ M34(파이널 인스펙션)로 표면 세척

(3) 2단계
  ① 패드 자국 제거 작업(연마제+광택제)
  ② M83+W8000 스펀지 패드 사용
  ③ M83(듀얼 액션 클리너)
  ※ M34(파이널 인스펙션)로 표면 세척

(4) 3단계
  ① 광택도 향상 작업
  ② M82+W9000 스펀지 패드 또는 M80+W9000 스펀지 패드
  ③ M82(밝은 색에 사용)

  ④ M80(짙은 색에 사용)
  ※ M34(파이널 인스펙션)로 표면 세척

(4) 4단계
  ① 순간적인 광택도 향상 작업
  ② M07+수작업
  ③ 한 면씩 작업 후 즉시 닦을 것
  ④ M07(쇼카 글레이즈)
  ※ M34(파이널 인스펙션)로 표면 세척

(5) 5단계
  ① 왁스 작업
  ② 한 방향 원형으로 작업(W9000 패드 사용 가능, 1000rpm)
  ③ M20+작은 스펀지 수작업(광택 지속력 우수) 또는 M26+작은 스펀지 수작업(작업성 우수)
  ④ M20(폴리머 실런트)
  ⑤ M26(하이테크 옐로 왁스)
  ⑥ 왁스 작업 후 차체 표면이 매우 미끄러움
  ⑦ 왁스 작업 후 1~2일 후 세차 가능
  ⑧ 매직타월 : 4번 접어서 8회 사용, 차체 표면을 닦을 때 힘을 쓰지 말고 한 방향으로 털어냄

(6) 마무리 단계
  ① 틈새에 있는 약제를 제거
  ② M40 : 실내 및 고무제품에 사용(비닐 러버)
  ③ 레자 왁스 사용
  ④ 유리세정제 사용
  ⑤ 타이어세정제 사용
  ※ 디테일러로 차체 도장 면을 세척한다(또는 작업 전 세차 실시).

맥과이어 사 광택 공정별 사용재료

공정 정보	콤파운딩(클리닝)	광택(폴리싱)	글레이징(마무리)	코팅
사용 약재	M85(M-8532) 다이아몬드 컷™ 콤파운드(#2000) M84(M-8432) 콤파운드 파워 클리너(#2500)	M83(M-8332) 더블 액션 클리너 폴리싱(#3000)	M81(M-8132) 핸드 폴리싱(#7000)	M20(M-2016) 폴리머 실런트
사용 패드	W-4000(울 패드) W-7000(적색 패드)	W-7000(적색 패드) W-8000(황색 패드)	W-8000(황색 패드) W-9000(살색 패드)	W-9000(살색 패드) W-0004(스펀지)
도장 타입	컬러 샌딩, 마크 제거	스월 마크 제거, 광택	손 광택, 선택 사양	왁스 코팅

6. 자동차 유리

6-1 자동차 유리의 종류

(1) 전면 유리(front windshield glass)

2mm 또는 3mm의 일반 판유리 2매 사이에 고충격 저항을 갖는 합성수지 필름(polyvinyl butyrate)을 삽입하여 압착 가공한 유리로서, 일반 유리가 갖고 있는 취약점을 역학적인 측면에서 보완한 안전한 유리이다(접합 유리 : laminated glass).

① 차량 충돌 시 충격 흡수성이 있어 탑승자의 안전을 지켜준다.
② 파손 시 유리 파편이 비산되지 않아 탑승자의 피해를 극소화시키며, 운전자의 전방 시야를 확보해 준다.
③ 주행 시 날아드는 물체로부터 관통을 최대한 방지하여 탑승자를 보호할 수 있다.

(2) 옆 창유리(side door glass)

3~5mm의 일반 판유리를 가열, 성형 가공하여 일반 판유리보다 3~5배 강도를 갖는 유리로서 충격에 강하다. 한계 이상의 충격으로 파손되더라도 파편이 작고 날카롭지 않아 탑승자의 피해를 극소화시켜 주며 급변하는 온도에 잘 견뎌낸다(강화 유리 : tempered glass).

(3) 열선 뒷유리(heated rear window glass)

일반 판유리 표면에 은을 주원료로 한 실버 페이스트를 인쇄하여 융착 열처리시킨 강화 유리로, 앞유리 또는 뒷유리에 전파를 수신할 수 있는 금속성 물질을 프린트하여 별도의 안테나 없이 라디오를 사용할 수 있어 종래의 안테나로 인한 불편을 제거해 줄 수 있다.

양쪽 단자에 전기를 통하면 열선에서 발열되는 열로 유리 표면의 서리나 결빙현상을 제거하여 운전자의 시야를 안전하게 확보해 주며, 그 외의 특성은 옆 창유리와 동일하다.

(4) 태양광 조절 유리(solar control glass)

태양광(태양열 및 자외선)의 투과를 효과적으로 차단해 쾌적한 차 내 분위기를 연출시켜 주는 유리로서, 에어 컨디셔너의 부하량 감소는 물론 내장직물 및 부품의 수명을 연장해 준다.

(5) 발수 유리(water repellent coating glass)

유리 표면에 표면장력을 증대시켜 주는 코팅처리를 함으로써 물방울과의 접촉각을 크게 하고, 마찰계수를 낮추어 줄 뿐만 아니라 정전기 발생을 억제하여 우천 시 운전자의 시계 확보를 도모하며, 오염물질의 부착도 억제할 수 있는 기능을 부가시킬 수 있다.

6-2 유리 틴팅(tinting)

(1) 유리창을 통한 에너지의 전달

유리창을 통한 차실 내 열의 전달은 크게 전도와 대류와 복사에 의해 이루어진다.

전도와 대류에 의한 열전달은 유리창의 한 쪽에서 다른 쪽으로 이동하는 열량으로 계산할 수 있으며, 계산 시 열관류율이 중요하고 여름철 냉방효율보다 겨울철 난방효율에 중요하다.

복사에 의한 열전달은 빛 에너지 형태로 창을 통과할 경우 전달되는 에너지 양으로 계산되며, 계산 시 차폐계수가 중요하고 겨울철 난방효율보다 여름철 냉방효율에 중요하다.

태양광선은 파장이 각각 다르기 때문에 가시광선 차단율이 높다고 해서 모두 자외선, 적외선 차단율이 높은 것은 아니며, 피부 노화 방지, 그을림이나 열 차단 효과를 위해서는 별도의 자외선, 적외선을 차단하는 기능성 필름으로 사용해야 효과가 있다.

태양광선의 종류와 특성

종류	파장	특성	영향
자외선	$200 \sim 300nm$	• 살균, 비타민D 생성 등 장점이 있음 • 피부암 유발 • 화학작용으로 변색, 탈색	피부 노화 탈색 방지
가시광선	$380 \sim 770nm$	• 눈으로 볼 수 있는 보통 광선 • 빨, 주, 노, 초, 파, 남, 보라색 등	눈부심 방지
적외선	$770 \sim 2100nm$	• 눈으로 볼 수 없음 • 사진, 비밀통신 등에 이용 • 열과 관련되는 광선	열 차단

(2) 차폐계수(遮蔽係數 : shading coefficient : SC)

외부의 태양열이 차실 내부로 전달되는 정도를 나타낸다. 일반적으로 차폐계수 수치는 1.0~0.0 사이이며, 수치가 적을수록 열차단율이 높다는 뜻이다.

3mm 투명 단판유리의 태양열취득률(0.88)을 1로 했을 경우 비교 유리의 상대값으로 표시하며, 차폐계수=$\dfrac{태양열취득률}{0.88}$로 하면 그 비교 유리의 차폐계수가 산출된다.

차폐계수를 알면 그 비교 유리의 태양열취득률을 알 수가 있고, 반사율이 높은 제품들의 차폐계수가 상대적으로 낮다.

① 차폐계수=$\dfrac{태양열취득률}{0.88}$

② 차폐계수가 낮을수록 태양열 차단 효과가 높음

③ 반사율 높은 제품들의 차폐계수가 상대적으로 낮음

(3) 열관류율(熱貫流率 : thermal transmittance)

유리창을 통한 열전도율을 의미하며, 표면적이 1m²인 구조체를 사이에 두고 온도차가 1℃일 때 1시간에 구조체를 통한 열이동을 kcal 단위로 표시한 것으로, 값이 낮을수록 단열성능이 우수하다. 열관류율은 단열필름의 성능보다는 유리창의 구조에 영향을 많이 받는다. 단위는 W/m² · K를 사용한다.

(4) 태양에너지 투과율(solar energy transmittance)

태양에너지의 파장대와 상관없이 태양에너지가 창을 통해 투과(transmittance), 흡수(absorptance), 반사(reflectance)되는 비율을 나타낸다. 열선인 적외선보다 상대적으로 에너지 강도가 강한 가시광선에 많은 영향을 받기 때문에 참고만 하는 것이 유리하다(적외선 차단율은 낮으나 가시광선 투과율이 낮은 저가 제품이 적외선 차단율이 높고, 가시광선 투과율이 높은 고가 제품에 비해 태양에너지 투과율이 낮음).

(5) 총 태양에너지 차단율(total solar energy rejected)

태양에너지가 창을 통과할 때, 반사/흡수/투과되는 에너지는 유리창 양방면으로 다시 방사된다. 이때 실외로 반사되거나 재방사된 에너지 비율을 총태양에너지차단율이라고 한다. 실제 유리창의 태양에너지 차단 성능을 보여줄 수 있으나 상대적으로 에너지 강도가 강한 가시광선이 포함되므로 사용에 한계가 있다.

(6) 창유리 틴팅(window tinting)

창유리에 착색 필름을 부착하는 것을 창유리 틴팅(window tinting)이라고 하며 흔히 알고 있는 '선팅'은 잘못된 용어이다. 또한, 틴티드 글라스(착색된 창유리)는 차량 생산 시 차량에 장착되는 색을 입힌 유리를 말한다(가시광선 투과율 70~90% 정도).

자동차 창유리에 단열필름을 부착하거나 코팅할 경우 특성은 다음과 같다.

① 태양에너지는 유리면에 반사, 통과, 흡수된다.
② 반사된 에너지는 실내에 별 영향을 주지 않는데 문제는 통과되거나 흡수되는 에너지가 열로 변화(특히 적외선, 그 중에서도 근적외선)하여 더위를 느끼게 된다.
③ 유리에 단열 코팅하거나 필름을 붙이는 것은 태양에너지를 얼마나 적게 통과시키고, 유리(코팅이나 필름을 포함하여)가 흡수한 에너지를 바깥으로 얼마나 우수하게 재방사시키는가가 차열 성능을 좌우하는 변수가 된다.

   ㈎ 프라이버시 보호
   ㈏ 자외선 차단으로 피부암 예방
   ㈐ 안전 기능으로 사고의 2차 피해 감소

㈜ 세련된 외관

㈜ 열 차단으로 쾌적한 실내 공간 확보

㈜ 에어컨의 절약으로 에너지 절약

(7) 창유리 틴팅 규제

국내, 외 연구결과에 따르면 자동차 창유리의 짙은 틴팅은 운전자의 시인성을 떨어뜨리고, 돌발 상황 시 반응지연 등 교통안전에 직, 간접적인 영향을 끼친다고 한다.

가시광선 투과율 40% 이하에서 운전자의 시인성과 조작 반응성이 현저히 감소하며, 야간, 흐린 날씨에 더욱 악화된다. 또한 납치, 감금 등 자동차 이용범죄 및 테러를 예방하기 위해서 규제가 필요하다.

규제개혁위원회에서는 기존 자동차 검사항목의 창유리 가시광선투과율 검사항목을 폐지(차량 검사 시 틴팅을 제거하고 추후 재장착하는 등 문제점)하였으며, 도로교통법의 틴팅 규제와 관련한 주관적 기준을 객관적이고 적정한 기준으로 마련토록 권고하였다.

현재 자동차 창유리 가시광선 투과율 규제로는 [자동차 및 자동차 부품의 성능과 기준에 관한 규칙] 제94조에 제작, 조립, 수입자동차의 창유리 가시광선 투과율을 70%로 규정한다.

① **국내 규제기준** : 규제기준은 상기 국내외 연구자료 및 공청회를 통해 실태를 반영하는 등 각종 의견을 수렴, 적정 규제기준을 정해야 한다. 전면 창유리는 전 세계적으로 70%로 설정, 운전석 좌, 우 뒷면 창유리(승용차만)는 연구결과, 공청회, 현 실태를 감안하여 적정 수준인 투과율 40%로 선정한다. 도로교통법 시행령 제28조, 제49조 제1항 3호의 규정에 의하여 운전이 금지되는 자동차 창유리 가시광선 투과율 기준을 다음과 같이 정한다.

국내 투과율 규제기준

규제기준	허용기준
• 앞면 창유리 : 70% 미만 • 운전석 좌우 옆면 창유리 : 40% 미만 • 뒷면 창유리(승용차에 한함) : 40% 미만	• 앞면 창유리 70% 이상 • 운전석 좌우 옆면 창유리 : 40% 이상 • 뒷좌석 : 규제 없음 • 뒷면 창유리(승용차에 한함) : 40% 이상
벌칙	
• 승용, 승합자동차 등 범칙금 2만원(도로교통법 제162조, 동법 시행령 제93조 별표7)	

② 외국의 규제기준(운전석 좌우 유리 기준)

각국의 투과율 규제기준

구분	미국	캐나다	일본	영국	EU	호주	뉴질랜드
불가	4개주	6개주	–	–	–	–	–
70%	6개주	1개주	단일	–	단일	3개주	–
50%	6개주	–	–	–	–	–	–
40%	2개주 (1주 43%)	1개주 (45%)	–	단일	–	–	–
35%	19개주	–	–	–	–	2개주	단일
34~30%	4개주	–	–	–	–	–	–
29% 이하	8개주	미확인 2개주	–	–	–	–	–

📌 1. 전면 유리는 대부분 70% 규제하고 있다.
  2. '단일'은 해당 국가(지역) 전체에 규제기준이 하나인 경우이다.

③ 도로교통법 제49조(모든 운전자의 준수사항 등) 제1항 제3호 : 자동차의 앞면 창유리 및 운전석 좌우 옆면 창유리(승용자동차는 뒷면 창유리를 포함한다)의 암도(暗度)가 낮아서 교통안전 등에 지장을 줄 수 있는 정도로서 가시광선투과율이 대통령령이 정하는 기준 미만인 차를 운전하지 않는다. 다만, 요인경호용, 구급용 및 장의용(葬儀用) 자동차를 제외한다(요인경호용 : 사설 경호업체 차량은 해당이 안 된다).

유리 종류별 투과율

구분	클리어 글라스 (일반 유리)	틴티드 글라스 (착색 유리)	솔라 글라스 (자외선 차단)	프라이버시 글라스 (짙은 검정색)
전면 유리	89~91%	78~80%	74~76%	적용 안 됨
운전석 좌우측 유리	90~92%	79~81%	75~77%	적용 안 됨
뒷좌석 좌우측, 후방 고정 유리	90~92%	79~81%	75~77%	20~35%
뒷면 유리	90~92%	79~81%	75~77%	적용 안 됨

(8) 규제기준에 따른 틴팅 선정

자동차 창유리의 정확한 투과율은 차종 및 동일 차종도 유리 색상, 두께에 따라 각기 다르며, 자동차 및 자동차 부품의 성능과 기준에 관한 규칙에 의해 운전자 시계 범위 내(전면, 운전석 좌우 뒷면 창유리는 70% 이상이다)로 한다.

① **측정기기가 없는 경우(60% 이상 틴팅 필름 부착)** : 창유리의 투과율(최소한 70%로 추정)과 틴팅 필름의 자체 투과율(필름에 기재)을 고려하면 투과율 60% 이상의 필름을 장착하면 규제 기준 이상에 해당된다.

　　예 가시광선 투과율 계산 방법

　　　창유리 70%+틴팅 필름 60% = 틴팅 창유리 약 42%($\frac{70 \times 60}{100}$%) 이상

② **측정기기가 있는 경우(기기로 측정 50~60% 이상 부착)** : 틴팅 필름과 창유리를 붙여서 투과율을 측정하면 되며, 창유리 틴팅 시 투과율이 40% 이상이 되는 적정 필름을 부착하면 가능하다(50~60% 이상의 필름).

　　예 가시광선 투과율 계산 방법

　　　창유리 80%+틴팅 필름 50% = 틴팅 창유리 약 40%($\frac{80 \times 50}{100}$%) 이상

6-3 　틴팅 필름 종류

(1) 구조

① 폴리에스테르 재질(PET) 필름 사용
　㈎ 높은 광학적 투명성　　　　　　㈏ 높은 장력
　㈐ 높은 내구성
② 열차단재 코팅 처리
　㈎ 금속증착　　　　　　　　　　㈏ 나노입자
　㈐ 염색성
③ 사용 잡착제
　㈎ 아크릴 수지계 점착 테이프 : 모든 자동차 필름에 쓰이는 접착제
　㈏ 케미컬 드라이 접착제 : 물을 사용해야만 접착력이 살아남(건축용)
④ UV 차단 처리 : PET 필름 또는 접착제 내에 UV 차단제가 포함됨
⑤ 긁힘 방지 코팅 처리
　㈎ 하드 코팅 사용
　㈏ 필름 표면이 마모에 견디어 낼 수 있도록 아크릴 베이스 코팅

(2) 제작 방법에 따른 분류

① 점착 착색 필름(glue-dyed film)
　㈎ PET 필름이 아닌 접착제에 염료가 들어간다.
　㈏ 국내 회사 제조 방식이다.
　㈐ 가장 저렴하나 변색이 쉽고 태양에너지 차단 성능이 낮다.

② 염색 필름(dyed film)

㈎ PET 필름 위에 염료를 입히거나 염료가 들어간 재료로부터 PET 필름을 만드는 방식이다.

㈏ 해외의 염색 필름 공급 업체 제조 방식이다.

㈐ 점착 착색 방식에 비해 성능이 좋으나 변색되고 태양에너지 차단 성능이 낮다.

④ 금속막 필름(metallized film)

㈎ PET 필름 위에 금속막을 입힌다.

㈏ 고가의 제조 공정이다.

㈐ 태양에너지를 반사한다(reflection).

㈑ 변색이 없고 태양에너지 차단 성능이 우수하다.

⑤ 나노 필름(nano solution coated film)

㈎ 나노 입자를 습식코팅한 방식이다.

㈏ 국내에서 'IR필름'이라고 부른다.

㈐ 태양에너지 흡수 타입이다(absorption).

㈑ 사용하는 등급에 따라서 제조원가 및 솔라 에너지 차단 성능의 차이가 크다.

㈒ 금속막 필름 대비 가시광선 반사율이 낮고 네비게이션에 대한 장애가 없다.

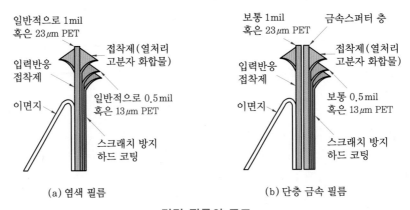

틴팅 필름의 구조

6-4 창유리 틴팅 작업 시 주의사항

(1) 틴팅 필름 작업 전 주의사항

① 여러 번 읽고 숙지한 후 작업을 시작한다.

② 틴팅 필름에 사용되는 물은 액체형 연성세제를 희석하여 사용한다. 용량은 스프레이 물통에 물을 가득 넣고 세제를 티스푼으로 한 술 정도 넣고 잘 흔들어서 사용한다.

③ 작업 장소는 바람이 불지 않는 장소를 택하고 차 문을 닫고 시공한다.

④ 여름에는 햇빛을 피하고 그늘에서만 시공한다(겨울에는 관계없다).

⑤ 어두운 곳에서는 작업하지 말고 밝은 곳에서만 붙인다.

⑥ 유리창에 붙어있는 자동차 회사 비닐 스티커나 도난방지 스티커 등은 세제물을 뿌린 후 단면 면도칼을 사용해 벗겨낸다.

⑦ 삼각밀대 사용 부분은 박스나 헝겊 등에 잘 갈아서 사용해야 작업 시 필름에 긁힘이 방지된다(삼각밀대 사용 부분에 화장지 등을 감아 사용하면 유용하다).

⑧ 앞좌석 옆유리, 뒷좌석 옆유리, 뒷좌석 쪽 창유리(없는 차종도 있음)는 좌우측을 구분하여 사용하고 필름을 약간 벗겨 확인한다.

⑨ 설명글을 잘 읽어 보고 천천히 해야 하며, 필름 취급을 조심스럽게 해야 한다. 그리고 혼자하기보다는 도와주는 사람이 있으면 편리하다.

⑩ 필름은 두 겹이고 필름과 보호막 중 보호막은 투명하며, 사용할 필름에 끈끈한 접착제가 있으므로 접착제가 있는 면을 유리면에 붙인다.

(2) 틴팅 필름 작업 후 주의사항

① 필름을 붙인 면이 안개가 낀 것처럼 뿌연 현상이 생길 수도 있으나 1~2일 후면 완전히 없어진다(열선 유리도 안쪽에 선팅한다).

② 필름을 붙인 후 외부에서 보아 주름이 생기는 부분은 약 30분 후에 삼각밀대로 밀어주면 붙는다.

③ 필름을 붙인 후 하루 정도는 옆 창문들을 절대로 내리지 말아야 한다(걸려 벗겨질 수 있음).

④ 필름을 붙인 후 2~3일 정도는 필름을 붙인 면을 물걸레 청소를 하거나 만지지 말아야 한다(완전히 마르는데 2~3일 소요).

(3) 틴팅 필름 선택 시 주의할 점

① 필름 색상이 선명하고 균일한지 확인한다.

② 미세한 어른거림 같은 것이 없는지 확인한다.

③ 반사율과 태양에너지 투과율, 흡수율과 자외선 투과율, 가시광선 투과율 등이 우수한지 알아본다.

④ 필름이 말리거나 꼬이지 않는 것을 선택한다.

⑤ 필름 원단을 제조한 회사나 수입원과 판매원을 확인하여 출처가 분명하고 확실한 제품인지 체크한다.

⑥ 필름의 이면지를 분리해 보았을 때 접착제 특유의 냄새가 나지 않아야 한다.

6-5 유리의 제조 일자 식별방법

점의 위치가 HANKUK SEKURIT에서 위에 4번째
아래 9번째이고 DOT에서 2번째이므로 2004년 9월
중순 제조되었음을 의미함

Glass 두께
(T3.2 : 3.2mm, T3.5 : 3.5mm, T4 : 4.0mm, T5 : 5mm…)

43R-OOOOOO
타입별 유럽인증 NO.
(43R-000363 : 5.0mm 접합유리,
43R-00107 : 3.2mm 강화유리)

- KS 인증 마크
- 자동차 사 마크
  (HMC, KMC, GMDAT 등)
- 중국 인증 마크
- 유리 제조회사 마크
- 유리 종류 표기 (접합, 강화)
- 북미 인증 마크
- 유리 생산년월
- 가시광선 투과율
- 유럽 인증 마크

• 생산 연도 표시
 - 숫자 : 2004년 생산
 - 점 : dot수는 생산 월 표시

• 유리종류 표기(접합, 강화)
 - AS1 : 접합유리(LAMINATED)
 - AS2 : 강화유리(TEMPERED)

• 연 : HANKUK SEKURIT 위의 점으로 표시
　　순서대로 1, 2, 3,…, 0년을 의미
• 월 : HANKUK SEKURIT 아래 점으로 표시
　　순서대로 1, 2, 3,…, 12월을 의미
• 주 : DOT 글씨 위의 점으로 표시
　　순서대로 초, 중, 종을 의미

차체 내외장 관리 현장실무

1 침수차량 실내 클리닝(interior cleaning)

1 시트 탈거

2 시트 클리닝

3 천장 클리닝

4 도어 클리닝

5 실내 바닥 건조

6 카펫 내측 방음재 교체

카펫 어셈블리 플로어 및 플라스틱 내장재를 탈거한다.

침수되었던 시트를 벗기고 세탁 후 뒤집어서 건조시킨다.

7 카펫 건조

카펫 어셈블리 플로어를 클리닝 후 건조시킨다.

8 카펫 설치

9 카펫 클리닝

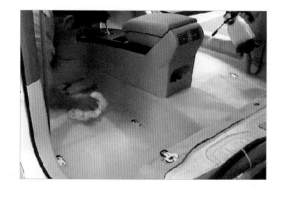

10 시트 장착

11 보조 매트 클리닝

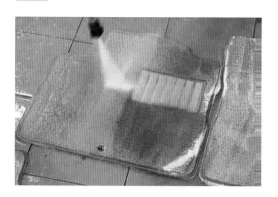

12 작업 완료 후 오존 살균

세균과 진드기 등을 박멸하고 향균 처리한다.

2 가죽 시트 복원(leather seat restore)

1 손상부 검사

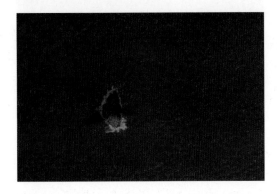

2 손상부 가장자리 다듬질

3 손상 단면 V 형태 가공

4 손상 부위 클리닝

5 손상 부근 몰딩재 도포

6 몰딩재 표면 고르기

7 손상부 안쪽 보강재 삽입

8 가죽 표면 동일 무늬 확보

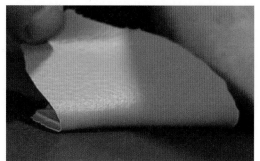

가죽 무늬를 탁본 작업한다.

9 가죽 전용 콤파운드 도포

10 콤파운드 표면 다듬질

11 손상 부위에 몰드 부착

가죽 전용 콤파운드 위에 탁본된 몰드 원형을 덮고
커버를 씌운다.

12 몰드부 인두로 가열

커버 위를 인두로 가열한다.

13 가열부 쿨링 패드로 냉각

14 손상부 냉각 완료

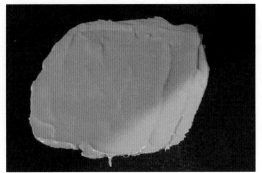

15 몰드 제거

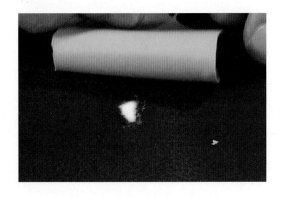

16 손상부 동일 무늬 탁본 완성

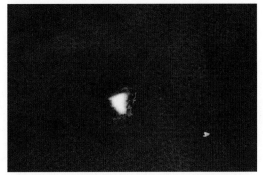

17 가죽 색상 컬러 코드 비교

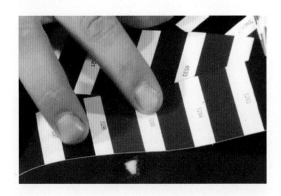

18 가죽 전용 컬러 선정 및 조색

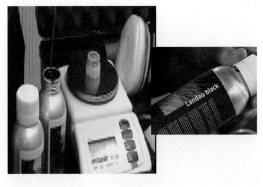

19 스프레이 주변 클리닝

20 에어 브러시 터치 업 도장

21 터치 업 도장 1회

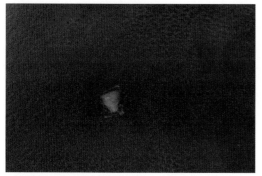

색상이 동일해질 때까지 블렌딩 도장한다.

22 터치 업 완료 후 컬러 건조

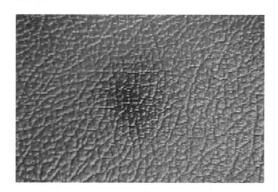

23 복원부 무늬 형태 조직 검사

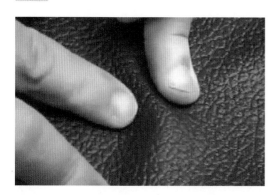

24 손상부 복원 완료

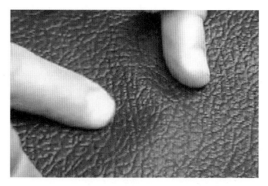

3 인스트루먼트 패널 복원(instrument panel restore)

1 손상부 확인

2 플라스틱 클리너로 표면 세척

3 손상 부위 주변 몰딩재 도포

4 몰딩재 표면 고르기

5 손상 형태 검사

6 손상부 V홈 가공

7 손상부 클리어 젤 충진

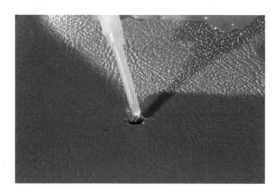

8 활성제 스프레이

9 클리어 젤 재충진

10 활성제 스프레이

11 블랙 젤 충진

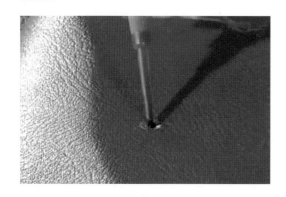

12 활성제 스프레이

13 동일 무늬 몰딩 탁본 완성 형태

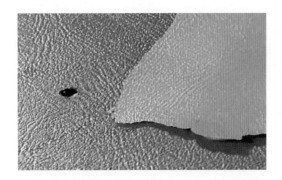

14 손상부 블랙 젤 최종 충진

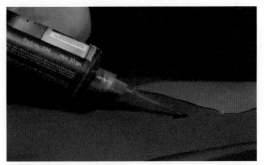

15 손상부 무늬 몰딩 압착

16 손상부 동일 무늬 제작 완성

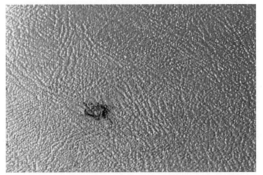

17 동일 컬러 스프레이 도장

18 복원 완료

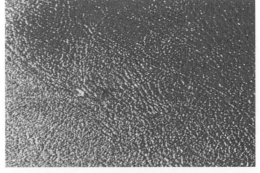

4 헤드라이트 렌즈 복원(head light lens restore)

1 손상 표면 검사

2 플라스틱 콤파운드 도포

3 렌즈 콤파운딩

옐로 패드를 사용하며, 작업 후 클리닝을 실시한다.

4 렌즈 폴리싱

글라스 페이스트와 오렌지 패드를 사용하며, 작업 후 클리닝을 실시한다.

5 플라스틱 코팅 스프레이

작업 후 클리닝을 실시한다.

6 복원 완료

5 창유리 틴팅(window glass tinting)

1 유리창 안쪽 클리닝

주걱을 이용하여 세제를 뿌린 후 깨끗하게 긁어낸다
(가운데에서 바깥쪽으로).

2 유리창을 약간 내림

청소가 완료된 상태에서 유리창 윗부분에 선팅이 가
능하도록 약 5cm 정도 유리창을 내린다.

3 세제액 도포

유리창 안쪽에 세제액을 듬뿍 뿌려준다.

4 필름 보호막 분리

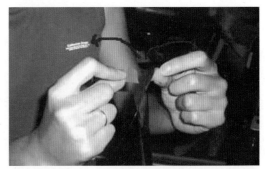

스카치 테이프를 필름 쪽과 이면지 쪽에 한 장씩 붙
여서 잡아당기면서 약 $\frac{2}{3}$ 정도 벗겨낸 후 물을 필름에
뿌려준다.

5 필름 위치 조정

필름이 벗겨지지 않게 유리창에 가져다 댄다. 필름이
올바른 위치가 되도록 맞춘다.

6 필름 부착

필름 위에 물을 긁어내듯이 한손으로 필름을 잡고 다
른 한손으로 주걱을 이용하여 가운데서 바깥쪽으로
물을 긁어낸다.

7 필름 보호막 제거

윗부분이 시공되었으면 아래 부분의 필름을 위로 잡고 유리창을 약간 밀면서 유리창을 올린다.

8 필름 부착 마무리

필름을 약간 밀면서 들어 올려 유리창과 고패 팩킹 사이로 필름을 밀어 넣는다. 한쪽부터 작업하는 것이 편리하다.

9 필름 부착 마무리

필름이 잘 들어가지 않으면 주걱으로 벌리면서 밀어 넣는다.

10 필름 부착 마무리

필름이 들어간 상태

11 필름 부착 마무리

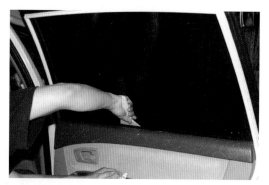

필름이 들어갔으면 약간 물을 뿌린 후 주걱을 이용하여 가운데 부분은 아래쪽, 끝부분은 사선방향으로 물을 밀어낸다.

12 틴팅 작업 완료

유리창 선팅이 끝났으면 걸레를 이용하여 흘러내린 물을 닦아낸다.

6 앞유리 틴팅(windshield tinting)

1 앞유리 세척

앞유리 전체를 충분히 세척한다.

2 필름 설치

앞뒷면과 결을 잘 판단하여 설치한다.

3 필름 대충 재단

4 접착면 공기빼기 작업

5 곡면부 히팅 수축작업

접히는 부분을 140℃ 정도로 가열한다.

6 전파 흡수부 필름 재단

7 필름 가장자리 정밀재단

8 재단 필름 수거 보관

9 앞유리 안쪽(실내) 클리닝

대시 보드에 물 흡수용 헝겊을 설치한다.

10 필름 보호막 제거

11 필름 정밀 공기빼기 작업

12 틴팅 작업 완료

7 로 포인트 덴트 복원(low point denting)

1 덴트 라이트 설치

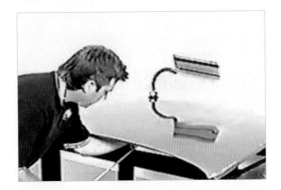

2 S고리 이용 덴트 레버 설치

3 일반형 덴트 복원

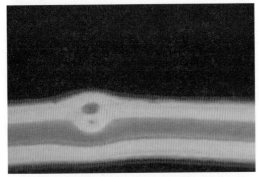

작은 것은 가운데부터, 큰 것은 가장자리부터 복원한다.

4 주름형 덴트 복원

옆으로 긴 형태는 보드 위치를 바꿔가며 한쪽 면부터 지그재그로 움직이며 복원한다.

5 더블형 덴트 복원

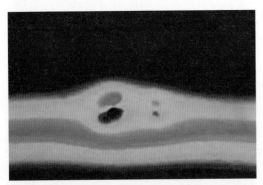

작은 부위부터 90% 복원하고 큰 부위를 100% 복원한 후 나머지 작은 부위를 10% 복원하여 마무리한다.

6 원뿔형 덴트 복원

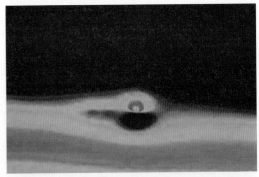

일반 덴트에 준하여 작업하며 마지막 뾰족한 부위는 주름형 덴트에 준하여 덴트가 시작된 부위부터 복원한다.

8 하이 포인트 덴트 복원(high point denting)

1 손상부 콤파운딩

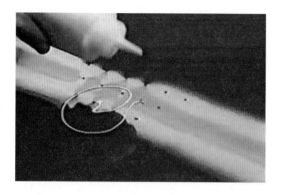

2 콤파운딩 완료

3 플라스틱 핀 펀칭

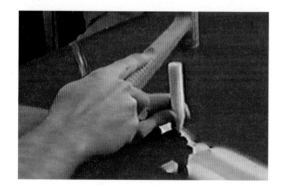

4 플라스틱 핀 다듬질 펀칭

5 덴트 레버 보완

6 손상부 폴리싱

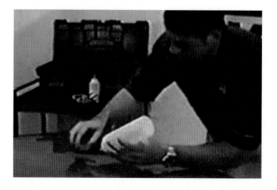

하이 포인트 발생을 예방하기 위해 레버 끝에 덴트 테이프를 몇 겹 발라준다.

9 도어 덴트 복원(door denting)

1 윈도 가드와 웨지 삽입

2 도어 내부 라이팅 검색

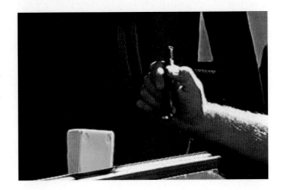

3 덴트 라이트 설치

4 덴트 레버 유리 틈 삽입

5 도어 옆 기존 홀 활용 삽입

기존의 구멍을 최대한 활용한다.

6 도어 아래 배수 홀 활용 삽입

기존의 구멍을 최대한 활용한다.

7 도어 아래 배수 홀 활용 삽입

기존의 구멍을 최대한 활용한다.

8 도어 배선 인입 홀 활용 삽입

기존의 구멍을 최대한 활용한다.

9 신규 홀 가공

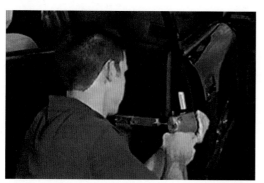

여의치 않을 경우 드릴로 구멍을 뚫는다.

10 신규 홀 활용 덴트 레버 삽입

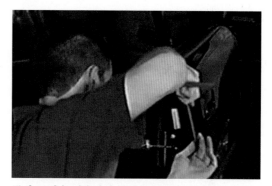

뚫린 구멍을 이용하여 레버를 넣어 작업한다.

11 보디 플러그 실링

구멍을 뚫었을 때에는 작업 후 보디 플러그에 실런트를 바르고 막는다.

12 신규 홀 메꿈

10 후드 덴트 복원(hood denting)

1 작업 준비

키 제거 공구를 사용하여 후드 내부 커버를 제거한다.

2 덴트 라이트 설치

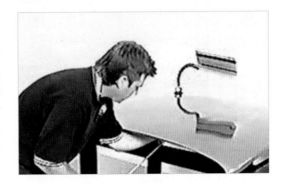

3 덴트 레버 삽입

덴트 발생 부위에 지지대가 있으면 지지대 사이에 레버를 넣어 복원한다.

4 덴트 레버 삽입

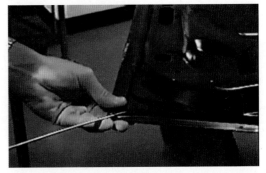

각종 구멍을 활용하여 작업한다.

5 덴트 레버 삽입

패널과 지지대 사이에 실리콘이 있으면 커터를 사용하여 제거한 후 작업한다.

6 신규 홀 가공

S고리 지지구멍이 없을 경우 구멍을 뚫어서 사용한다.

11 펜더 덴트 복원(fender denting)

1 부품 탈거

방향지시등 램프를 분리하고 접근한다.

2 덴트 레버 삽입

프런트 휠 하우스 커버 틈새로 접근한다.

3 덴트 레버 삽입

앞 도어를 열고 접근한다.

4 신규 홀 가공

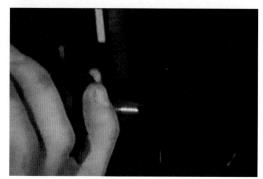

구멍을 뚫어서 접근한다.

5 덴트 레버 삽입

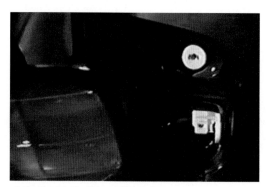

테일 램프를 분리하고 접근한다.

6 덴트 레버 삽입

리어 휠 하우스 커버 틈새로 접근한다.

12　루프 덴트 복원(roof denting)

1　천장 부속 부품 탈거

2　천장부 탈거

3　덴트 레버 S 고리 거치

4　선 루프 부위 덴트

윈도 가드를 삽입한다.

5　덴트 레버 삽입 위치 응용

6　덴트 라이트 설치 작업

13 광택 작업(맥과이어 사)

1 작업 준비

거친 오염물 제거를 위해 세차 실시, 도장면의 결함 상태 파악, 몰딩이나 가장자리 보호를 위해 마스킹한다.

2 도장면 결함제거

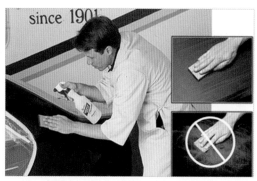

외부 오염물질 및 깊은 스크래치를 제거하고 재도장 결함을 제거한다.

3 클리닝(콤파운딩)

샌딩 마크, 잔가스, 찌든 오염물질을 제거한다.

4 폴리싱(광택)

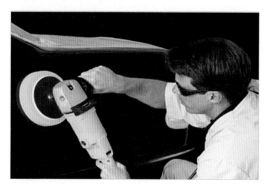

콤파운드 자국과 스월 마크를 제거한다.

5 글레이징(고광택)

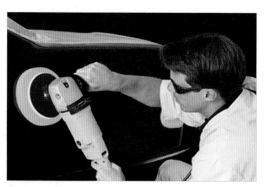

홀로그램 현상을 제거하고, 고 광택을 형성한다.

6 작업 검사 및 코팅

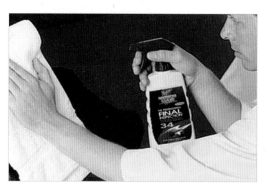

작업 결과를 확인하고 코팅으로 표면을 보호한다.

14 광택 작업(3M 사)

1 차량 점검

차량 진단표로 광택 작업을 할 차량의 상태를 파악한다.

2 세차

광택 작업 전 차량을 세차하고, 3M cleaner clay 등으로 이물질 등을 제거한다.

3 도막 표면 연마 작업

차량 연수가 오래 되었거나, 표면에 결함이 많은 경우 3M 260L P1500 또는 Trizact™ P1500으로 결함 부위를 연마한다.

4 리파인(refine) 연마 작업

앞 단계의 연마 작업으로 생긴 스크래치를 완화시키고 후속 공정을 보다 빠르게 하기 위한 작업이다. 차량 연수가 오래 되었거나, 콤파운드 작업으로 쉽게 제거하기 어려운 결함 부위가 있는 경우 작업한다.

5 콤파운딩(compounding) 작업

3M™ Perfect-It™ 콤파운드 광택제와 함께 콤파운딩을 통해 표면 결함 부위를 빠르게 제거한다.

6 폴리싱(polishing) 작업

3M™ Perfect-It™ 폴리싱 제품으로 콤파운딩 작업 후 남은 스월 마크를 빠르게 제거한다.

7 스월 마크 제거 작업

3M™ Perfect-It™ 스월 마크 제거제로 특히 검은 계통 차량에 미세하게 남게 되는 스월 마크를 완벽하게 제거하여 고급스럽고 완벽한 광택을 만든다.

8 왁스 코팅이나 유리막 코팅 작업

완벽하게 구현된 광택을 보호하고 오랫동안 유지하기 위해 고객의 요청에 따라 3M™ performance finish 왁스나 3M™ paint protector™ 유리막 코팅 작업한다.

9 유리막 코팅 후 관리

코팅 작업 후 4시간 이후에 습기가 접촉되지 않게 한다.

10 출고

15 유리막 코팅(glass coating)

1 세차(washing)

거친 오염물을 제거하고, 광택 작업을 준비한다.

2 디테일링 클레이

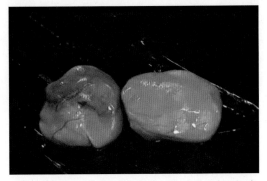

미세 오염물을 제거한다(페인트 흩날림, 나무수액, 낙진, 미세 쇳가루 신속 제거).

3 마스킹

몰딩 및 고무 부분을 보호하고, 가장자리를 보호한다.

4 콤파운딩

샌딩 마크, 잔기스, 찌든 오염물질을 제거한다.

5 광택

스월 마크(swirl mark)를 제거하고, 고 광택을 형성한다.

6 마스킹 제거

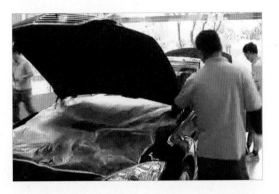

7 차량 세차 및 표면 탈지

8 유리막 코팅제 선정

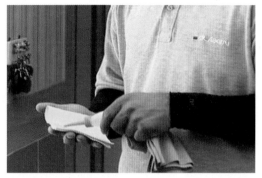

무기케미컬, 발수 촉진제(SiO_2)를 도포한다.

9 코팅제 도포

10 경화제 도포

유리막 코팅제를 바른 다음 15분 후에 경화제를 바른다.

11 경화제 세척

극세사 타월을 물에 적셔서 물기를 꽉 짠 다음, 골고루 문질러 준다.

12 출고

4시간 동안 물이 닿지 않게 한 후 출고한다.

16 플라스틱 범퍼 복원(plastic bumper restore)

1 손상 부위 세척

접착제 클리너로 손상 부위의 이물질을 제거한다.

2 손상 부위 샌딩

#80~#180으로 거친 표면을 다듬는다.

3 플라스틱 에폭시 도포

잘 믹싱된 플라스틱 전용 2액형 에폭시 접착제를 스킨 코팅한다.

4 범퍼 전용 에폭시 건조

히터 건을 사용하여 5분 정도 골고루 가열한다.

5 히팅 건조

60℃ 이하로 15cm 이상 거리에서 과열되지 않도록 한다.

6 보수 부분 샌딩

적당히 경화되면 #80으로 연마한다. 마무리는 #180~#320으로 한다.

7 마스킹

8 프라이머-서페이서 도장 및 샌딩

9 스폿 퍼티 도포 및 샌딩

10 마스킹

11 보수도장 후 가열 건조

12 복원 완료

17 도막 흠집 복원(spot repair painting)

1 상처 부위 검사

2 손상부 단 낮추기

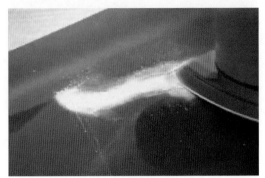

3 퍼티 도포

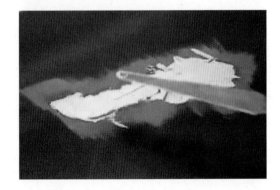

4 퍼티 샌딩

5 프라이머-서페이서 도장

6 프라이머-서페이서 샌딩

7 수연마 마무리 샌딩	8 컬러 조색
	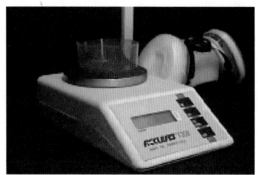

9 베이스 코트 스프레이	10 클리어 코트 스프레이
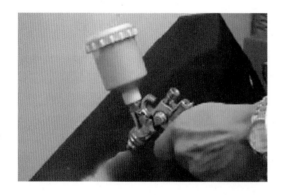	

11 스프레이 주변 콤파운딩	12 복원 완료

베이스 코트 및 클리어 코트를 도장한다.	70℃에서 30분 강제 가열 건조시킨다.

18 터치 업 스프레이 캔 제작

1 가공 기계 구성

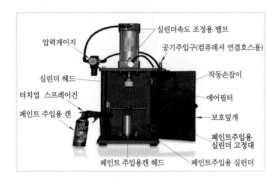

2 색상 배합

조색 데이터에 따라 색상을 배합한다. 희석제를 정량 배합한다.

3 페인트 실린더 주입

조색된 페인트를 주입 실린더에 투입한다. 작업 시 필히 여과지를 사용한다.

4 캔 결합

빈 캔과 페인트 주입 실린더를 결합한다. 페인트 주입량은 40g 이하가 준수하다.

5 실린더 고정

캔과 결합된 실린더를 주입기에 정확히 고정시킨다.

6 페인트 주입

주입기 보호 덮개를 닫는다. 실린더를 작동하여 캔에 페인트를 주입한다. 정확히 주입되면 쭈-우-욱 소리가 난다.

7 헤드 결합

페인트 캔과 헤드를 결합한다. 헤드 결합 시 부드럽게 돌리면서 결합한다.

8 스프레이 건 결합

페인트가 주입된 캔과 스프레이 건을 결합한다. 무리한 힘을 주지 않고 부드럽게 밀어서 결합한다.

9 결합 완료

페인트가 정확히 주입되었는지 확인한다. 스프레이 헤드가 결합된 상태로 보관한다.

10 스프레이 도장 실시

수리 부위에 페인트 스프레이를 사용한다. 캔과 도장 면과의 거리는 약 20cm를 유지한다.

19 알루미늄 휠 복원(aluminum alloy wheel restore)

1 손상 부위 검사

2 손상 표면 연마

3 손상 면에 충진 젤 보수

4 손상 면 표면 조정

5 활성제 스프레이

6 #240 샌딩

7 클리닝

8 프라이머 도장

9 #1200 샌딩

10 클리닝

11 전용 메탈릭 컬러 도장

12 투명 도장 완료

20 언더 보디 코팅(under body coating)

1 차량 설치

차량을 카 리프터에 장착한다.

2 작업 준비

휠 하우스 내측 커버를 탈거한다.

3 언더 보디 부품 탈거

차체 바닥에 설치된 배기 파이프 및 머플러 시스템을 탈거한다.

4 마스킹 작업

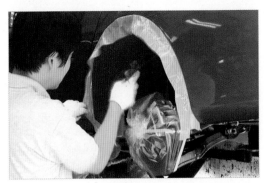

도장 면 및 부품에 비산 부착 방지를 위해 필요 부분에 커버링을 한다.

5 휠 하우스 코팅

휠 하우스 안쪽에 도포한다.

6 언더 보디 코팅

차체 바닥면 구석구석에 골고루 도포한다.

7 언더 보디 코팅

차체 바닥 전체를 도포한다.

8 부품 조립

차체 바닥에 배기 파이프 및 머플러 시스템을 조립한다.

9 내열성 도료 코팅

배기 파이프 및 머플러 시스템 전체를 내열성 도료로 코팅한다.

10 작업 완료

작업 완료 후 커버링을 제거하고 모든 부품을 재설치한다.

21 차체 익스테리어 튜닝(body exterior tuning)

1 튜닝 대상 차량 준비

2 외형 골격 형성

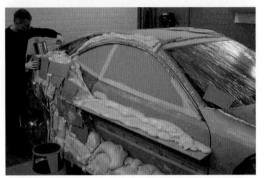

3 외측 패널 정밀 조정

4 곡면 다듬질

5 외측 패널 정밀 조정

6 액세서리 세팅

7 내부 대시 패널 개조

8 외형 골격 제작

9 세부 형태 제작

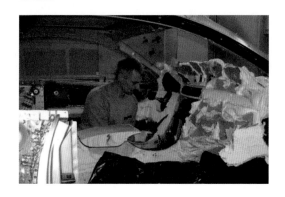

10 완성 작품

11 완성 작품

12 완성 작품